建筑消防设施检查工作手册

本书编委会　编著

中国计划出版社
北京

图书在版编目（CIP）数据

建筑消防设施检查工作手册／《建筑消防设施检查工作手册》编委会编著．—北京：中国计划出版社，2017.2

ISBN 978－7－5182－0515－8

Ⅰ．①建… Ⅱ．①建… Ⅲ．建筑物－消防设备－检查－手册 Ⅳ．①TU892－62

中国版本图书馆CIP数据核字（2016）第238129号

建筑消防设施检查工作手册

本书编委会 编著

中国计划出版社出版发行

网址：www.jhpress.com

地址：北京市西城区木樨地北里甲11号国宏大厦C座3层

邮政编码：100038 电话：(010) 63906433（发行部）

北京汇瑞嘉合文化发展有限公司印刷

787mm×1092mm 1/16 23印张 309千字

2017年2月第1版 2017年2月第1次印刷

印数1—3000册

ISBN 978-7-5182-0515-8

定价：88.00元

本书编委会名单

主　　任：刘赋德

副 主 任：黄　勇　杨　庆

主　　编：黄　勇

副 主 编：杨　庆　刘海燕

编　　委：曹　耘　郝　进　龚志强　周　杨　陈东宁

敬　萧　李　伟

参编单位：成都新中安消防职业技能培训学校

成都市和乐门业有限公司

成都普瑞格科技有限责任公司

前　言

随着经济社会的快速发展，消防工作面临的形势日益严峻，消防从业人员整体素质已不能完全适应经济社会发展需要。针对当前消防从业人员不会使用、不会检查、不会维护保养建筑消防设施的现实状况，我们组织编写了本书。本书共分为9章，就当前广泛使用的各类建筑消防设施的系统组成、工作原理、适用范围、检查方法、常见故障及处理方法进行了全面、系统的阐述，实用性、针对性强，易学易懂。同时，针对14种常用消防系统制作了3D演示视频，立体展示系统组成和运行原理，可与本书配套使用。本书是目前国内最为完整、系统的建筑消防设施从业人员参考书，填补了行业空白，对于规范建筑消防设施检查、维护保养和提高消防从业人员技术水平具有积极的指导作用，对于推动法治消防建设具有重要的现实意义。

为确保本书的科学严谨，编写人员查阅了大量现行国家（行业）工程建设技术标准、规范和相关施工、安装图集，参考了目前市场主流消防产品结构及使用说明，同时广泛征求了消防设计、施工、生产、科研、教学以及有关标准规范编制单位的意见，在严格执行标准规范的基础上，紧密结合行业惯例和具体施工实际，实现了规范性、实用性的统一。

本书在编写过程中得到了公安部消防局、四川省消防总队领导的高度重视和大力支持，刘赋德任编委会主任；黄勇任主编，主持策划全书的编撰工作，负责全书的编写和审定。参与编写的人员有：第一章由刘海燕、龚志强编写，第二章由黄勇、周杨编写，第三章由曹耘、杨庆、龚志强编写，第四章由黄勇、郝进、陈东宁编写，第五章由李伟、龚志强编写，第六章由刘海燕、曹耘编写，第七章由曹耘、杨庆编写，第八章由敬萧、郝进编写，第九章由曹耘、杨庆编写。全书由黄勇、曹耘审稿，3D视频制作由曹耘、郝进、龚志强负责指导，黄勇、曹耘审定。

本书的编写得到了陈茂曦、赵长林、郭祥鸣、钱涛以及巴中、内江、宜宾消防支队的大力支持，成都新中安消防职业技能培训学校、四川泰和安消防科技有限公司、成都市和乐门业有限公司、威特龙消防安全集团股份公司、萃联（中国）消防设备制造有限公司、四川正科通风空调设备有限公司、南京俊辰消防科技有限公司等单位提出了许多宝贵的修改意见，成都普瑞格科技有限公司制作全套 3D 视频，在此表示衷心的感谢。

由于时间仓促，加之水平有限，本书中难免出现疏漏、不当之处，恳请批评指正。

本书编委会

2016 年 1 月

C O N T E N T S

目录

第一章 消防供水设施和消火栓系统

第二章　自动喷水灭火系统

第一节　湿式自动喷水灭火系统

第二节　干式自动喷水灭火系统

第三节　预作用自动喷水灭火系统

第四节　雨淋系统

第三章 消防供配电、消防应急照明及疏散指示系统

第一节 消防供配电系统

第二节 消防应急照明和疏散指示系统

第四章 火灾自动报警系统

第一节 火灾探测报警及消防联动控制系统

第二节 火灾预警系统

第三节 消防电源监控系统

第一章

消防供水设施和消火栓系统

第一节 消防供水设施

一、消防供水系统的组成

消防给水系统主要由消防水源（市政管网、消防水池、天然水源）、供水设施设备（消防水泵、高位消防水箱、消防稳压设施、水泵接合器）和供水管网、阀门等组成，如图 1-1 所示。

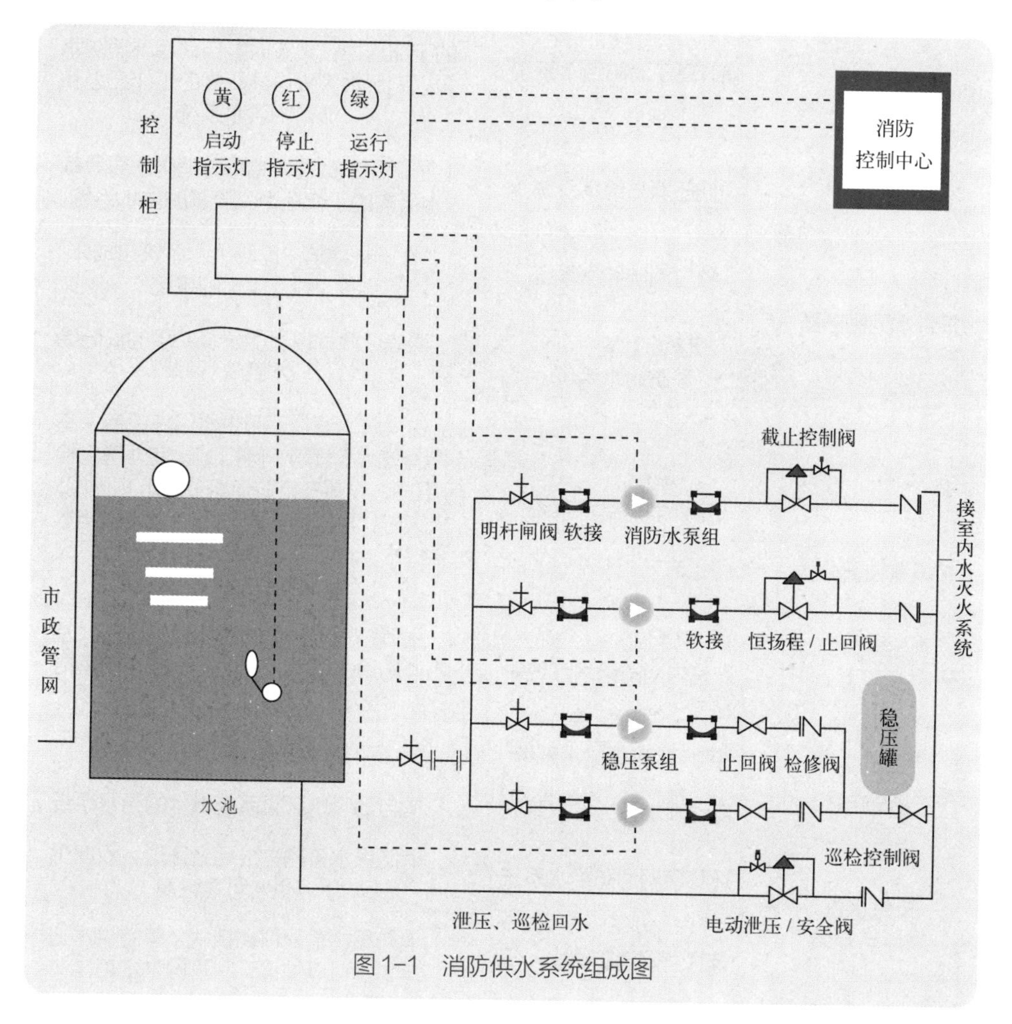

图 1-1 消防供水系统组成图

二、消防供水系统的分类

消防供水系统的分类见表 1-1。

表 1-1　消防供水系统的分类

分类方式	系统名称	特点
按水压分类	高压消防给水系统	能始终保持满足水灭火设施所需的工作压力和流量，火灾时无须消防水泵直接加压的供水系统
	临时高压消防给水系统	平时不能满足水灭火设施所需的工作压力和流量，火灾时能自动启动消防水泵以满足水灭火设施所需的工作压力和流量的供水系统
	临时高压消防给水系统	平时由稳压设施满足水灭火设施所需的工作压力，火灾时能自动启动消防水泵以满足水灭火设施所需的工作压力和流量的供水系统
	低压消防给水系统	能满足车载或手抬移动消防水泵等取水所需的工作压力和流量的供水系统
按供水范围分类	独立消防给水系统	在一栋建筑内消防给水系统自成体系、独立工作的系统
	区域（集中）消防给水系统	两栋或两栋以上的建筑共用的消防给水系统
按设置位置分类	室外消防给水系统	由消防水源、消防供水设施设备、室外消防给水管网（阀门）、室外消火栓等组成，设置在市政道路或建筑物周围；火灾时，可以向车载或手抬移动消防水泵供水，也可以在建筑物外部进行灭火的给水系统
	室内消防给水系统	由消防水源、消防供水设施设备、室内消防给水管网（阀门）组成，向室内水灭火设施供水的给水系统
按供水灭火设施分类	消火栓灭火给水系统	向消火栓系统供水的给水系统
	自动喷水灭火给水系统	向自动喷水灭火系统供水的给水系统
按供水管网形式分类	环状管网消防给水系统	消防供水管网构成闭合环形，双向供水，供水可靠性高
	枝状管网消防给水系统	消防给水管网似树枝状，单向供水，供水可靠性比环状管网供水差

三、消防供水系统的检查

1. 消防水源

（1）市政供水管网。

1）检查室外给水管网的管道完好情况、供水能力。

① 打开室外管道井（管沟），查看管道外表、连接处是否锈蚀，查看连接处是否有漏水、渗水现象；

② 完全打开消防水池、高位消防水箱的补水阀，利用流量计或其他方法测量补水管的供水能力。

2）检查阀门状态。

① 打开阀门井，检查阀门本体上操作手轮、手柄等是否齐全。

② 沿着供水管路观察安装在供水、泄压管路上的阀门是否处于完全开启状态，安装于测试管路上的阀门是否处于关闭状态。常见阀门的构成及启闭状态见图 1-2 ～图 1-7。

(a) 开启状态（阀杆超过手轮高度约为管径）

(b) 关闭状态（阀杆端面基本与手轮持平）

图 1-2　明杆闸阀启闭状态

图 1-3　暗杆闸阀（指针接近底部为关，反之为开）

③ 根据阀体上标注的启闭方向，操作手轮或手柄，检查其操作灵活性。

3）检查进户管组件完好情况。

① 打开水表井，检查进户管组件是否齐全。

② 确认两路进户管的安装位置。在条件许可的情况下，关闭一路进户管控

图1-4　电信号蝶阀（线间阻值为0则表示阀开，反之阀关）

图1-5　机械信号蝶阀（依据指针指向判断启闭状态）

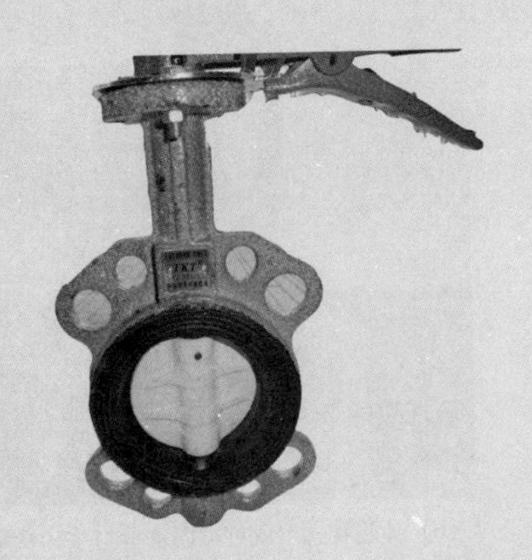

图1-6　手把式蝶阀（依据手把所处位置对应的标注判断启闭状态）

(a) 开启状态（手柄与阀体平行）

(b) 关闭状态（手柄与阀体垂直）

图1-7　球阀启闭状态

制阀，测试另一路进户管的供水能力以及管网是否布置为环状。

（2）消防水池。

1）检查储水量。

① 打开液位计进水阀，观察浮标的升起高度，读取水池液位高度，依据水池、水箱截面积，计算实际储水量；

② 根据计算结果，判断实际储水量是否满足消防用水量要求；

③ 设有电子水位仪的，可以在消防控制室、现场直接读取储水量，见图 1-8。

2）检查消防用水保证措施。

① 在消防水池清洗时，专门检查合用消防水池是否采取了保证消防用水不被他用的措施，保证消防用水不被他用的常见措施见图 1-9；

② 在寒冷季节，检查消防水池的防冻措施是否有效；

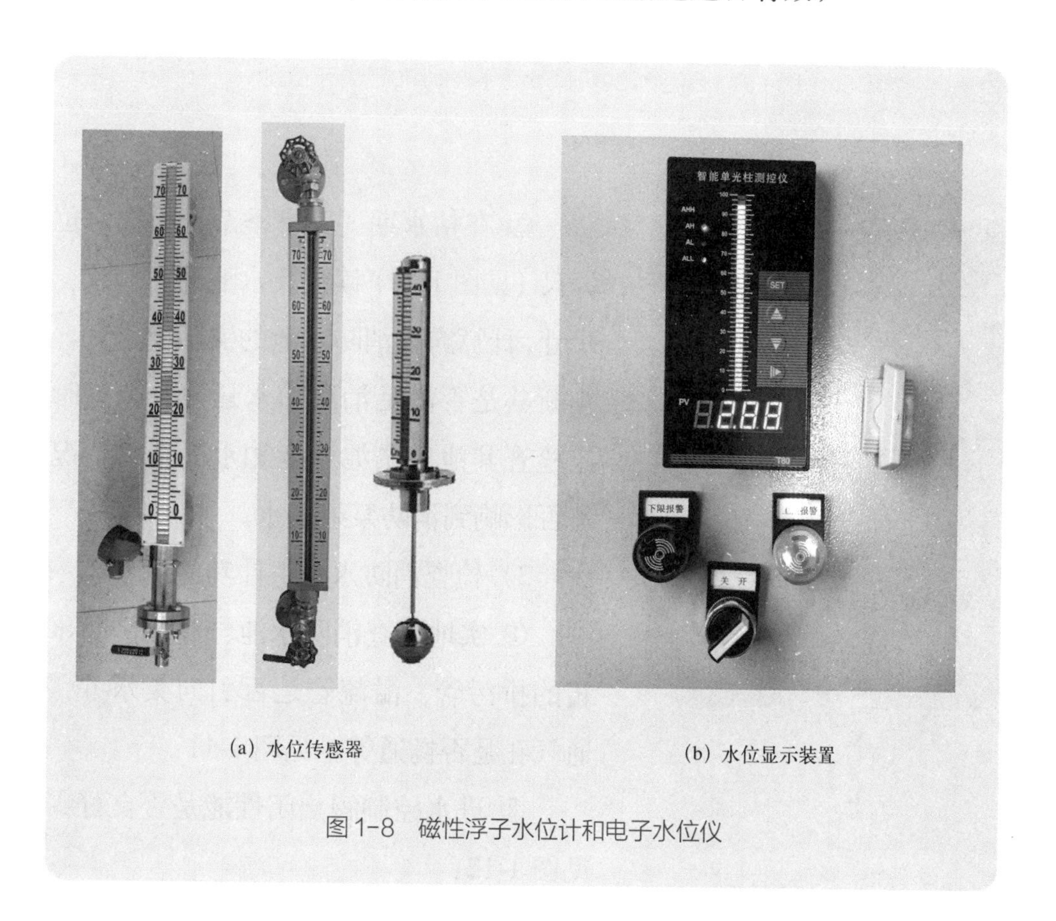

(a) 水位传感器

(b) 水位显示装置

图 1-8　磁性浮子水位计和电子水位仪

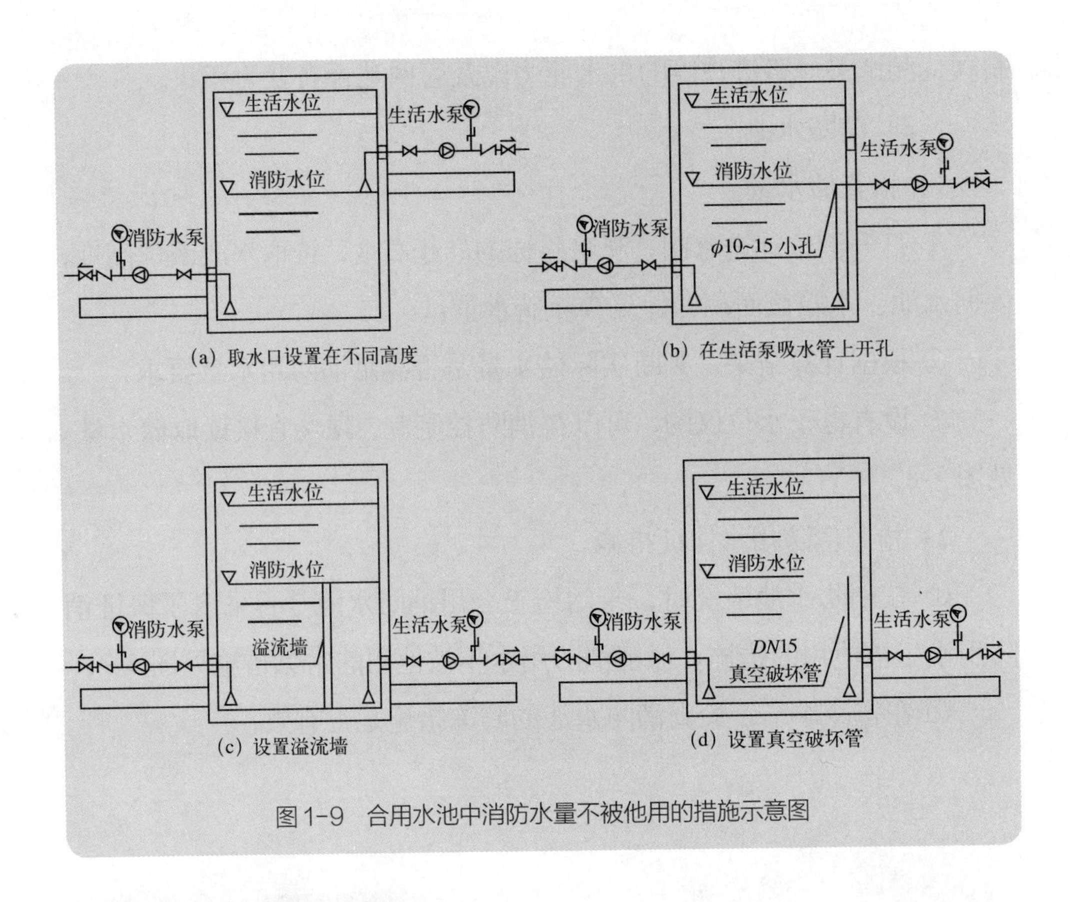

图 1-9　合用水池中消防水量不被他用的措施示意图

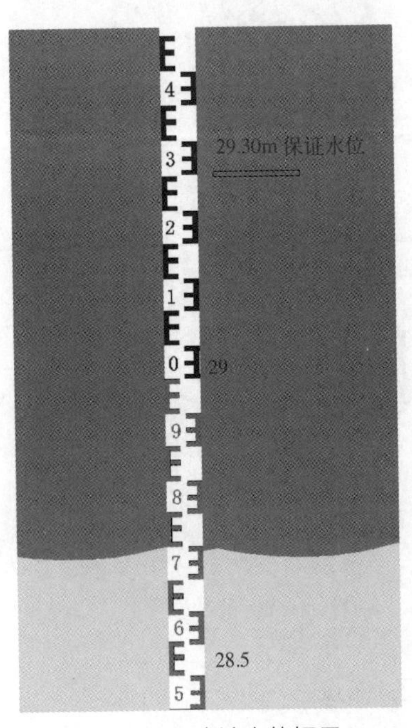

图 1-10　水池水位标尺

③ 在枯水期、干旱季节，根据水位标尺（见图 1-10）读数及水池几何形状、尺寸，计算露天消防水池的实际储水量，判断其是否满足消防用水量要求，同时应检查其池底淤泥厚度和水面杂物情况是否影响到消防泵组取水。

3）检查消防水池组件功能。

① 实地检查消防水池、高位消防水箱的排污管、溢流管是否引向集水井，通气孔是否畅通等，见图 1-11；

② 进水控制阀启闭性能是否良好，见图 1-12；

③ 供消防车取水的取水口保护措施是否完好、标志是否清晰；

④ 在消防控制室实地查看水位信息远传功能。

（3）高位消防水箱。

高位消防水箱是指设置在高处直接向水灭火设施重力供应初期火灾消防用水量的储水设施。消防水箱按照容量大小可分为 100m³、50m³、36m³、18m³、12m³ 及 6m³ 六种规格，按照组装方式的不同可分为现场浇注型［见图 1-13（a）］、拼装型［见图 1-13（b）］及焊接型等，

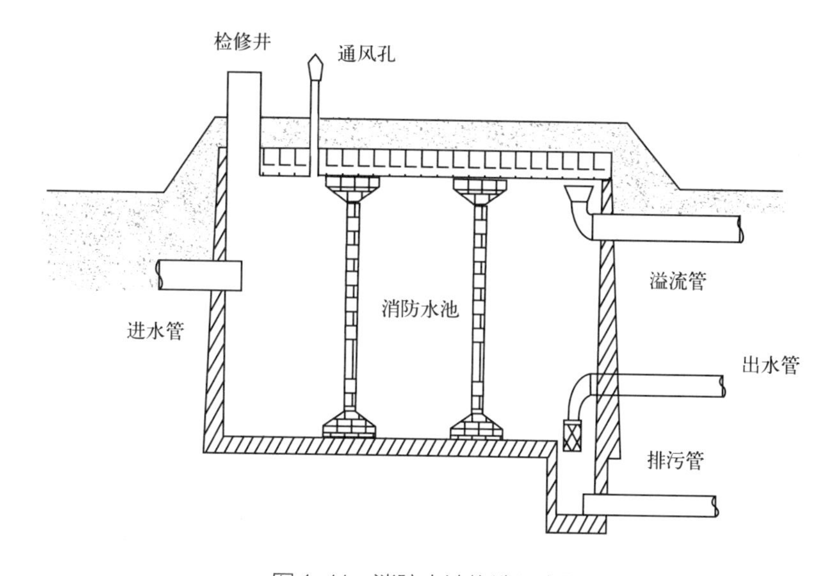

图 1-11 消防水池构造示意图

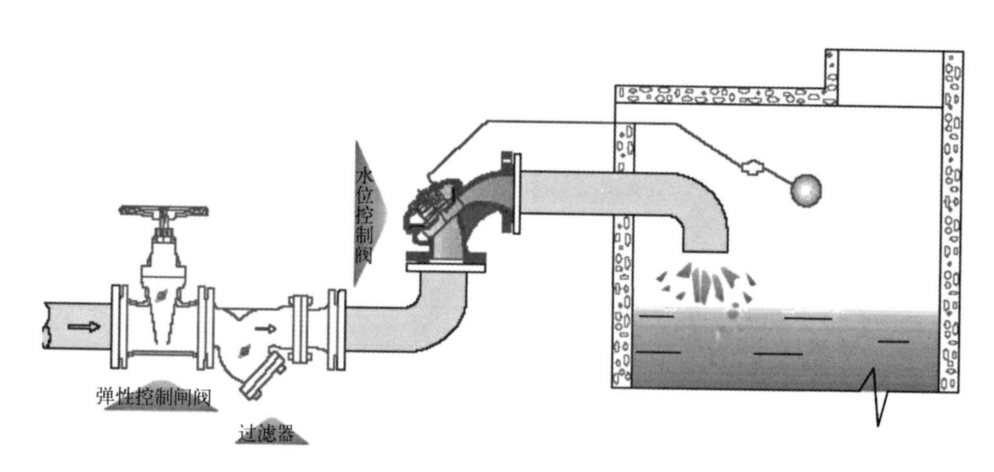

图 1-12 水池进水控制阀示意图

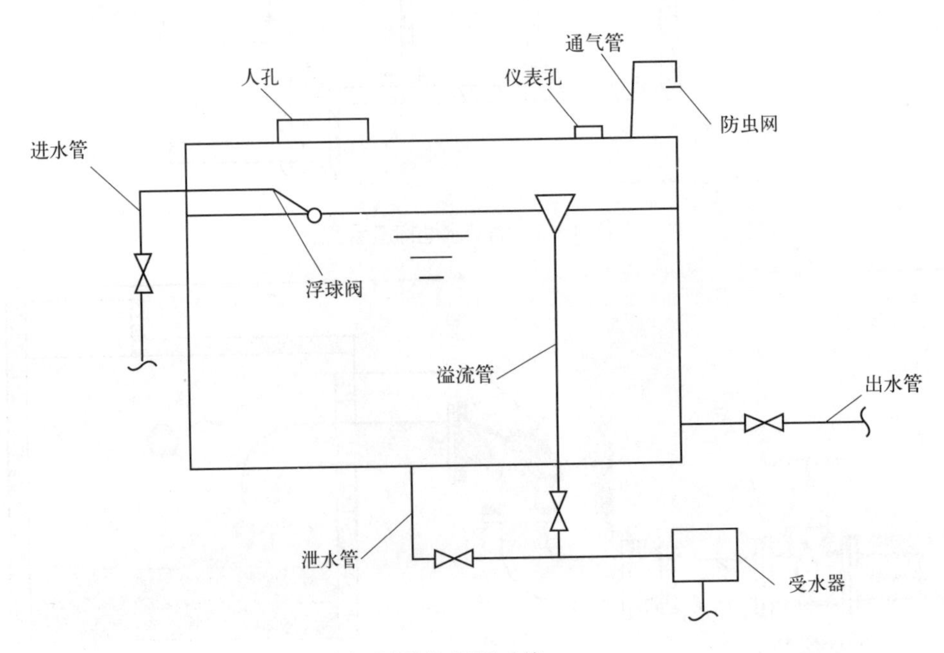

(a) 现场浇注型消防水箱

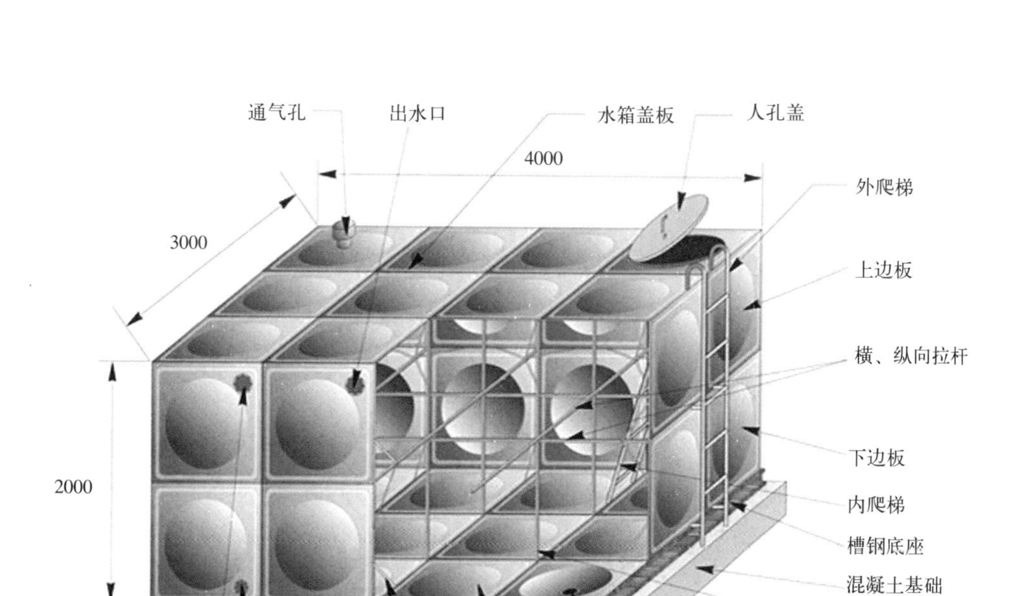

（b）拼装式消防水箱

图 1-13　消防水箱构造示意图

按照制作材料的不同可分为混凝土型、钢板型、玻璃钢型三种，按照用途不同可分为生产、生活与消防合用、独立消防水箱。其检查要点如下：

1）检查储水量。

实地查看消防水箱水位高度，根据水箱截面积计算出水箱实际储水量，判断实际储水量是否满足消防设计文件要求。

2）检查保护措施。

① 实地查看合用消防水箱消防用水不被他用的保护设施是否完好有效，合用消防水箱保证消防用水不被他用措施见图 1-14；

② 实地查看寒冷地区消防水箱的防冻设施是否完好有效。

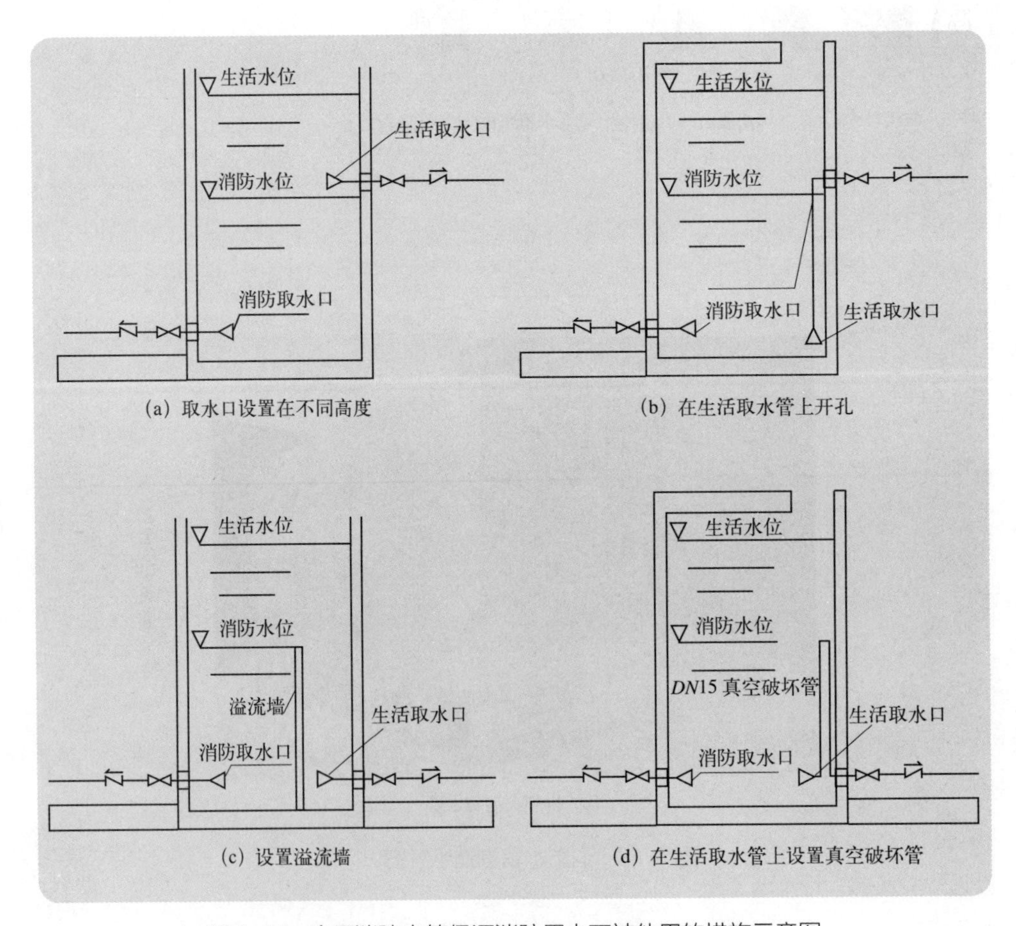

图 1-14 合用消防水箱保证消防用水不被他用的措施示意图

3）检查组件功能。

① 实地查看消防水箱排污管、溢流管是否直接排向屋面排水沟，消防水箱出水管上控制阀是否处于常开状态；

② 打开水箱盖板，用手按下进水阀的浮球，检查补水功能；

③ 启动消防水泵，通过观察溢流管是否出水，判断水箱出水管上止回阀的防止水倒流的功能是否正常；

④ 在消防控制室实地查看水位信息远传功能。

（4）天然水源。

天然水源是指自然存在的江、河、湖、海、泉、井等水体。其检查要点如下：

1）储水量。

① 在干旱季节，实地检查最低水位时，储水量是否满足消防设计文件要求；

② 检查最低水位是否超过消防车吸水高度（见图 1-15）；

图 1-15　水位超过消防车吸水高度

③ 检查消防泵组取水口是否设置隔栅或过滤等措施，来保证取水口的可靠性。

④ 寒冷季节，实地检查防冻措施是否完好有效。

2）取水设施。

① 实地检查取水码头、消防车道及回车场地是否满足消防车取水、通行等；

② 联合辖区消防中队，利用消防车实地测试天然水源取水管道（见图 1-16）的严密性。

图 1-16　天然水源取水管道

2. 消防供水设施设备检查

(1) 气压给水设备。气压给水设备又称气压供水装置（见图 1-17）、无塔供水设备、储能器等，是利用密闭容器——气压水罐，由水泵将水压入罐内，然后利用罐内贮存气体的可压缩和膨胀的性能，将罐内

图 1-17 气压给水设备

贮存的水压送入输配水管网，满足用水点水压、水量要求的设备。它兼有升压、调节、贮水、供水、蓄能和控制水泵启停的多种功能，其在水泵运行或非运行时间内能自动、连续地向给水系统供水，具有与水塔和高位水箱同等的功能。其检查要点如下：

1）检查设备外观。

① 实地查看气压罐及其组件外观是否存在锈蚀、缺损情况；

② 系统标志是否清晰、完整，所配阀门是否处于正常状态；

③ 配套电气组件，如电接点压力表是否处于完好有效状态；

④ 泵组电气控制箱是否处于“自动”状态，配电是否实现两路电源末端自动切换且功能正常等。

2）检查补水功能。

① 将水泵电气控制柜设置于“自动”运行模式（见图 1-18），手动打开自动喷水灭火系统的末端试验阀，或打开屋顶试验消火栓，或

自动模式（1主2备）　　手动模式　　自动模式（2主1备）

图1-18　运行模式转换开关

配用安全阀、测试阀，模拟所属系统泄漏，观察电接点压力表（见图1-19）指针下降到启泵位时，补水泵是否能自动启动；

图1-19　电接点压力表

② 关闭打开的试验消火栓（或末端试验装置或安全阀或测试阀），观察电接点压力表指针上升到停泵位时，补水泵是否能自动停止。

3）主备泵组自动切换功能。

① 将水泵控制柜运行模式设置为“1主2备”的“自动”运行模式，稍微打开消防水泵测试管路控制阀，模拟系统管网漏水；

② 待电接点压力表指针下降到启泵位时，1# 泵自动投入运行；

③ 打开水泵控制柜柜门，找到并按下1# 泵组热保护继电器，1# 泵停止运行，其运行灯熄灭、故障灯点亮，同时2# 泵自动投入运行，其

运行灯点亮；

④ 松开热保护继电器，2# 泵停止运行，1# 泵投入运行；

⑤ 关闭测试阀，待电接点压力表指针升至停泵位时，1# 泵自动停止运行，系统复位，如图 1-20 所示。

4）主备电源自动转换功能。

① 打开双电源自动转换控制柜，找到转换开关（见图 1-21），按

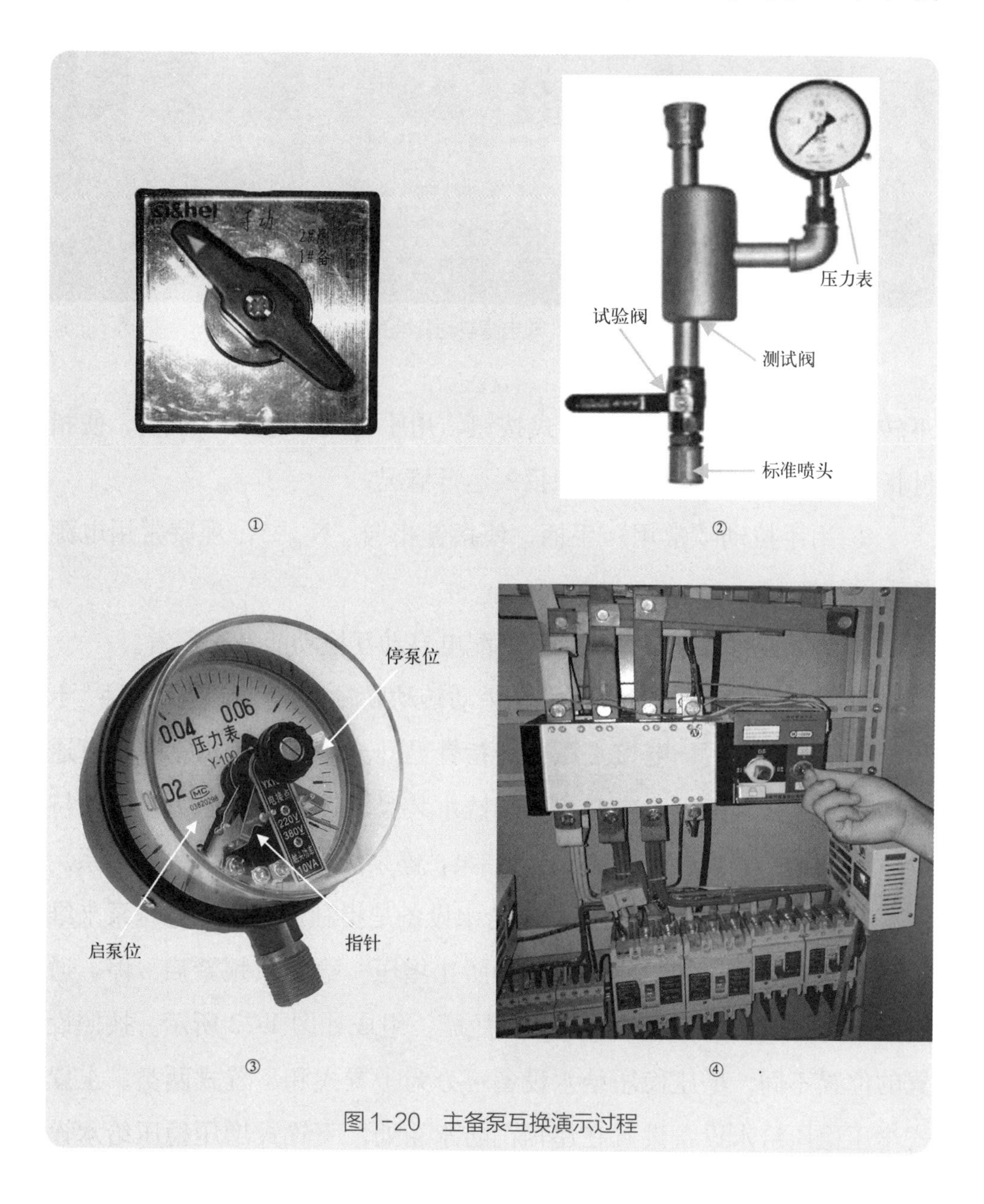

图 1-20　主备泵互换演示过程

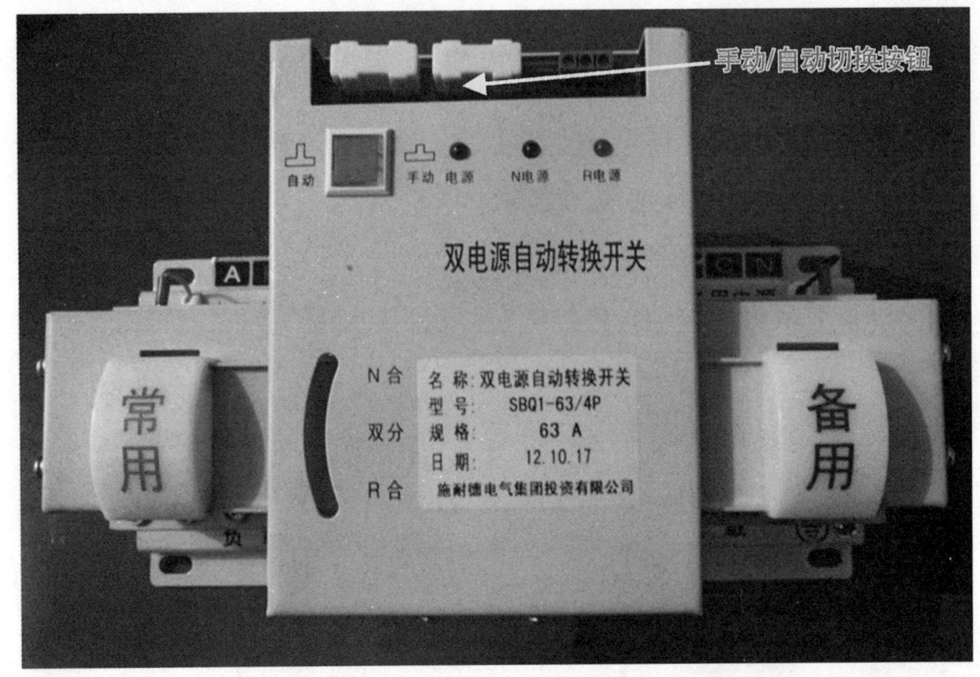

图 1-21 双电源自动转换开关

下转换“手动/自动”转换模式按钮，用手拉动“常用”手柄，使指针指向“$R_{合}$”，观察备用电源投入运行情况；

② 用手拉动“常用”手柄，使指针指向“$N_{合}$”，观察常用电源投入运行情况；

③ 条件许可情况下，测试两路配电自动互换功能是否正常。

注意事项：启动增压泵前，先手动转动联轴器，判断是否锈蚀、卡死；增压泵启动后，电接点压力表指针已升至停泵值时仍运行，可通过切断电源强制停机；半开启末端试水装置后，电接点压力表压力持续下降，应注意增压泵是否反转，启泵、停泵周期与气压缺失的关系。

（2）增稳压设备。增压稳压给水设备是指利用增压、稳压泵来维持消防给水系统所需工作压力，为防止增压、稳压泵频繁启、停，通常配置具有一定调节容量的小型气压罐，组成如图 1-22 所示。按照设置的位置不同，增压稳压给水设备可分为上置式和下置式两类。上置式增压稳压给水设备设置在屋顶消防水箱处，下置式增压稳压给水设

图 1-22　增稳压设备

备一般设置在消防泵房内。按照服务消防给水系统的不同，可分为自动喷水灭火系统增压稳压给水设备、室内消火栓系统增压稳压给水设备、自动喷水灭火系统与室内消火栓系统合用增压稳压给水设备。

（3）消防水泵。消防水泵是向固定或移动的灭火系统输送有一定压力和流量的水等液体灭火剂的专用泵。建筑内使用的消防泵及泵组按照动力装置的不同分为柴油机泵 [见图 1-23（a）]、内燃机泵及电动机泵 [见图 1-23（b）、（c）、（d）]，按照安装方式可分为立式 [见图 1-23（b）、（d）] 和卧式 [见图 1-23（a）、(c）] 两类，按照水泵级数的不同可分为单级泵 [见图 1-23（a）、（b）、（c）] 和多级泵 [见图 1-23（d）]。消防泵的规格按其额定压力的大小，可分为低压泵、中压泵、高压泵三个规格。低压泵的压力一般小于或等于 1.3MPa，中压泵的压力为 1.4 ~ 2.5MPa，高压泵的压力为大于或等于 3.5MPa。其检查要点如下：

1）检查消防水泵组电气控制装置工作状态（典型的消防水泵电气控制柜面板示意图见图 1-24）。

(a) 柴油机消防泵

(b) 电动消防泵

(c) 卧式泵

(d) 多级泵

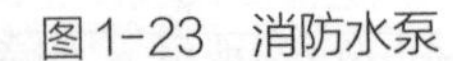

图1-23 消防水泵

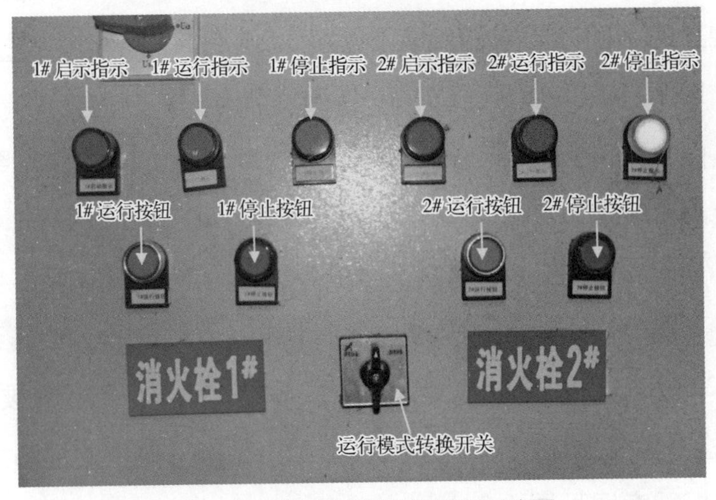

图1-24 水泵电气控制柜面板示意图

① 实地查看电气控制装置面板仪表（见图 1-25）、指示灯（见图 1-26）、所属系统标识等是否完好；

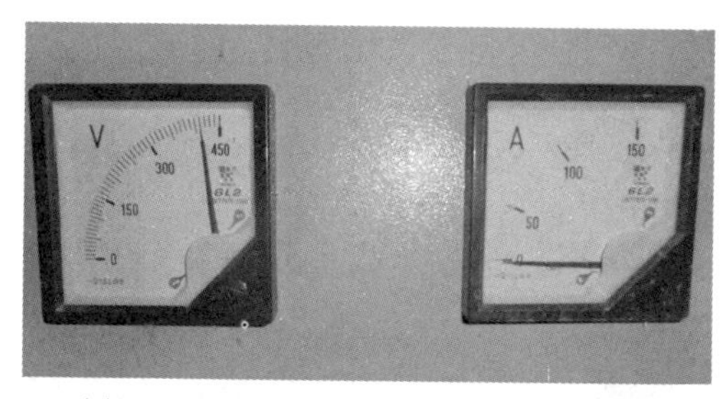

(a) 准工作状态（交流电压为 380V，电流为 0）

(b) 工作状态（交流电压为 380V，电流为额定值）

图 1-25　水泵电气控制柜面板上电压、电流表指示状态

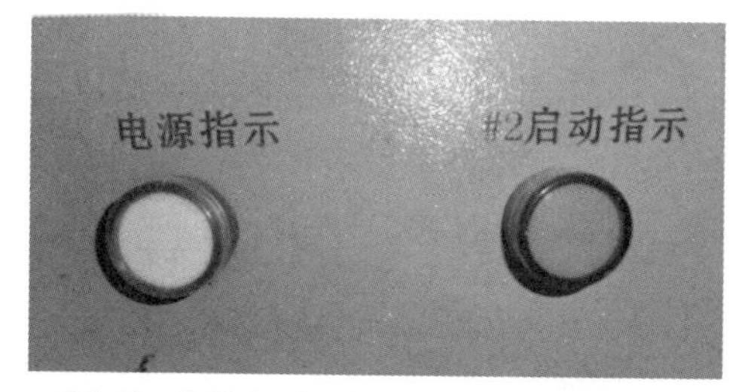

(a) 准工作状态（电源指示灯亮，运行指示灯熄）

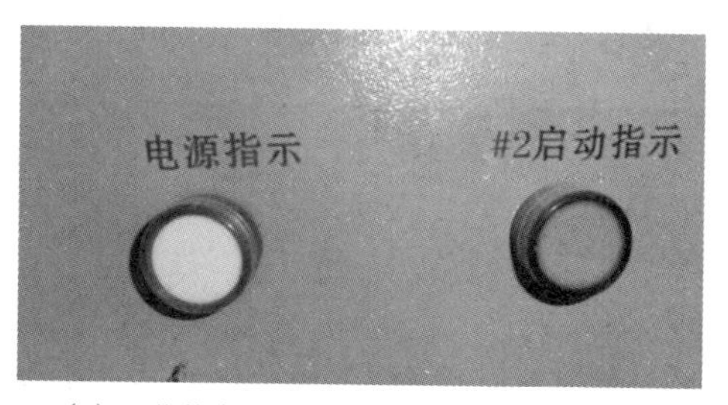

(b) 工作状态（电源指示灯亮，运行指示灯亮）

图 1-26　水泵电气控制柜面板上指示灯状态

② 转换开关是否处于“自动”运行模式；

③ 面板手动操作部件是否灵活；

④ 消防联动控制模块是否处于完好有效状态；

⑤ 具有自动巡检功能的电气控制柜还应实地检查自动巡检功能。

2）检查消防水泵运行情况。

① 用手左右转动消防泵组联轴器（见图 1-27），检查消防泵组是否存在锈蚀、卡死等现象。

② 将水泵电气控制柜的转换开关置于“手动”模式，分别按下主、备泵的“启动”按钮，待“启动”指示灯亮起即按下相应的“停止”按钮，观察联轴器的运转方向并与泵体上标注的运行方向（见图 1-28）进行对比，一致则表示电源相序正确。另外，还可以将测试纸、烟气置于

电动机尾部冷却风扇处（见图 1-29），如果测试纸被吸附、烟气被吸入则表示电源相序正确。

图 1-27　手动盘车

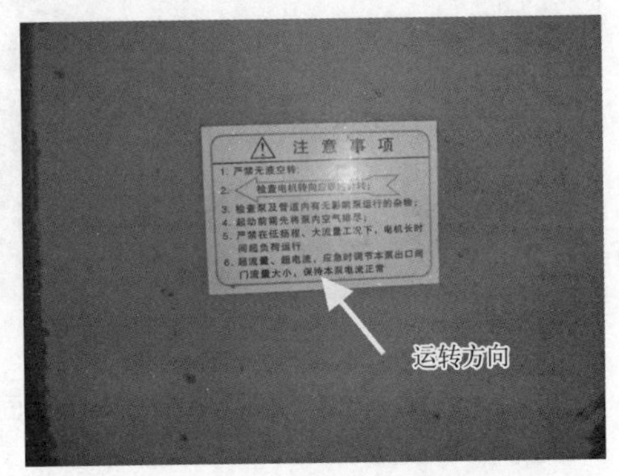

图 1-28　泵体上运行方向标志牌

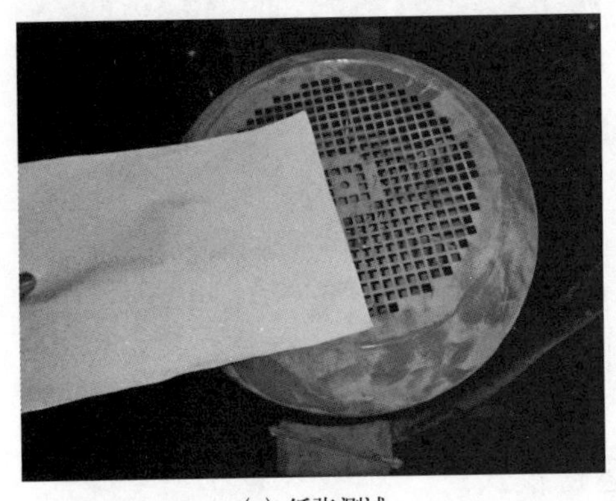

(a) 纸张测试

(b) 烟雾测试

图 1-29　电源相序检查

③ 在“手动”模式下，打开水泵出水管上的测试阀、关闭连接系统管网的供水控制阀（见图 1-30），车主、备消防泵组上分别按下“启动”按钮（见图 1-31），查、听消防泵组运行情况。

④ 在供水控制阀关闭、测试阀开启的情况下，将水泵电气控制柜置于“1 主 2 备”的“自动”运行模式，电话通知消防控制室值班人员，按下消防联动控制器上消防泵组“启动”按钮，观察 1# 泵组运行、信号反馈情况，待信号反馈后，值班人员复位“启动”按钮（操作流程见图 1-32）；待水泵停止运行后，将水泵电气控制柜置于“1 备 2 主”

图 1-30　消防泵组测试管路、测试阀

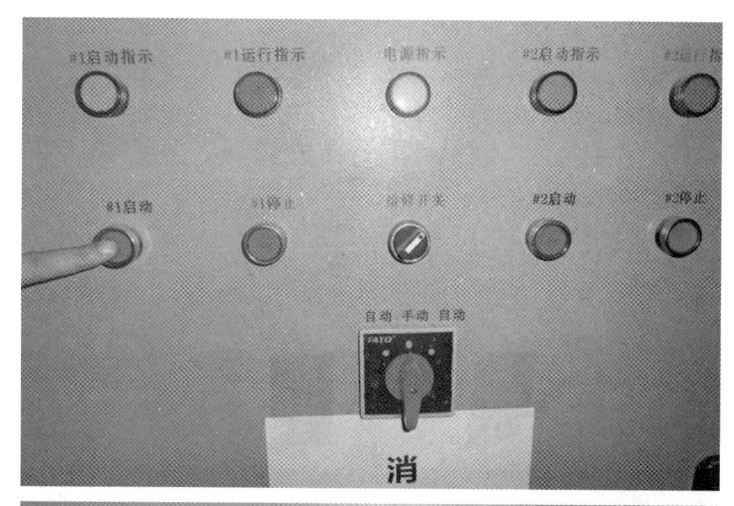

图 1-31　水泵电气控制柜手动启（停）泵操作

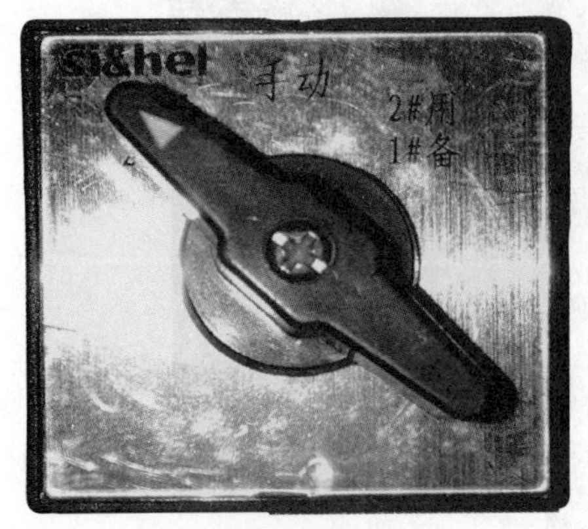

(a) 控制柜自动位

(b) 联动控制盘手动允许

(c) 按下消防泵启动按钮

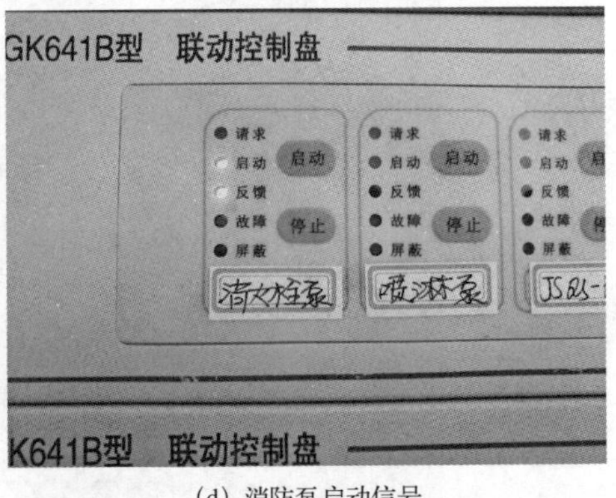

(d) 消防泵启动信号

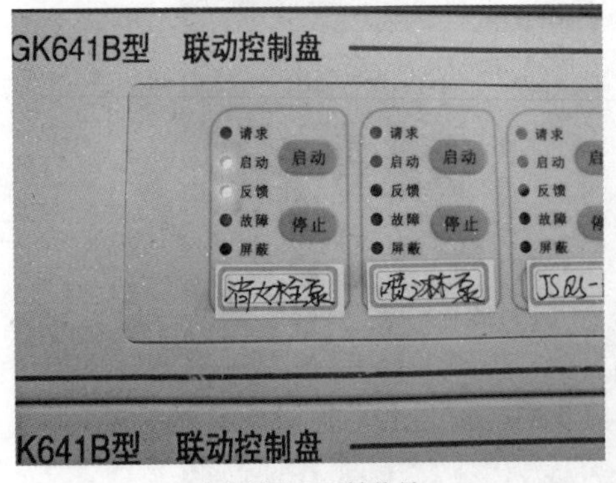

(e) 消防泵反馈信号

(f) 复位消防泵启动按钮

图1-32 消防控制室远程手动启（停）泵操作

的“自动”运行模式，按照前述步骤远距离启动2#泵。

⑤ 在2#泵组正常运行情况下，打开消防泵电气控制柜面板，用手将2#泵的空气开关拉脱（见图1-33），观察1#自动投入运行及相关信息显示情况是否正常。

试验过程中，应有通信保障、设施维护人员陪同。消防水泵应有注明系统名称和编号的标志牌；进出口阀门应常开，标志牌应正确；压力表、试水阀及防超压装置等均应正常。

图1-33 消防泵组电气控制柜内部组件

3）检查消防水泵组供水能力。

① 检查消防泵组运行功能前，可将便携式超声波流量计安装于测试管路上，在完成泵组各项功能检查的同时，也测量出泵组的流量；

② 观察管网上的压力表的稳定读数，记为泵组的扬程。便携式超声波流量计的操作方法见本书第九章第二节相关内容。

4）检查消防水泵房管网布置。

① 检查消防泵组吸水管、出水管及出水管上的泄压阀、水锤消除设施、止回阀、信号阀等是否符合消防设计文件要求；

② 检查泵组吸水管、出水管以及消防水池连通管上的控制阀（见图 1-34）是否锁定在常开位置，并有明显标记；

图 1-34　两个消防水池间的连通管及控制阀

③ 检查泵组吸水管数量是否不少于两条。

5）消防水泵房检查。应检查以下内容：

① 泵房入口处挡水设施是否完好；

② 泵房内排水设施的排水能力是否满足要求；

③ 进出泵房管孔、开口等部位的防火封堵措施是否完好；

④ 柴油机消防泵组的排气管道是否严密；

⑤ 湿度较大的消防泵房是否有除湿设备并良好运行；

⑥ 水泵各项操作规程、维护保养制度是否上墙并具有可操作性等；

⑦ 消防水泵房的防火条件是否发生；

⑧ 检查消防水泵组末端配电柜：按照本节气压给水设备的有关要

求检查末端配电柜是否具有双电源自动切换功能。

（4）消防水泵接合器。

消防水泵接合器（见图 1-35）是一种火场临时供水设施。其作用是：当室内消防水泵因故停止运转时，利用消防车从室外消火栓或消防水池取水，通过水泵接合器向室内管网供水；或遇大火室内消防用水量不足时，利用消防车从室外消火栓或消防水池取水，通过水泵接合器向室内管网补充用水，供水流程见图 1-36。

（a）地上式水泵接合器

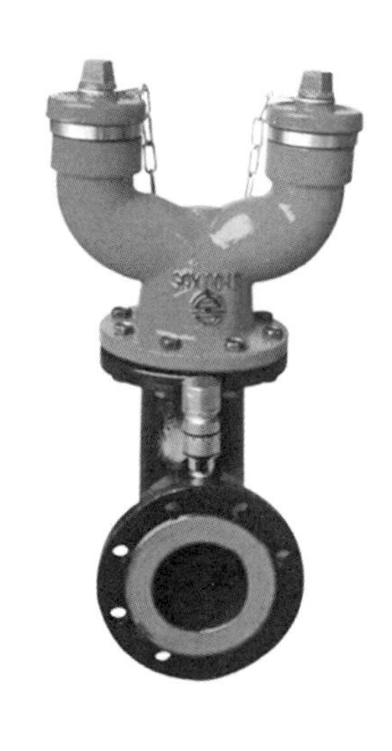

（b）地下式水泵接合器

（c）墙壁式水泵接合器

（d）多用式水泵接合器

（e）消防水泵接合器组件

图 1-35　消防水泵接合器

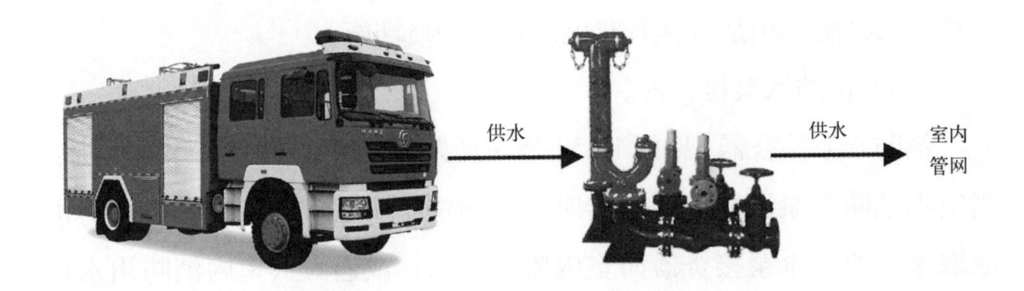

图 1-36　消防车 - 水泵接合器供水方向示意

消防水泵接合器检查要点如下：

1）查看标志牌（式样见图 1-37），检查相关组件是否完好有效；

2）检查水泵接合器周围消防水源、操作场地是否完好；

3）用消防车等移动供水设施对每个水泵接合器进行供水试验；

4）检查消防水泵接合器与室外消火栓或消防水池的距离是否在 15 ~ 40m 的范围内；

5）是否设置永久性标志铭牌，标明供水系统、供水范围和额定压力。

图 1-37　消防水泵接合器所属系统标识式样

3. 消防供水管网、阀门

（1）消防供水管网。

1）检查供水管道的材质、公称直径、连接方式、管网形式是否符合消防技术标准；

2）检查水流方向固定标识是否正确；

3）检查管网是否存在漏水现象。

（2）消防供水管网阀门。

1）检查各种常开、常闭阀门的状态是否正确，是否处于全开启或全关闭状态；

2）检查阀门组件是否齐全；

3）检查阀门是否易于开启、关闭，是否存在锈蚀、阻滞现象；

4）检查阀门是否漏水；

5）检查各种常开、常闭阀门的永久性固定标识是否正确。

四、消防供水设施的常见问题及原因分析

消防供水设施的常见问题及原因分析见表 1-2。

表 1-2　消防供水设施的常见问题及原因分析

设施名称	常见问题	原因分析
消防水源	市政管网供水流量、压力不能满足供水系统所需的工作压力和流量	1. 供水管网上的常开阀门没有处于全开启状态； 2. 供水管网上有泄漏点
	消防水池、高位消防水箱水位不足	消防水池、高位消防水箱的补水管网上的阀门处于全关闭状态或未处于全开启状态；消防水池、高位消防水箱的自动补水设施出现故障，不能实现自动补水功能
消防供水设施设备	消防水泵不能实现自动启动或远程手动启动	1. 设备故障，即消防水泵或控制柜故障导致水泵不能正常运行。 2. 供配电系统故障，导致消防水泵不能工作。 3. 控制回路或控制按钮、控制模块故障。 4. 稳压泵的设计压力、设计流量不足。即设计压力不能满足水灭火系统自动启动要求，设计流量小于消防给水系统管网的正常泄漏量和系统自动启动流量。 5. 消防水泵控制柜运行方式设置错误。设置成手动运行方式，导致不能实现自动启动或远程手动启动

第二节 建（构）筑物室外消火栓

一、室外消火栓系统的组成

室外消火栓由消防水源、供水设施、供水管网、室外消火栓等组成，如图 1-38、图 1-39 所示。

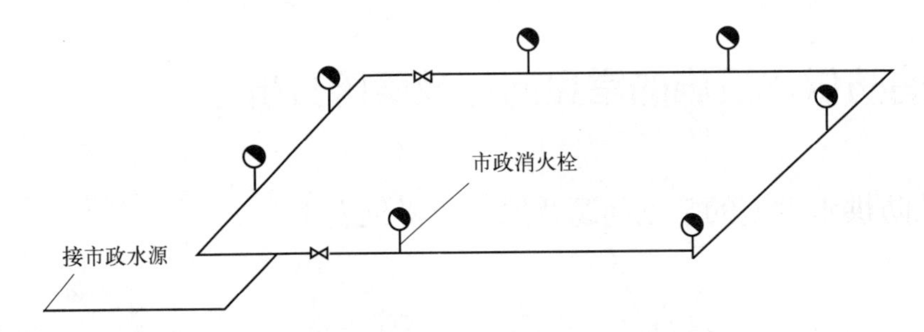

图 1-38　利用市政给水室外消火栓系统图

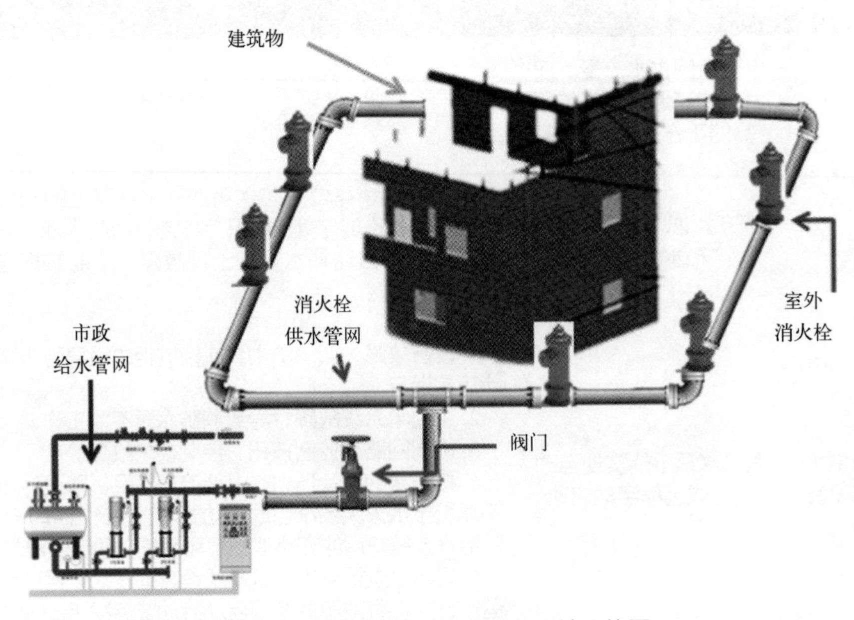

图 1-39　利用市政给水室外消火栓系统图

二、室外消火栓系统的工作原理

采用低压给水管网的市政消火栓，主要通过直接用吸水管吸水或连接水带向消防车水罐注水，经消防车水泵加压后向火场供水；采用高压或临时高压给水管网的市政消火栓，可直接由消火栓连接水带、水枪灭火。

三、室外消火栓系统的设置范围

（1）民用建筑、厂房、仓库、储罐（区）和堆场周围应设置室外消火栓系统；

（2）用于消防救援和消防车停靠的屋面上应设置室外消火栓系统。

应注意的是：耐火等级不低于二级且建筑体积不大于3000m^{3}的戊类厂房，居住区人数不超过500人且建筑层数不超过两层的居住区可不设置室外消火栓系统。

四、室外消火栓系统的检查方法

1. 检查测试室外消火栓压力

利用消火栓测试接头测试室外消火栓平时运行压力，不应低于0.14MPa。如图1-40所示。

2. 检查室外消火栓设置位置

（1）石油天然气工程室外消火栓设置要求：

1）消火栓应沿道路布置，油罐区的消火栓应设在防火堤与消防道路之间，距路边宜为1～5m，并应有明显标志；

2）当油罐采用固定式冷却系统时，在罐区四周应设置备用消火栓，

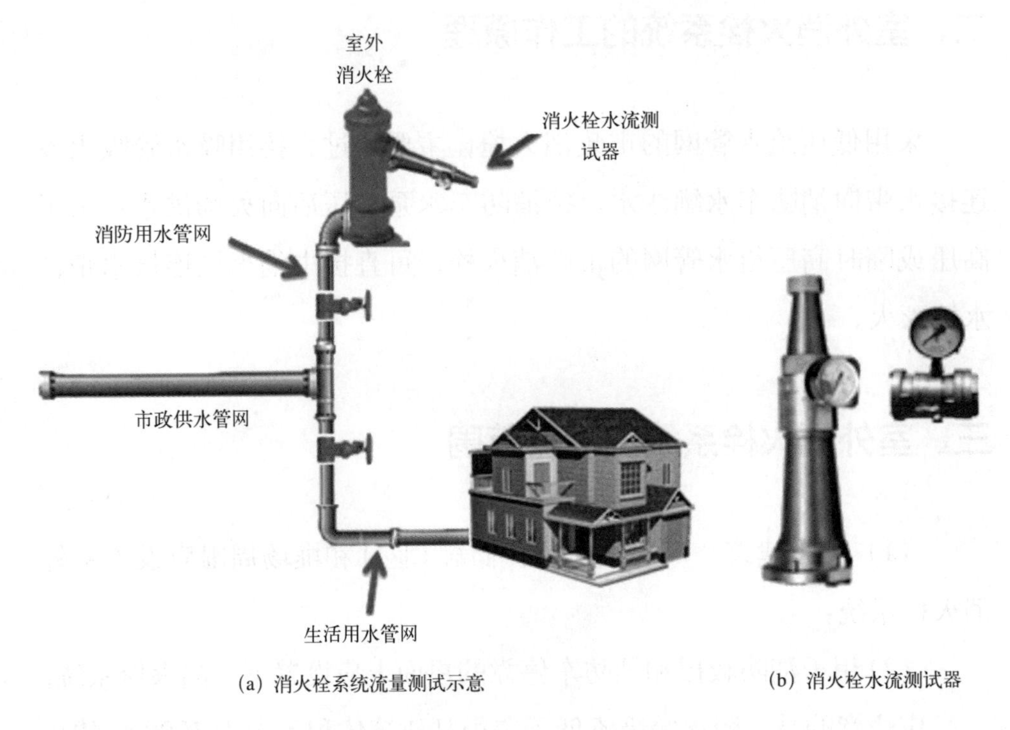

(a) 消火栓系统流量测试示意　　(b) 消火栓水流测试器

图1-40　消火栓系统流量测试

其数量不应少于4个，间距不应大于60m。当采用半固定冷却系统时，消火栓的使用数量应由计算确定，但距罐壁15m以内的消火栓不应计算在该储罐可使用的数量内，2个消火栓的间距不宜小于10m。

（2）石油化工企业室外消火栓设置要求：

1）宜选用地上式消火栓，宜沿道路敷设，距路面边不宜大于5m，距建筑物外墙不宜小于5m。

2）地上式消火栓距城市型道路路边不宜小于1m，距公路型双车道路肩边不宜小于1m。

3）地上式消火栓的大口径出水口应面向道路。当其设置场所有可能受到车辆冲撞时，应在其周围设置防护设施。

4）消火栓的保护半径不应超过120m。

5）罐区及工艺装置区的消火栓应在其四周道路边设置，消火栓的间距不宜超过60m。当装置内设有消防道路时，应在道路边设置消火栓。

距被保护对象 15m 以内的消火栓不应计算在该保护对象可使用的数量之内。

（3）人防工程、地下工程等建筑室外消火栓设置要求：应在出入口附近设置室外消火栓，且距出入口的距离不宜小于 5m，并不宜大于 40m。

（4）停车场室外消火栓设置要求：室外消火栓宜沿停车场周边设置，且与最近一排汽车的距离不宜小于 7m，距加油站或油库不宜小于 15m。

（5）甲、乙、丙类液体储罐区和液化烃罐罐区等构筑物的室外消火栓设置要求：应设在防火堤或防护墙外，数量应根据每个罐的设计流量经计算确定，但距罐壁 15m 范围内的消火栓，不应计算在该罐可使用的数量内。

（6）工艺装置区等采用高压或临时高压消防给水系统的场所室外消火栓设置要求：其周围应设置室外消火栓，数量应根据设计流量经计算确定，且间距不应大于 60m。当工艺装置区宽度大于 120m 时，宜在该装置区内的路边设置室外消火栓。

（7）其余工业和民用建筑室外消火栓设置要求：

1）室外消火栓的保护半径不应超过 150m，间距不应大于 120m；

2）室外消火栓应布置在消防车易于接近的人行道和绿地等地点，且不应妨碍交通，并应符合下列规定：室外消火栓距路边不宜小于 0.5m，并不应大于 2m；市政消火栓距建筑外墙或外墙边缘不宜小于 5m；室外消火栓应避免设置在机械易撞击的地点，确有困难时，应采取防撞措施。

3. 检查室外消火栓供水管道及阀门工况

（1）检查供水管网进水管数量、位置是否符合要求；

（2）检查供水管水表型号与供水管直径是否一致；

（3）检查供水管网上各类阀门是否处于正常状态，阀门的启闭、密封性是否良好。

五、室外消火栓系统的常见问题及原因分析

室外消火栓系统常见问题及原因分析见表1-3。

表1-3　室外消火栓系统常见问题及原因分析

主要问题	原因分析
无水	1. 消防供水管道上闸阀处于关闭状态；
	2. 室外消火栓系统未连接供水管网；
	3. 供水管网无水
开启时剧烈震动	室外消火栓及其管网安装不符合要求
压力不足	1. 消防给水管道堵塞供水管网上常开阀门未处于完全开启状态；
	2. 供水管网有泄漏点；
	3. 消防水源供水压力不足；
	4. 防冻措施失效，导致管网内水体结冰堵塞

第三节 室内消火栓系统

一、室内消火栓系统的组成

室内消火栓系统主要由供水设施（消防供水水源、消防水泵、稳压泵、消防水泵接合器等）、管网（阀门）、室内消火栓等组成（见图 1-41、图 1-42）。系统组成和运行原理，请看 3D 演示视频。

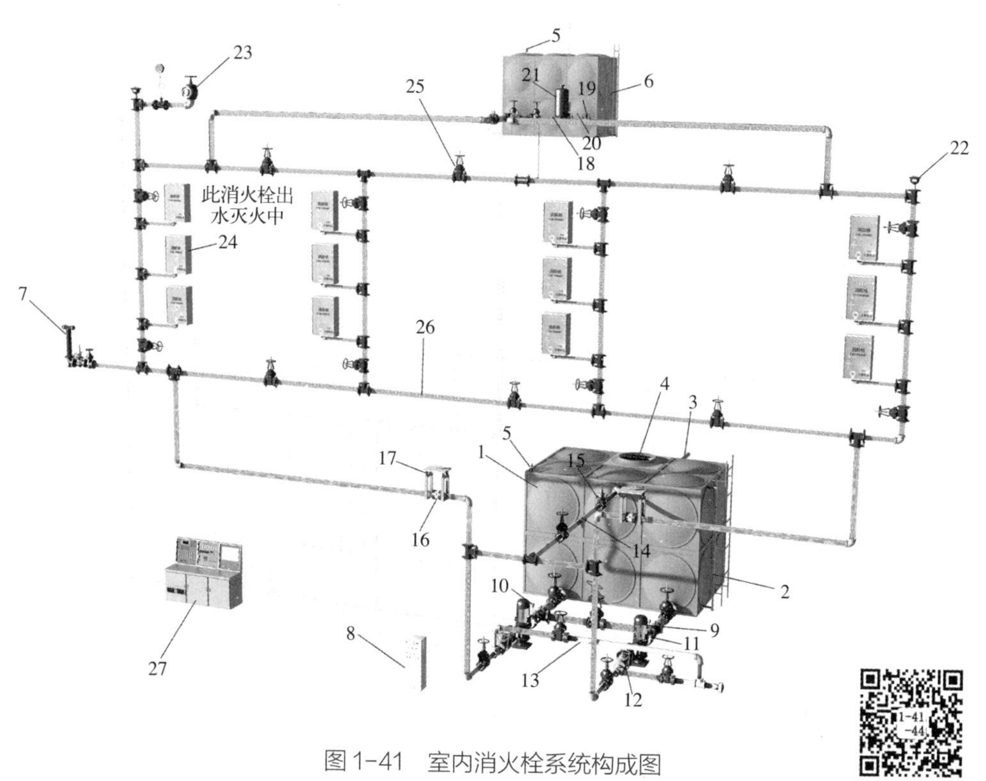

图 1-41　室内消火栓系统构成图

1—消防水池；2—液位计；3—补水管；4—消防车取水口；5—液位传感器；6—高位水箱；7—消防水泵接合器；8—消防水泵控制柜；9—消防水泵；10—真空压力表；11—偏心异径柔性接头；12—多功能水泵控制阀；13—水泵试验排水管；14—过滤器；15—安全泄压阀；16—柔性接头；17—管道吊架减震器；18—稳压设施；19—稳压水泵；20—压力表；21—气压调节水罐；22—排气阀；23—屋顶实验消火栓；24—室内消火栓箱；25—明杆闸阀；26—管网；27—火灾自动报警控制器及消防联动控制器

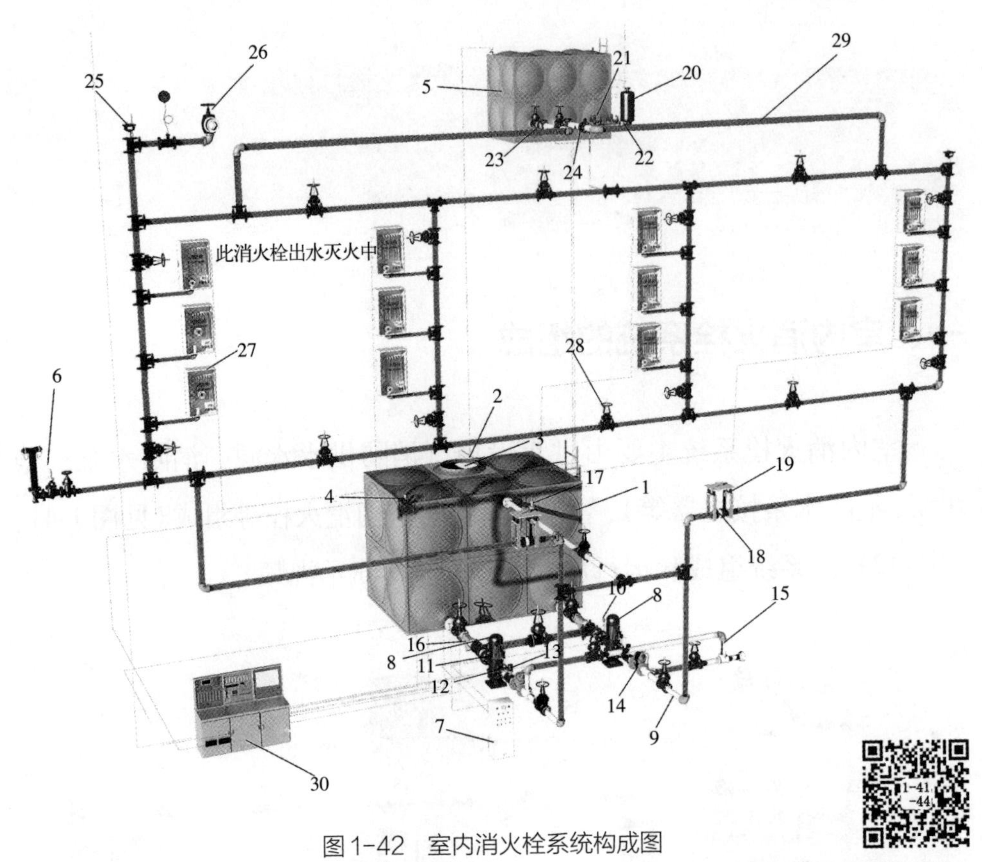

图 1-42　室内消火栓系统构成图

1—消防水池；2—补水管；3—消防车取水口；4—液位传感器；5—高位水箱；6—消防水泵接合器；7—消防水泵控制柜；8—消防水泵；9—消防水泵吸水管；10—真空压力表；11—偏心异径柔性接头；12—同心异径柔性接头；13—低压压力开关；14—多功能水泵控制阀；15—水泵试验排水管；16—过滤器；17—安全泄压阀；18—柔性接头；19—管道吊架减震器；20—稳压设施（气压调节水罐）；21—稳压水泵；22—排水阀；23—止回阀；24—流量开关；25—排气阀；26—屋顶实验消火栓；27—室内消火栓箱；28—明杆闸阀；29—管网；30—火灾自动报警控制器及消防联动控制器

二、室内消火栓系统的工作原理及分类

室内消火栓系统是建（构）筑物内部重要的固定消防系统，其组成设备是建筑物内人员和消防队员开展灭火、救援活动的主要消防设施。

室内消火栓系统按使用类型分为湿式消火栓系统和干式消火栓系统，按供水压力分为高压和临时高压系统，按供水方式分为分区室内消火栓系统和不分区室内消火栓系统。典型室内消火栓系统工作流程及原理见图 1-43、图 1-44。

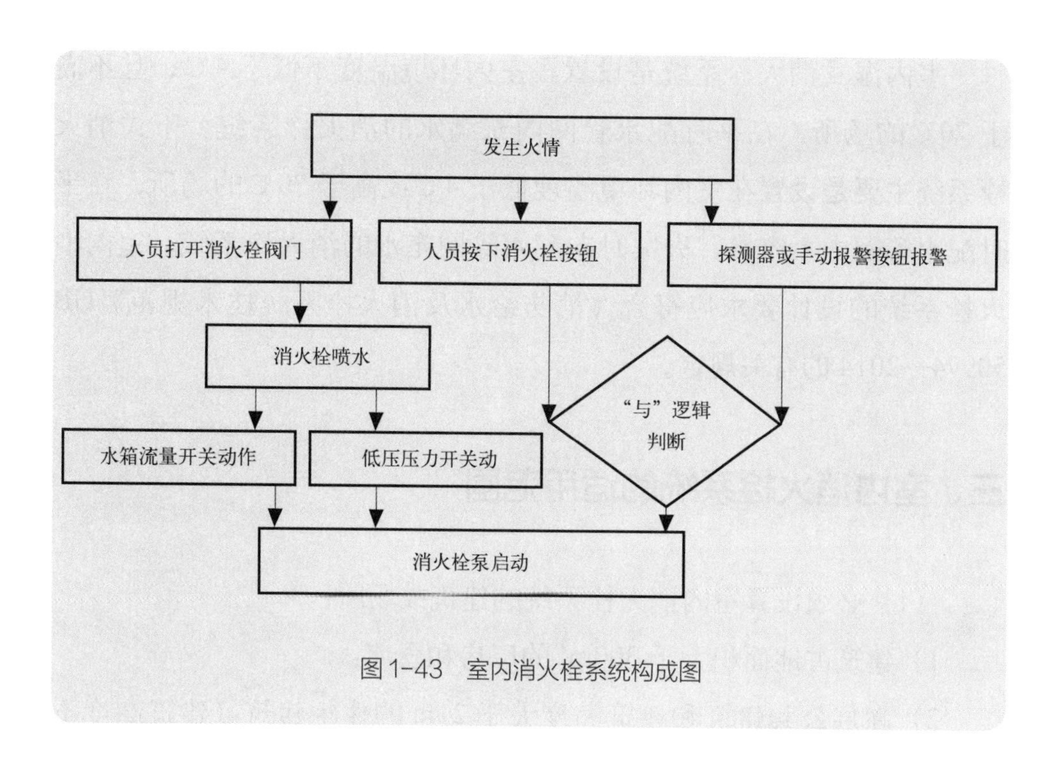

图 1-43　室内消火栓系统构成图

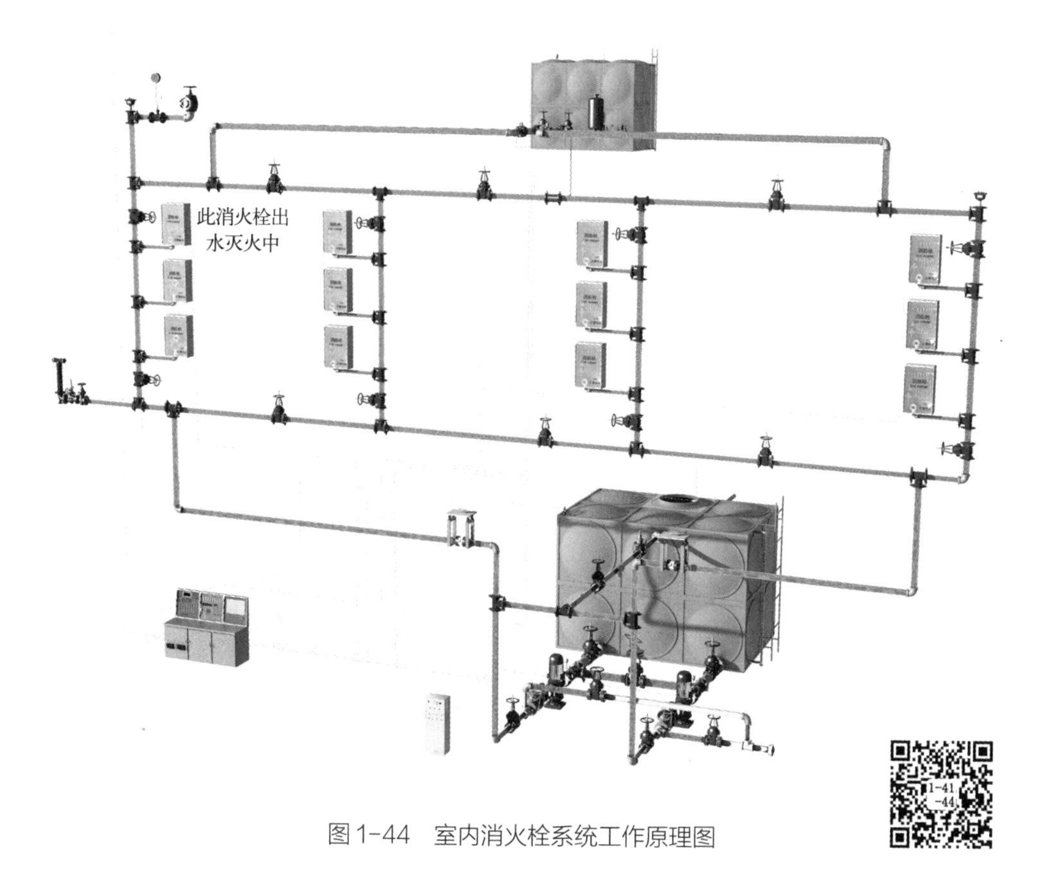

图 1-44　室内消火栓系统工作原理图

室内湿式消火栓系统是设置在室内环境温度不低于4℃，且不高于70℃的场所，在平时配水管网内充满水的消火栓系统。干式消火栓系统主要是设置在室内环境温度低于4℃或高于70℃的场所，在平时配水管网内不充水，火灾时向配水管网充水的消火栓系统。室内消火栓系统的设计要求应符合《消防给水及消火栓系统技术规范》GB 50974—2014的有关规定。

三、室内消火栓系统的适用范围

（1）必须设置室内消火栓系统的建筑或场所：

1）建筑占地面积大于300m^2的厂房和仓库；

2）高层公共建筑和建筑高度大于21m的住宅建筑（建筑高度不大于27m的住宅建筑，设置室内消火栓系统确有困难时，可只设置干式消防竖管和不带消火栓箱的*DN*65的室内消火栓）；

3）体积大于5000m^3的车站、码头、机场的候车（船、机）建筑、展览建筑、商店建筑、旅馆建筑、医疗建筑和图书馆建筑等单、多层建筑；

4）特等、甲等剧场，超过800个座位的其他等级的剧场和电影院等以及超过1200个座位的礼堂、体育馆等单、多层建筑；

5）建筑高度大于15m或体积大于10000m^3的办公建筑、教学建筑和其他单、多层民用建筑。

（2）国家级文物保护单位的重点砖木或木结构的古建筑，宜设置室内消火栓系统。

（3）可以不设置室内消火栓系统，但宜设置消防软管卷盘或轻便消防水龙的建筑或场所：

1）未规定必须设置室内消火栓系统的建筑或场所；

2）耐火等级为一、二级且可燃物较少的单、多层丁、戊类厂房（仓库）；

3）耐火等级为三、四级且建筑体积不大于3000 m^3的丁类厂房，耐火等级为三、四级且建筑体积不大于 5000 m^3 的戊类厂房（仓库）；

4）粮食仓库、金库、远离城镇且无人值班的独立建筑；

5）室内无生产、生活给水管道，室外消防用水取自储水池且建筑体积不大于 5000 m^3 的其他建筑。

（4）人员密集的公共建筑、建筑高度大于 100m 的建筑和建筑面积大于 200m^2 的商业服务网点内应设置消防软管卷盘或轻便消防水龙。高层住宅建筑的户内宜配置轻便消防水龙。

四、室内消火栓系统的检查

1. 水源

包括天然水源、市政给水、消防水池和高位消防水池（箱）等。

（1）天然水源：检查水质、水量、安全取水措施；

（2）市政供水：检查供水管径、数量及供水能力；

（3）消防水池：检查设置位置、外观、容积、水位和液位显示装置外观及运行状态、消防用水不被他用设施、补水设施、寒冷地区防冻措施；

（4）消防水箱：检查出水管止回阀密封性，其余检查项目与消防水池检查内容相同。（注：消防水源的详细检查内容及方法应与本书湿式自动喷水灭火系统对水源的检查要求一致）

2. 消防水泵房、固定消防给水设备、消防水泵、稳压泵、水泵控制柜、水泵接合器

消防水泵房、固定消防给水设备、消防水泵、稳压泵、水泵控制柜及水泵接合器的设置应符合《消防给水及消火栓系统技术规范》GB 50974—2014 第 5 章“供水设施”和《建筑设计防火规范》GB 50016—2014 第 8.1 节“一般规定”的要求，其详细检查内容及方法应与本书湿式自动喷水灭火系统对相关项目的检查要求一致。

3. 给水管网

室内消火栓系统管网的设置应符合《消防给水及消火栓系统技术规范》GB 50974—2014 第 8 章“管网”的相关要求。

4. 室内消火栓

（1）消火栓箱：检查外观、铭牌、标志；箱内组件应配置齐全；箱门开关灵活，开启角度不小于 160°；检查设置位置不应有临时或永久影响栓箱开启使用的障碍。

（2）室内消火栓：检查使用形式（直角出口型、45°出口型、单阀型、双阀型、旋转型、减压型、减压稳压型）是否符合要求；检查外观、标志；阀门应启闭灵活，手轮开启高度符合标准要求，手轮开关方向标识清晰、明确；检查栓口位置并便于连接水带；借助检测专用工具检查阀座、阀杆材料；试验用消火栓应检查压力显示装置外观及工作状态显示。

（3）消防水带：检查水带及接口外观、标志；水带规格和长度应符合规范要求，检查水带长度不应小于标称长度 1m（水带长度不包括接口）；接口材料应为耐腐蚀性材料，使用铝合金材料应按规定进行阳极氧化或静电喷塑防腐处理。

（4）消防水枪：检查水枪外观、铭牌、标志；检查使用规格型号是否符合要求。

（5）消防软管卷盘：检查外观、铭牌、标志；软管类别、内径、长度和配套喷枪是否符合要求，配套喷枪应带有开关，软管长度不应小于标称长度 1m，卷盘应能绕水平转臂轴向外摆动，摆动角不小于 90°，摆动时应无卡阻及松动现象；卷盘转动应灵活无卡阻现象；检查消防软管卷盘进水控制阀，阀门开关灵活并有指示标志，顺时针方向为关闭方向。

（6）消火栓按钮：检查外观、铭牌、标志；检查消火栓按钮功能，使其处于正常监视状态，按下消火栓按钮启动零件，发出启动信号，红色启动确认灯应点亮并能保持至启动状态被复位，在水泵启动并给出回答信号后，绿色回答确认灯应点亮并保持至水泵停止工作；更换或复位启动零件，复位相关控制和指示设备，检查确认灯状态，消火栓按钮应处于正常监视状态。

（7）轻便消防水龙：由专用接口、水带及喷枪组成的一种小型简便的喷水灭火设备，可在自来水或消防供水管路上使用。在设置有轻便消防水龙的场所，应检查外观、铭牌、标志及使用说明；进行喷射性能试验，试验结果符合消防设计文件和《轻便消防水龙》GA 180—98 的相关要求。

5. 阀门

室内消火栓系统采用的阀门及设置应符合《消防给水及消火栓系统技术规范》GB 50974—2014 第 8.3 节“阀门及其他”的相关要求。

在设置干式消火栓系统的建筑或场所，应检查系统充水时间不大于5min，供水干管上的快速启闭装置宜为干式报警阀、雨淋阀或电磁阀、电动阀；当采用雨淋阀、电磁阀和电动阀时，在消火栓箱处应设置直接开启阀门的手动按钮，电动阀的开启时间不应超过 30s；采用电磁阀时，应使用弹簧非浸泡在水中的失电开启型阀门；检查系统管网上设置的自动快速排气阀。

6. 系统功能检查

选择系统最不利处消火栓，连接压力表及闷盖，开启消火栓，测量栓口静水压力；连接水带、水枪，触发消火栓按钮，查看消防水泵启动、压力和反馈信号显示，消防水泵应能在 2min 内到达正常运转状态，测量最不利点处和最有利处消火栓出水压力应符合消防技术文件和《消防给水及消火栓系统技术规范》GB 50974—2014 第 7.4.12 条室内消火栓栓口压力和消防水枪充实水柱的要求；测试完成应使系统恢复至正常工作状态。

五、室内消火栓系统常见故障及处理方法

室内消火栓系统常见故障及处理方法见表1-4。固定消防给水设备、消防水泵、稳压泵、水泵控制柜及水泵接合器的常见故障及处理方法请参考湿式自动喷水灭火系统的相关内容。

表1-4　室内消火栓系统常见故障及处理方法

常见故障	故障原因	处理方法
给水管网振动大、发出异响、噪声	1. 消火栓泵出口未采用柔性连接； 2. 管网支吊架松动； 3. 管网未设置自动排气阀； 4. 管网流速过快	1. 检查消火栓泵出口是否安装有柔性接头； 2. 找出产生异响处，检查支吊架安装情况； 3. 检查管网最高点处是否设置自动排气阀； 4. 检查管径大小
室内消火栓本体渗漏	1. 阀盖、阀体、旋转部件有破损或密封件失效； 2. 阀座与阀瓣部件密封失效； 3. 阀杆密封件失效	1. 检查阀盖、阀体、阀杆、旋转部件有无明显变形、破裂； 2. 更换渗漏处密封件； 3. 检查阀瓣密封处有无异物； 4. 联系维修
水带、水枪、消防接口渗漏	1. 水带、水枪、接口本体破损； 2. 接口密封处渗漏	1. 检查水带、水枪、接口，更换破损件； 2. 检查接口密封面和密封件
软管卷盘渗漏	1. 软管破损； 2. 卷盘接头松动； 3. 卷盘转动部件密封件失效	1. 转动卷盘，拉出软管检查； 2. 拧紧接头； 3. 联系维修
消火栓按钮不动作	1. 控制线路故障； 2. 启动零件未复位； 2. 触发机构失效	1. 检查联动控制线路； 2. 复位启动零件； 3. 联系维修
栓口出水压力不符合设计要求	1. 消火栓泵的设置和性能不能满足系统需求； 2. 系统管网堵塞； 3. 减压装置故障； 4. 管网有泄漏点	1. 检查消火栓泵设置，核对工况曲线是否符合设计要求； 2. 检查系统管网有无异物堵塞或气阻现象； 3. 检查系统管网上的减压阀、减压孔板或节流管； 4. 检查具有减压功能的消火栓； 5. 检查管网是否有泄漏之处

第二章

自动喷水灭火系统

第一节 湿式自动喷水灭火系统

一、湿式自动喷水灭火系统的组成

湿式自动喷水灭火系统是在准工作状态时，管道内充满用于启动系统的有压水的闭式系统。湿式系统是用于控制或扑灭建筑火灾的系统，由供水设施、湿式报警阀组、闭式喷头、水流指示器、末端试水装置、管网及必要的阀门等组成，见图 2-1、图 2-2。

二、湿式自动喷水灭火系统的工作原理

湿式系统是闭式系统，其配水管网平时充满并维持一定压力的水。由于配水管网平时充水，所以它只能设置于环境温度不低于 4℃，且不高于 70℃的场所。

平时湿式报警阀的上、下腔充满相同压力的水，发生火灾后，闭式喷头达到公称动作温度而开放喷水，导致湿式报警阀阀板的上、下水压失衡，阀板上侧压力降低，下侧仍为高压，阀板在压差作用下开启，压力水进入配水管网，同时从阀的信号口流入报警管路，经延迟器进入水力警铃而发出持续强劲的声响，水压使压力开关动作，信号传到控制盘，由控制盘发出启动消防主泵的指令。至此，系统进入灭火状态，见图 2-1、图 2-2。系统组成和运行原理，请看 3D 演示视频。

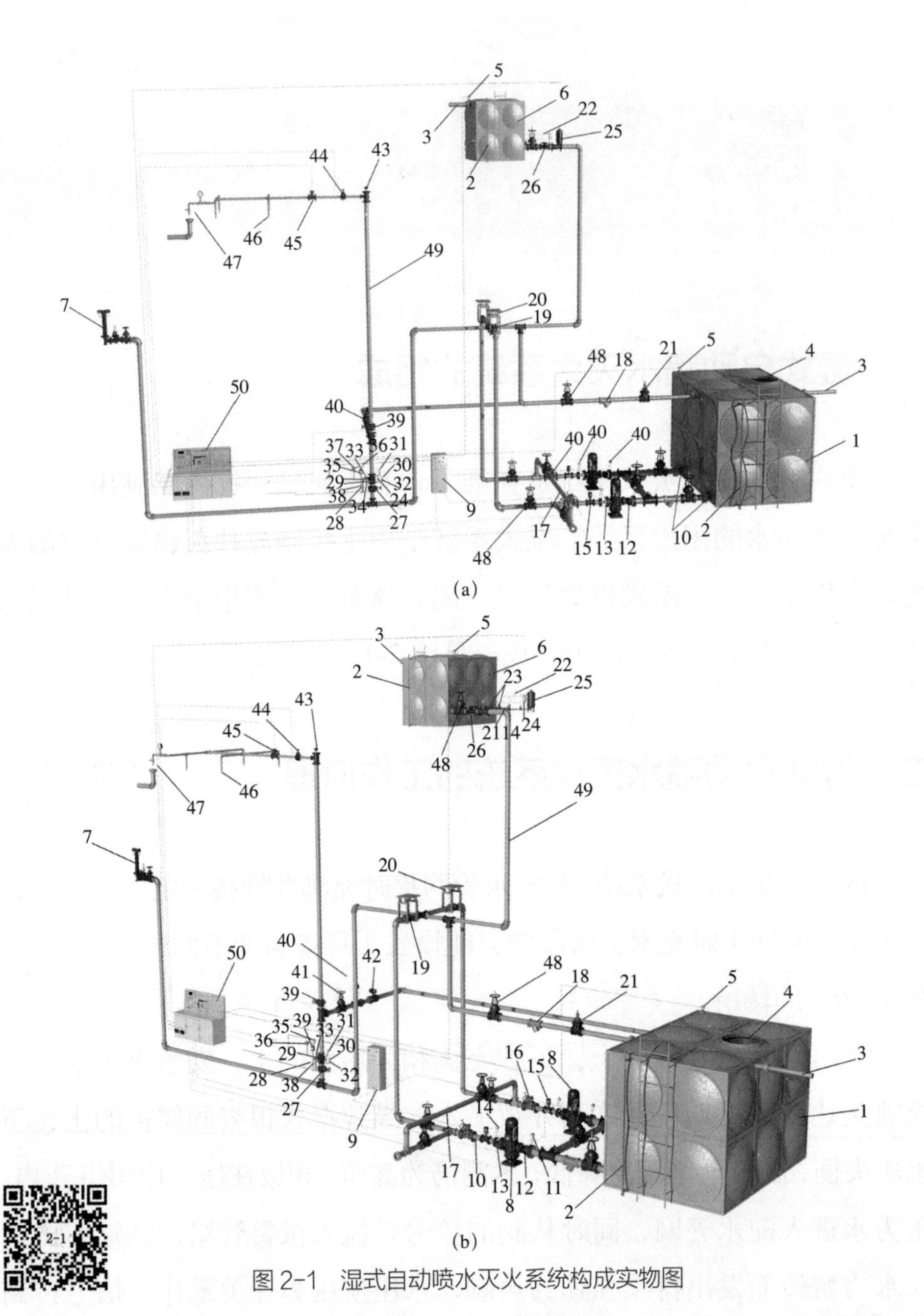

图 2-1 湿式自动喷水灭火系统构成实物图

1—消防水池；2—液位计；3—补水管；4—消防车取水口；5—液位传感器；6—高位水箱；7—消防水泵接合器；8—消防水泵；9—消防水泵控制柜；10—消防水泵吸水管；11—真空压力表；12—偏心异径柔性接头；13—同心异径柔性接头；14—压力表；15—低压压力开关；16—多功能水泵控制阀；17—水泵试验排水管；18—过滤器；19—柔性接头；20—管道吊架减震器；21—安全泄压阀；22—稳压设施；23—稳压水泵；24—稳压泵控制柜；25—气压调节水罐；26—止回阀；27—水源控制阀；28—湿式报警阀组；29—阀体；30—进水口压力表；31—出水口压力表；32—表前阀；33—实验放水阀；34—水力警铃控制阀；35—延时器；36—压力开关；37—水力警铃；38—节流阀；39—试验信号阀；40—系统供水能力测试装置；41—阀门；42—流量计；43—排气阀；44—信号阀；45—水流指示器；46—喷头；47—末端试水装置及排水设施；48—明杆闸阀；49—管网；50—火灾报警控制器及消防联动控制器

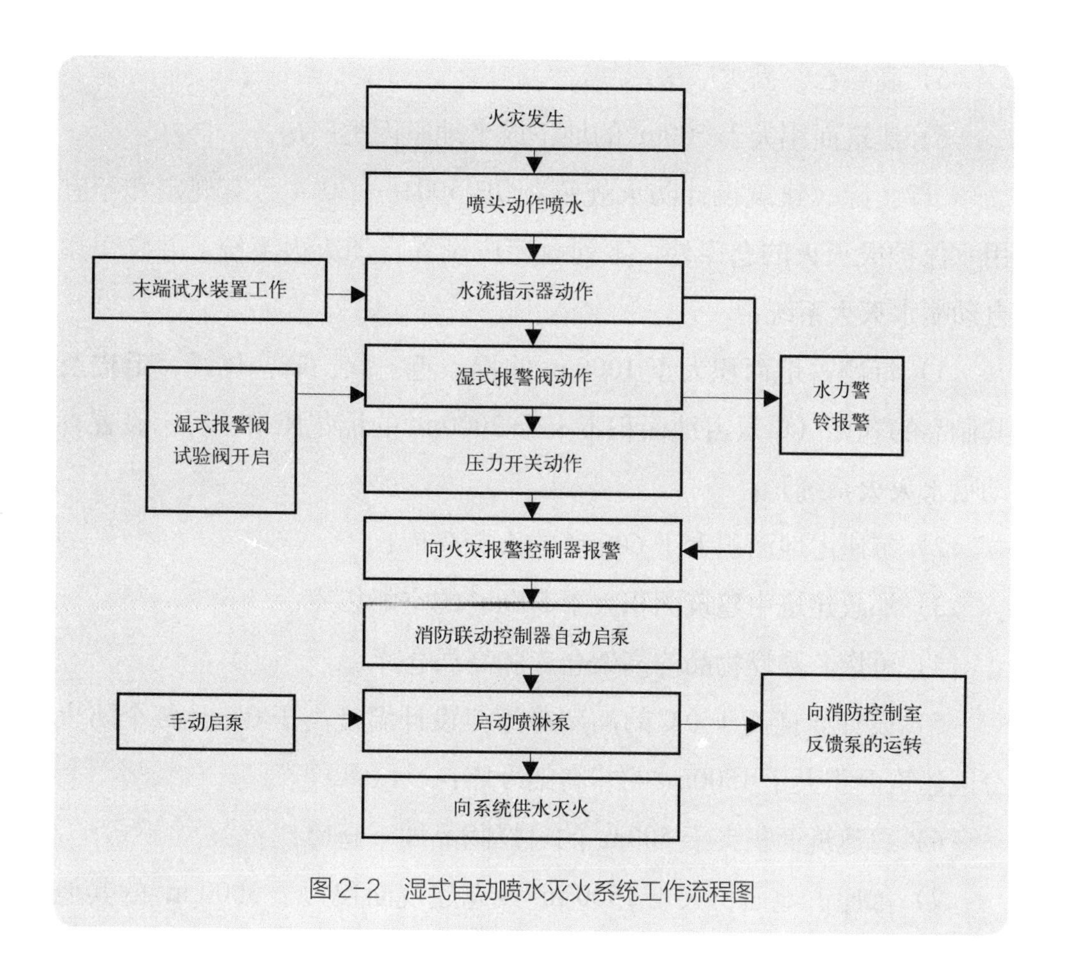

图 2-2　湿式自动喷水灭火系统工作流程图

三、湿式自动喷水灭火系统的适用范围

（1）除《建筑设计防火规范》GB 50016—2014 另有规定和不宜用水保护或灭火的场所外，下列厂房或生产部位应设置自动灭火系统，并宜采用自动喷水灭火系统：

1）不小于 50000 纱锭的棉纺厂的开包、清花车间，不小于 5000 锭的麻纺厂的分级、梳麻车间，火柴厂的烤梗、筛选部位；

2）占地面积大于 1500m^2 或总建筑面积大于 3000m^2 的单、多层制鞋、制衣、玩具及电子等类似生产的厂房；

3）占地面积大于 1500m^2 的木器厂房；

4）泡沫塑料厂的预发、成型、切片、压花部位；

5）高层乙、丙类厂房；

6）建筑面积大于500m^2的地下或半地下丙类厂房。

（2）除《建筑设计防火规范》GB 50016—2014另有规定和不宜用水保护或灭火的仓库外，下列仓库应设置自动灭火系统，并宜采用自动喷水灭火系统：

1）每座占地面积大于1000m^2的棉、毛、丝、麻、化纤、毛皮及其制品的仓库（单层占地面积不大于2000m^2的棉花库房，可不设置自动喷水灭火系统）；

2）每座占地面积大于600m^2的火柴仓库；

3）邮政建筑中建筑面积大于500m^2的空邮袋库；

4）可燃、难燃物品的高架仓库和高层仓库；

5）设计温度高于0℃的高架冷库，设计温度高于0℃且每个防火分区建筑面积大于1500m^2的非高架冷库；

6）总建筑面积大于500m^2的可燃物品地下仓库；

7）每座占地面积大于1500 m^2或总建筑面积大于3000 m^2的其他单层或多层丙类物品库房。

（3）除《建筑设计防火规范》GB 50016—2014另有规定和不宜用水保护或灭火的场所外，下列高层民用建筑或场所应设置自动灭火系统，并宜采用自动喷水灭火系统：

1）一类高层公共建筑（除游泳池、溜冰场外）及其地下、半地下室；

2）二类高层公共建筑及其地下、半地下室的公共活动用房、走道、办公室和旅馆的客房、可燃物品库房、自动扶梯底部；

3）高层民用建筑内的歌舞娱乐放映游艺场所；

4）建筑高度大于100m的住宅建筑。

（4）除《建筑设计防火规范》GB 50016—2014另有规定和不宜用水保护或灭火的场所外，下列单、多层民用建筑或场所应设置自动灭火系统，并宜采用自动喷水灭火系统：

1）特等、甲等剧场，超过1500个座位的其他等级的剧场，超过2000个座位的会堂或礼堂，超过3000个座位的体育馆，超过5000人的体育场的室内人员休息室与器材间等；

2）任一层建筑面积大于1500m^{2}或总建筑面积大于3000m^{2}的展览、商店、餐饮和旅馆建筑以及医院中同样建筑规模的病房楼、门诊楼和手术部；

3）设置送回风道（管）的集中空气调节系统且总建筑面积大于3000m^{2}的办公建筑等；

4）藏书量超过50万册的图书馆；

5）大、中型幼儿园，总建筑面积大于500m^{2}的老年人建筑；

6）总建筑面积大于500m^{2}的地下或半地下商店；

7）设置在地下或半地下或地上四层及以上楼层的歌舞娱乐放映游艺场所（除游泳场所外），设置在首层、二层和三层且任一层建筑面积大于300m^{2}的地上歌舞娱乐放映游艺场所（除游泳场所外）。

四、湿式自动喷水灭火系统的检查

1. 水源

（1）检查室外给水管网的进水管管径、数量和供水能力。

（2）检查高位消防水箱、消防水池的消防有效容积和水位测量与指示装置。

（3）检查消防气压给水装置的供水工作参数。

（4）采用地表天然水源作为消防水源时，检查其水位、水量、水质等，并根据有效水文资料检查天然水源枯水期的最低水位、常水位、洪水位。

（5）根据地下水井抽水试验资料，确定常水位、最低水位、出水量和水位测量装置等技术参数和装备。

2. 消防水池

（1）消防水池的补水时间不宜超过 48h；对于缺水地区或独立的石油库区，不应超过 96h；高层消防水池的补水时间不宜超过 48h；人防工程消防水池的补水时间不应超过 48h。消防水池进水管管径应经计算确定，且不应小于 *DN*100。

（2）容量大于 500m³ 的消防水池，宜设两个能独立使用的消防水池。

（3）供消防车取水的消防水池应设置取水口或取水井，且吸水高度不应大于 6.0m。取水口或取水井与适用《建筑设计防火规范》GB 50016—2014 的建筑物（水泵房除外）的距离不宜小于 15m；与被保护高层民用建筑的外墙距离不宜小于 5m，并不宜大于 100m；与甲、乙、丙类液体储罐的距离不宜小于 40m；与液化石油气储罐的距离不宜小于 60m，如采取防止辐射热的保护措施时，可减为 40m。

（4）供消防车取水的消防水池，其保护半径不应大于 150m。

（5）消防用水与生产、生活用水合并的水池，应采取确保消防用水不作他用的技术措施。

（6）严寒和寒冷地区的消防水池应采取防冻保护设施。

值得注意的是，消防水池有效容积的计算应保证在整个火灾延续时间内水池水位应满足自灌式充水的要求。

消防水池的构成如图 2-3 所示。

图 2-3 消防水池构成示意图

3. 消防水箱

高位消防水箱包括屋顶消防水箱、分区消防水箱（也叫中间消防水箱）等，其功能是储存消防用水，为室内消防给水系统提供扑灭初期火灾所需的水量和水压。凡采用临时高压消防给水系统时，均应设高位消防水箱。

（1）高位消防水箱的设置位置和容量应符合相应规范的要求：

1）对于一类高层公共建筑，不应小于 $36m^3$；但当建筑高度大于 100m 时，不应小于 50 m^3；当建筑高度大于 150m 时，不应小于 100 m^3。

2）对于多层公共建筑、二类高层公共建筑和一类高层住宅，不应小于 18 m^3，当一类高层住宅建筑高度超过 100m 时，不应小于 36 m^3。

3）对于二类高层住宅，不应小于 $12m^3$。

4）对于建筑高度大于 21m 的多层住宅，不应小于 $6m^3$；对于工业建筑室内消防给水设计流量，当小于或等于 25L/s 时，不应小于 $12m^3$，大于 25L/s 时，不应小于 $18m^3$。

5）对于总建筑面积大于 $10000m^2$ 且小于 $30000m^2$ 的商店建筑，不应小于 $36m^3$，总建筑面积大于 $30000m^2$ 的商店，不应小于 $50m^3$。

（2）消防用水与其他用水合用的水箱，应采取消防用水不作他用的技术措施。

（3）重力自流的消防水箱应设置在建筑的最高部位，对于消火栓系统，出水管的公称管径不应小于 *DN*100。

（4）除串联的消防给水系统外，火灾时由消防水泵供给的消防用水不应进入高位消防水箱。

（5）消防水箱可分区设置，并联给水方式的分区消防水箱容量应与高位消防水箱相同。

1）对于高层民用建筑，高位消防水箱的设置高度应保证最不利点消火栓的静水压力：

① 对于一类高层公共建筑，不应低于 0.10MPa，但当建筑高度超

过 100m 时，不应低于 0.15MPa；

② 对于高层住宅、二类高层公共建筑、多层公共建筑，不应低于 0.07MPa，多层住宅不宜低于 0.07MPa；

③ 对于工业建筑不应低于 0.10MPa，当建筑体积小于 20000m^3 时，不宜低于 0.07MPa；

④ 自动喷水灭火系统等自动水灭火系统应根据喷头灭火需求压力和喷水强度确定，但最小不应小于 0.10MPa。当高位消防水箱不能满足上述静压要求时，应设增压设施。

2）当建（构）筑物不设置高位水箱时，系统应设气压给水设备，其有效水容积应按系统最不利点处 4 只喷头在最低工作压力下的 10min 用水量确定。干式系统、预作用系统设置的气压给水设备，应同时满足配水管道的充水要求。消防水箱的出水管上应设止回阀，并应与报警阀入口前的管道连接。出水管的公称管径，对于中危险级场所的系统，不应小于 *DN*80；对于严重危险级、仓库危险级，不应小于 *DN*100。

如图 2-4 所示。

图 2-4　消防水箱示意图

4. 消防水泵房

（1）独立设置的消防水泵房，其耐火等级不应低于二级。附设在建筑内的消防水泵房，应采用耐火极限不低于 2.0h 的隔墙和 1.5h 的楼板与其他部位隔开，并应设甲级防火门。

（2）当消防水泵房设置在首层时，其出口应直通室外。当设在地下室或其他楼层时，其出口应直通室外或安全出口。

（3）消防水泵房应有不少于 2 条的出水管直接与环状消防给水管网连接，当其中 1 条出水管关闭时，其余的出水管应仍能通过全部用水量。

（4）泵房的应急照明、通信设施、消防排水、消防水泵控制柜的设置应符合规范的要求。

5. 消防水泵

（1）检查消防水泵主、备电源切换装置。

（2）按《消防联动控制系统》GB 16806—2006 的规定测试消防水泵控制柜的控制显示功能、防护等级。

（3）消防泵组及其消防管道上使用的控制阀应有明显启闭标志，并能锁定阀位于全开。

（4）消防泵的出水管上应设置 *DN*65 的试验放水阀，并能满足泵的性能检测要求。

（5）消防泵进、出水管及其控制阀、止回阀、泄压阀、压力表、水锤消除器、可挠曲接头等的设置应满足功能要求，其规格、型号、数量符合设计要求。

（6）消防水泵应采用自灌式引水，其自灌式引水方式应在整个火灾延续时间内都符合要求。

（7）关闭消防水泵出水管上的控制阀、打开试验放水阀进行下列试验，均应正常工作，并符合规范的要求：

1）采用主电源启动消防水泵；

2）关闭主电源，主、备电源应能正常切换；

3）主泵和备用泵相互应能正常切换；

4）消防水泵就地和消防中心启、停控制功能应正常；

5）消防水泵控制柜置于自动启动方式，系统处于准工作状态时进行联动试验应正常，联动试验包括室内消火栓系统和自动喷水灭火系统的联动。

（8）对于自动喷水灭火系统：

1）分别开启系统中每一个末端试水装置、试水阀时，消防水泵均应能正常启动；系统中的水流指示器、压力开关等信号装置应能正常动作，消防水泵均应能正常启动。

2）设置消防气压给水装置的自动喷水灭火系统，使其气压给水装置的气压降至气压罐最高工作压力时，消防气压给水装置应能发出启动消防水泵的控制信号，消防水泵应能正常启动，且消防水不应进入气压罐。

3）对于不设末端试水装置、试水阀的系统，应使其报警阀动作，压力开关动作信号应能使消防水泵正常启动。

6. 稳压泵

（1）检查稳压泵的型号、规格，其进、出水管道和附件的设置应满足使用功能要求。

（2）稳压泵供电符合规范要求，主、备电源应能正常切换。

（3）稳压泵控制符合规范要求，并有防止其频繁启动的技术措施。

7. 报警阀

（1）报警阀及其组件应符合产品标准要求，报警阀组的安装应符合规范要求。

（2）水力警铃的设置位置正确并固定在墙面上。

（3）打开试警铃阀时，在阀板不开启的条件下，压力开关、水力警铃应能正常动作，且距水力警铃 3m 远处其连续声强符合规定。

（4）系统的供气定压装置应能正常工作。

（5）当系统由火灾自动报警系统联动控制时，其联动控制功能应符合系统要求。

（6）报警阀进、出口控制阀应为信号阀，或有明显启闭标志，并能锁定阀位于全开。

8. 系统管网和附件、组件的检查

（1）消防给水系统形式和管网构成符合规范要求，环网阀门布置满足规范要求，环网应能实现双向流动。

（2）管道材质、管径、连接方式、防腐和防冻措施、标识、支吊架设置符合设计、规范的要求，配水主立管与水平配水管的连接没有使用机械三通（或四通），其他机械三通（或四通）的使用符合规范要求。

（3）管网上的控制阀应为具有明显启闭标志的阀门。

（4）管网上的减压阀、止回阀、控制阀、排水与排气设施、电磁阀、节流孔板、泄压阀、水锤消除装置、压力监测元件、水流报警装置等的规格、型号、设置部位和安装方式符合规范要求。

（5）管网上的末端试水装置和试水阀的设置部位正确，部件齐全，方便使用。

（6）配水管网上喷头数量与其管径符合规范要求。

9. 喷头的检查

（1）喷头的设置场所、喷头规格、型号、公称动作温度，响应时间系数（RTI）符合规范要求。

（2）喷头安装间距和一只喷头的最大保护面积符合规范要求。

（3）喷头溅水盘距顶板、吊顶、墙、梁、保护对象顶部等的距离符合规范要求，遇障碍物时，喷头的避让和增补符合规范要求。

（4）在有腐蚀性气体环境，有碰撞危险环境安装的喷头，针对环境危害采取了相应的保护措施。

（5）各种不同规格型号的喷头均按规定量留有备用。

（6）配水管道的支吊架、防晃支吊架设置符合要求。

10. 自动喷水灭火系统的模拟功能试验

利用末端试水装置对湿式系统进行试验，开启末端试水装置后，系统报警阀应及时动作，延迟器应能在 5 ~ 90s 内使水流报警装置发出报警信号，消防泵应正常启动，并有信号反馈。

11. 系统、管网压力、强度检查

根据《自动喷水灭火系统设计规范》GB 50084—2001 的规定，系统配水管道的工作压力不应大于 1.2MPa，即报警阀入口处的水压应小于或等于 1.2MPa，轻危险级、中危险级场所中各配水管入口的压力均不宜大于 0.40MPa。系统的工作压力应满足最不利点喷头的工作压力和喷水强度的要求。系统中高位消防水箱及其稳压设施和喷淋泵，对系统最不利点喷头的工作压力和喷水强度的要求，不论在平时还是火灾时都是相同的。

五、湿式自动喷水灭火系统常见故障及处理方法

湿式自动喷水灭火系统常见故障及处理方法见表 2-1。

表 2-1 湿式自动喷水灭火系统常见故障及处理方法

常见故障	故障原因	处理方法
稳压装置频繁启动	1. 湿式装置前端有泄漏； 2. 水暖件、连接处、闭式喷头有泄漏； 3. 末端试水装置没有关好； 4. 设备损坏	1. 检查水暖件、连接处、喷头和末端试水装置，找出泄漏点进行处理； 2. 联系维修
水流指示器在水流动作后不报警	1. 电气线路损坏、端子接线故障； 2. 水流指示器桨片不动、桨片损坏； 3. 微动开关损坏、干簧管触点烧坏； 4. 永久性磁铁失效	1. 检查桨片是否损坏或塞死不动； 2. 检查永久性磁铁、干簧管等器件； 3. 联系维修
喷头动作后或末端试水装置打开，湿式报警阀后管道前端无水	1. 湿式报警阀的蝶阀不动作； 2. 湿式报警阀的其他部件损坏	1. 翻转蝶阀； 2. 联系维修
联动信号发出，喷淋泵不动作	1. 控制装置损坏； 2. 喷淋泵启动柜连线松动或器件失灵； 3. 喷淋泵本身机械故障	1. 检查控制装置； 2. 检查控制柜线路、器件； 3. 检查喷淋泵； 4. 联系维修
联动和远程控制不能启动	1. 水泵控制柜的万能转换开关未在自动状态，中间继电器损坏； 2. 远程控制线有问题； 3. 控制设备未设压力开关或损坏	1. 检查控制柜万能转换开关、中间继电器； 2. 检查远程控制线； 3. 检查控制设备或联动程序
启泵后水泵无出水	1. 消防水池无水或水位过低； 2. 进水闸阀或出水闸阀关闭； 3. 进水管的海底阀被堵； 4. 水泵反转； 5. 进水管的阀门被堵塞	1. 检查消防水池水位； 2. 检测进、出水闸阀； 3. 海底阀被堵，使进水管内充满空气，排除管内的空气； 4. 检查电机的相序； 5. 检查进水管
启泵后管网压力上升不够	1. 泵的叶轮里有杂物； 2. 试水管的阀门关闭不严； 3. 管网有漏水的现象； 4. 屋顶水箱出水的单向阀关闭不严	1. 检查水泵的叶轮； 2. 检查试水管的阀门； 3. 检查管网； 4. 检查屋顶水箱处的单向阀
水泵振动过大或异常声响	1. 水泵的基础不牢或螺栓松动； 2. 水泵轴心偏心、轴承损坏； 3. 水泵润滑油不足	1. 检查基础和固定螺栓； 2. 检查水泵泵体； 3. 检查水泵润滑油

续表 2-1

常见故障	故障原因	处理方法
漏水	1. 机械密封圈漏水； 2. 盘根漏水	1. 检查机械密封圈； 2. 检查盘根
湿式报警阀	1. 误报警； 2. 间隙报警	1. 阀内补气孔有杂物堵塞，平衡补差功能失效，检查内阀瓣； 2. 喷淋管道中有大量空气，排除空气
长报警（报警后不能复位）	1. 水中有杂物使阀瓣关闭不严； 2. 末端试水阀门未关闭或关闭不严； 3. 胶垫脱落或阀瓣损坏不能关闭	1. 放水冲洗或拆卸清洗； 2. 检查末端试水阀门； 3. 检查胶垫和阀瓣
不报警（警铃压力开关）	1. 末端试水流量小，阀瓣锈蚀严重，启闭不灵活； 2. 淤泥杂物堵塞压力开关的管道至警铃	1. 检查末端试水装置和阀瓣； 2. 检查管道
警铃不报警	1. 警铃叶轮卡堵； 2. 警铃损坏或打钟脱落	1. 检查叶轮； 2. 检查警铃
压力开关不报警	1. 微动开关损坏； 2. 线路及电气故障	1. 检查微动开关； 2. 检查线路和电气
水流指示器不能复位	1. 管中杂物卡堵； 2. 压力弹簧太紧	1. 检查管路； 2. 检查弹簧
水流指示器不报警	1. 压力弹簧及胶板损坏脱落； 2. 方向安装相反； 3. 微动开关损坏	1. 检查压力弹簧； 2. 检查微动开关
止回阀不止回	1. 座圈与阀瓣间夹入杂物； 2. 座圈或阀瓣（覆盖面）变形损坏，使密封面不严密； 3. 活动部分严重锈蚀，阀瓣关闭不严	1. 检查座圈和阀瓣； 2. 联系维修
泄压阀	1. 泄压阀到达泄压值不泄压； 2. 泄压后关闭不严	1. 阀门弹簧过紧，检查阀门； 2. 水中杂物堵塞密封面，密封圈损坏
管网泄漏	一般都是阀门的问题，有些是水泵接合器埋地管网漏水	联系维修

第二节 干式自动喷水灭火系统

一、干式自动喷水灭火系统的组成

干式自动喷水灭火系统是在准工作状态时，管道内充满用于启动系统的低压气体的闭式系统。干式系统是用于控制或扑灭建筑火灾的系统，由干式报警阀组、干式下垂型喷头或直立式闭式喷头(向上安装)、快速排气阀、水流指示器、信号阀、末端试水装置、气源及稳压装置、消防水泵、高位水箱、水泵接合器、供水及配水管网以及必要的阀门组件等构成，见图 2-5。系统组成和运行原理，请看 3D 演示视频。

二、干式自动喷水灭火系统的工作原理

干式系统在准工作状态时，由消防水箱或稳压泵、气压给水设备等稳压设施维持干式报警阀入口前管道内充水的压力，报警阀出口后的管道内充满有压气体（通常采用压缩空气），报警阀处于关闭状态。发生火灾时，在火灾温度的作用下，闭式喷头的热敏元件动作，闭式喷头开启，管道内的气体通过喷头喷出，使干式报警阀出口侧压力下降，加速器动作后促使干式报警阀迅速开启，管道开始排气充水，剩余压缩空气从系统最高处的排气阀和开启的喷头处喷出。此时通向水力警铃和压力开关的通道被打开，水力警铃发出声响警报，压力开关动作并输出启泵信号，启动系统供水泵。管道完成排气充水过程后，开启的喷头开始喷水。从闭式喷头开启至供水泵投入运行前，由消防水箱、气压给水设备或稳压泵等供水设施为系统的配水管道充水。现行国家标准《自动喷

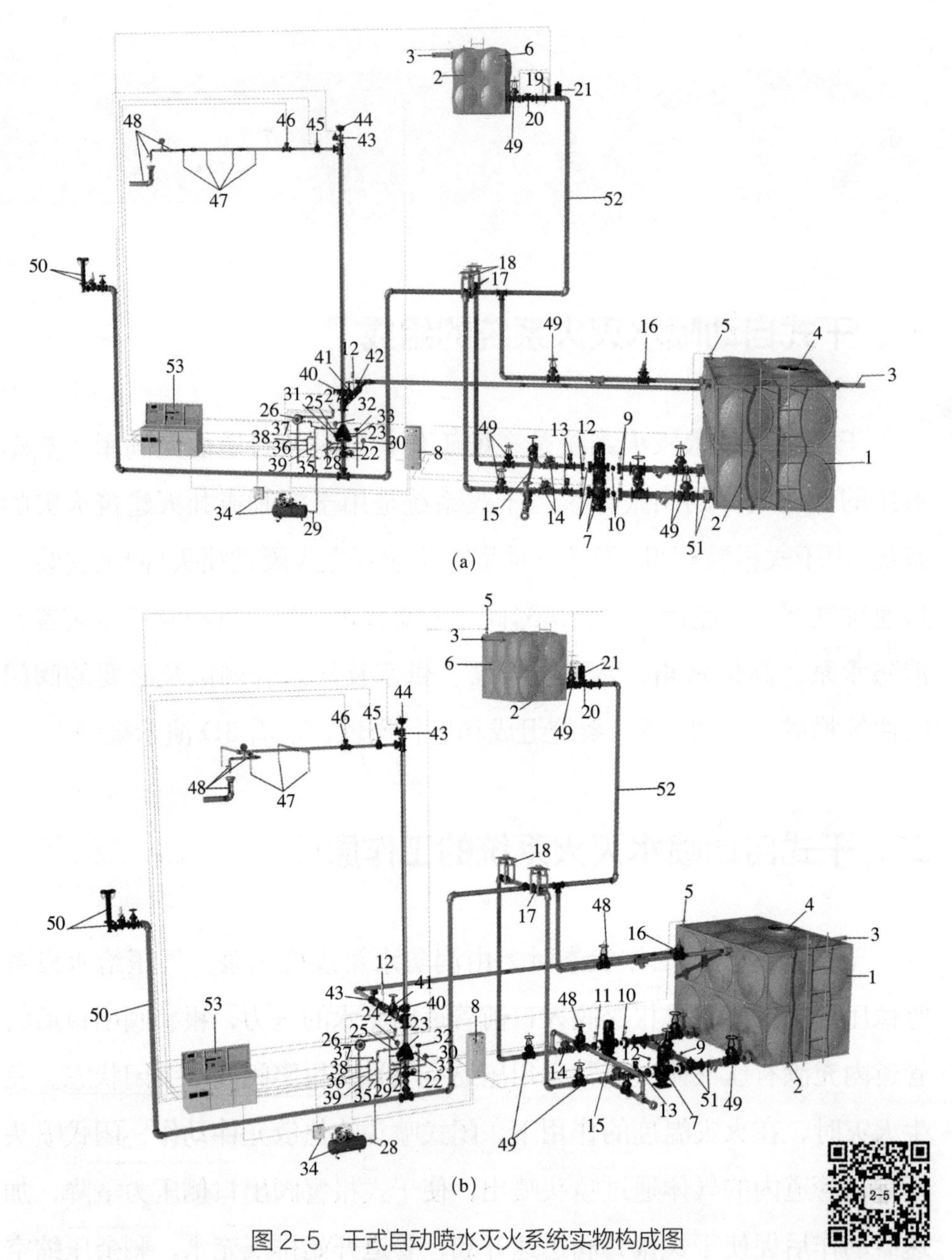

图 2-5 干式自动喷水灭火系统实物构成图

1—消防水池；2—液位计；3—补水管；4—消防车取水口；5—液位传感器；6—高位水箱；7—消防水泵；8—消防水泵控制柜；9—真空压力表；10—偏心异径柔性接头；11—同心异径柔性接头；12—压力表；13—低压压力开关；14—多功能水泵控制阀；15—水泵试验排水管；16—安全泄压阀；17—柔性接头；18—管道吊架减震器；19—稳压泵控制柜；20—止回阀；21—气压调节水罐；22—水源控制阀；23—阀体；24—气压表；25—补气截止阀；26—水力警铃；27—压力开关；28—试警铃阀；29—过滤器；30—供水侧压力表；31—复位按钮；32—注水漏斗；33—注水排水阀；34—空气压缩机及控制柜；35—空气补偿球阀；36—节流阀；37—气压报警压力开关；38—安全阀；39—主充气阀；40—实验信号阀；41—阀门；42—流量计；43—电动阀；44—快速排气阀；45—信号阀；46—水流指示器；47—干式下垂型喷头；48—末端试水装置及排水设施；49—明杆闸阀；50—消防水泵接合器；51—消防水泵吸水管；52—管网；53—火灾自动报警控制器及消防联动控制器

水灭火系统设计规范》GB 50084—2001 规定，干式系统的配水管道充水时间不宜大于 1min。干式自动喷水灭火系统工作流程见图 2-6。

三、干式自动喷水灭火系统的适用范围

国家标准《建筑设计防火规范》GB 50016—2014 规定了设置自动喷水灭火系统的厂房或生产部位、仓库、高层民用建筑和单、多层民用建筑（另有规定和不宜用水保护或灭火的场所除外），符合以上规定且同时满足环境温度低于 4℃或高于 70℃的场所应设干式自动喷水灭火系统。

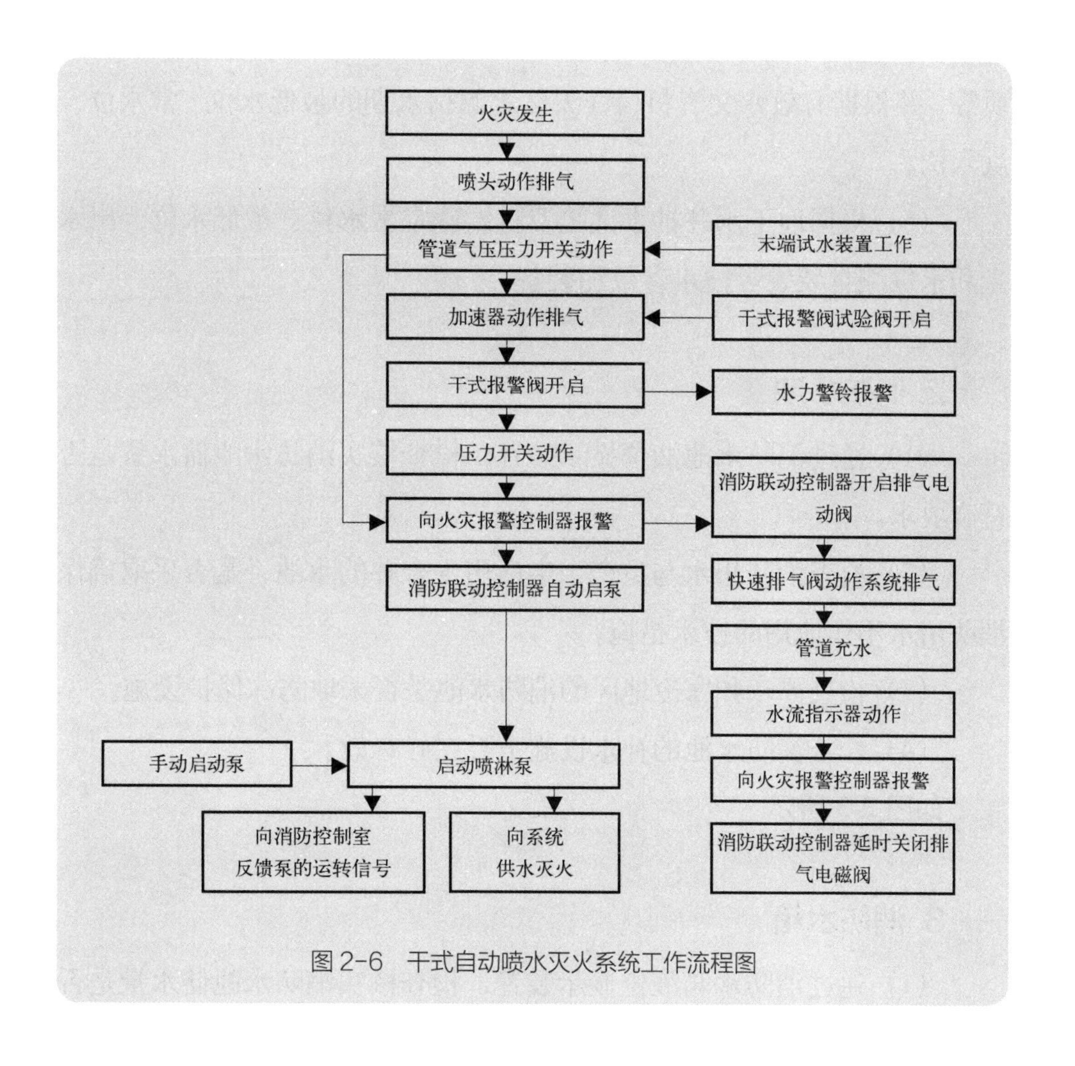

图 2-6　干式自动喷水灭火系统工作流程图

四、干式自动喷水灭火系统的检查

对系统的水源、供水设施、管网及附件、干式报警阀组、喷头、检验装置等进行检查，并应符合设计和规范的要求。

1. 水源

（1）检查室外给水管网的进水管管径、数量和供水能力。

（2）检查高位消防水箱、消防水池的有效容积和水位测量与指示装置。

（3）检查消防气压给水装置的供水工作参数是否符合规范要求。

（4）采用地表天然水源作为消防水源时，检查其水位、水量、水质等，并根据有效水文资料检查天然水源枯水期的最低水位、常水位、洪水位。

（5）根据地下水井抽水试验资料，确定常水位、最低水位、出水量和水位测量装置等技术参数和装备。

2. 消防水池

（1）通过消防水池液位显示装置，检查核实消防水池储水量是否符合要求。

（2）检查消防用水与生产、生活用水合并的水池，是否采取确保消防用水不作他用的技术措施。

（3）检查严寒和寒冷地区的消防水池是否采取防冻保护设施。

（4）检查消防水池的补水设施是否完好有效。

如图 2-3 所示。

3. 消防水箱

（1）通过消防水箱液位显示装置，检查核实消防水池储水量是否符合要求。

（2）检查消防用水与生产、生活用水合并的消防水箱，是否采取确保消防用水不作他用的技术措施。

（3）检查严寒和寒冷地区的消防水箱是否采取防冻保护设施。

（4）检查消防水箱的补水设施是否完好有效。

如图 2-4 所示。

4. 消防水泵房

（1）独立设置的消防水泵房，其耐火等级不应低于二级。附设在建筑内的消防水泵房，不应设置在地下三层及以下，或室内地面与室外出入口地坪高差大于 10m 的地下楼层。应采用耐火极限不低于 2.0h 的隔墙和 1.5h 的楼板与其他部位隔开，并应设甲级防火门。

（2）当消防水泵房设置在首层时，其出口应直通室外；当设在地下室或其他楼层时，其疏散门应直通安全出口。

（3）消防水泵房应有不少于 2 条的出水管直接与环状消防给水管网连接，当其中 1 条出水管关闭时，其余的出水管应仍能通过全部用水量。

（4）泵房应设排水设施，消防水泵和控制柜应采取安全保护措施。

（5）检查消防通信、消防应急照明等设施是否完好有效。

5. 消防水泵

（1）检查消防水泵主、备电源切换装置。

（2）按《消防联动控制系统》GB 16806—2006 的规定测试消防水泵控制柜的控制显示功能、防护等级。

（3）消防泵组及其消防管道上使用的控制阀应有明显启闭标志，除用于测试的阀门外，其余阀门应能锁定阀位于全开。

(4) 分别开启系统中每一个末端试水装置、试水阀时，消防水泵均应能正常启动；系统中的水流指示器、压力开关等信号装置应能正常动作，消防水泵均应能正常启动。

(5) 设置消防气压给水装置的自动喷水灭火系统，使其气压给水装置的气压降至气压罐最高工作压力时，消防气压给水装置应能发出启动消防水泵的控制信号。

(6) 消防泵进、出水管及其控制阀、止回阀、泄压阀、压力表、水锤消除器、可挠曲接头等的设置应满足功能要求，其规格、型号、数量符合规范要求。

(7) 消防水泵应采用自灌式引水，其自灌式引水方式应在整个火灾延续时间内都符合要求。

(8) 关闭消防水泵出水管上的控制阀、打开试验放水阀进行下列试验，均应正常工作，并符合规范的要求：

1) 采用主电源启动消防水泵；

2) 关闭主电源，主、备电源应能正常切换；

3) 主泵和备用泵相互应能正常切换；

4) 消防水泵就地和消防中心启停控制功能应正常；

5) 消防水泵控制柜置于自动启动方式，系统处于准工作状态时进行联动试验应正常；

6) 消防水泵应能正常启动，且消防水不应进入气压罐。

6. 稳压泵

(1) 检查稳压泵的型号、规格，其进、出水管道和附件的设置应满足使用功能要求。

(2) 稳压泵供电符合要求，备用稳压泵的主、备电源应能正常切换。

(3) 稳压泵控制符合要求，并有防止其频繁启动的技术措施。

7. 干式报警阀

（1）报警阀及其组件应符合产品标准要求，报警阀组的安装应符合规范，应有注明系统名称和保护区域的标志牌。

（2）打开试警铃阀时，在阀板不开启的条件下，压力开关、水力警铃应能正常动作，且距水力警铃 3m 远处其连续声强符合规定。

（3）空气压缩机和气压控制装置状态正常，压力表显示符合设定值。

（4）当系统由火灾自动报警系统联动控制时，其联动控制功能应符合系统要求。

（5）报警阀进、出口控制阀应为信号阀，或有明显启闭标志，并能锁定阀位于全开。

8. 系统管网和附件、组件的检查

（1）消防给水系统形式和管网构成符合规范要求，环网阀门布置满足规范要求，环网应能实现双向流动。

（2）管道材质、管径、连接方式、防腐和防冻措施、标识、支吊架设置符合规范要求，配水主立管与水平配水管的连接没有使用机械三通（或四通），其他机械三通（或四通）的使用符合规范要求。

（3）管网上的控制阀应为具有明显启闭标志的阀门。

（4）管网上的减压阀、止回阀、控制阀、排水与排气设施、电磁阀、节流孔板、泄压阀、水锤消除装置、压力监测元件、水流报警装置等的规格、型号、设置部位和安装方式符合规范要求。

（5）管网上的末端试水装置和试水阀的设置部位正确，部件齐全，方便使用。

（6）配水管网上喷头数量与其管径符合规范要求。

9. 喷头的检查

（1）喷头的设置场所、喷头规格、型号、公称动作温度，响应时间系数(RTI)符合设计、规范要求。

（2）喷头安装间距和一只喷头的最大保护面积符合规范要求。

（3）喷头溅水盘距顶板、吊顶、墙、梁、保护对象顶部等的距离符合规范要求，遇障碍物时，喷头的避让和增补符合规范要求。

（4）在有腐蚀性气体环境，有碰撞危险环境安装的喷头，针对环境危害采取了相应的保护措施。

（5）各种不同规格型号的喷头均按规定量留有备用。

（6）配水管道的支吊架、防晃支吊架设置符合要求。

10. 自动喷水灭火系统的模拟功能试验

利用末端试水装置对干式系统进行试验，开启末端试水装置后，系统报警阀、压力开关应及时动作，水流指示器发出报警信号，系统电动排气阀应正常启动，消防水泵应正常启动，并有信号反馈。

11. 系统、管网压力、强度检查

根据《自动喷水灭火系统设计规范》GB 50084—2001 的规定，系统配水管道的工作压力不应大于 1.2MPa，即报警阀入口处的水压应小于或等于 1.2MPa，并要控制配水管入口处的水压不宜大于 0.4MPa。系统的工作压力应满足最不利点喷头的工作压力和喷水强度的要求。系统中高位消防水箱及其稳压设施和喷淋泵，对系统最不利点喷头的工作压力和喷水强度的要求，不论在平时还是火灾时都是相同的。

五、干式自动喷水灭火系统常见故障及处理方法

干式自动喷水灭火系统常见故障及处理方法见表 2-2。

表 2-2　干式自动喷水灭火系统常见故障及处理方法

常见故障	故障原因	处理方法
稳压装置频繁启动	1. 干式装置前端有泄漏； 2. 水暖件、连接处、闭式喷头有泄漏； 3. 末端试水装置没有关好； 4. 设备损坏	1. 检查水暖件、连接处、喷头和末端试水装置，找出泄漏点进行处理； 2. 联系维修
水流指示器在水流动作后不报警	1. 电气线路损坏、端子接线故障； 2. 水流指示器桨片不动、桨片损坏； 3. 微动开关损坏、干簧管触点烧坏； 4. 永久性磁铁失效	1. 检查桨片是否损坏或塞死不动； 2. 检查永久性磁铁、干簧管等器件； 3. 联系维修
喷头动作后或末端试水装置打开，干式报警阀后管道前端无水	1. 干式报警阀的蝶阀不动作； 2. 干式报警阀的其他部件损坏	1. 翻转蝶阀； 2. 联系维修
联动信号发出，喷淋泵不动作	1. 控制装置损坏； 2. 喷淋泵启动柜连线松动或器件失灵； 3. 喷淋泵本身机械故障	1. 检查控制装置； 2. 检查控制柜线路、器件； 3. 检查喷淋泵； 4. 联系维修
联动和远程控制不能启动	1. 水泵控制柜的万能转换开关未在自动状态、中间继电器损坏； 2. 远程控制线有问题； 3. 控制设备未设压力开关或损坏	1. 检查控制柜万能转换开关、中间继电器； 2. 检查远程控制线； 3. 检查控制设备或联动程序
启泵后水泵无出水	1. 消防水池无水或水位过低； 2. 进水闸阀或出水闸阀关闭； 3. 进水管的海底阀被堵； 4. 水泵反转 5. 进水管的阀门被堵塞	1. 检查消防水池水位； 2. 检测进、出水闸阀； 3. 海底阀被堵，使进水管内充满空气，排除管内的空气； 4. 检查电机的相序； 5. 检查进水管
启泵后管网压力上升不够	1. 泵的叶轮里有杂物； 2. 试水管的阀门关闭不严； 3. 管网有漏水的现象； 4. 屋顶水箱出水管的单向阀关闭不严	1. 检查水泵的叶轮； 2. 检查试水管的阀门； 3. 检查管网； 4. 检查屋顶水箱处的单向阀

续表 2-2

常见故障	故障原因	处理方法
水泵振动过大或异常声响	1. 水泵的基础不牢或螺栓松动； 2. 水泵轴心偏心、轴承损坏； 3. 水泵润滑油不足	1. 检查基础和固定螺栓； 2. 检查水泵泵体； 3. 检查水泵润滑油
漏水	1. 机械密封圈漏水； 2. 盘根漏水	1. 检查机械密封圈； 2. 检查盘根
干式报警阀	1. 误报警； 2. 间隙报警	1. 阀内补气孔有杂物堵塞，平衡补差功能失效，检查内阀瓣； 2. 喷淋管道中有大量空气，排除空气
长报警（报警后不能复位）	1. 水中有杂物使阀瓣关闭不严； 2. 末端试水阀门未关闭或关闭不严； 3. 胶垫脱落或阀瓣损坏不能关闭	1. 放水冲洗或拆卸清洗； 2. 检查末端试水阀门； 3. 检查胶垫和阀瓣
不报警（警铃压力开关）	1. 末端试水流量小，阀瓣锈蚀严重，启闭不灵活； 2. 淤泥杂物堵塞压力开关的管道至警铃	1. 检查末端和阀瓣； 2. 检查管道
警铃不报警	1. 警铃叶轮卡堵； 2. 警铃损坏或打钟脱落	1. 检查叶轮； 2. 检查警铃
压力开关不报警	1. 微动开关损坏； 2. 线路及电气故障	1. 检查微动开关； 2. 检查线路和电气
水流指示器不能复位	1. 管中杂物卡堵； 2. 压力弹簧太紧	1. 检查管路； 2. 检查弹簧
水流指示器不报警	1. 压力弹簧及胶板损坏脱落； 2. 方向安装相反； 3. 微动开关损坏	1. 检查压力弹簧； 2. 检查微动开关
止回阀不止回	1. 座圈与阀瓣间夹入杂物； 2. 座圈或阀瓣（覆盖面）变形损坏，使密封面不严密； 3. 活动部分严重锈蚀，阀瓣关闭不严	1. 检查座圈和阀瓣； 2. 联系维修
泄压阀	1. 泄压阀到达泄压值不泄压； 2. 泄压后关闭不严	1. 阀门弹簧过紧，检查阀门； 2. 水中杂物堵塞密封面，密封圈损坏
管网泄漏	一般都是阀门的问题，有些是水泵接合器埋地管网漏水	联系维修

第三节
预作用自动喷水灭火系统

一、预作用自动喷水灭火系统的组成

预作用自动喷水灭火系统是在准工作状态时，配水管道内不充水，由火灾自动报警系统自动开启雨淋报警阀后，转换为湿式系统的闭式系统。预作用系统是用于控制或扑灭建筑火灾的系统，由预作用报警阀组、闭式喷头、末端试水装置、快速排气阀组、水流指示器、压力开关、信号阀、气源及稳压装置、消防水泵、高位水箱、水泵接合器、供水及配水管网以及必要的阀门组件等构成，见图 2-7。

二、预作用自动喷水灭火系统的工作原理

平时，预作用系统的配水管网充满低压气体。火灾时，火灾报警探测器动作，向火灾报警控制器发出火灾信号，消防联动控制器联动打开预作用报警阀组，联动启动消防水泵（采用消防水箱为系统管道稳压的，应由预作用报警阀组的压力开关信号连锁启动供水泵）向供水管网供水，系统经历一个排气充水过程后，干式系统转换为湿式系统，同时压力开关动作，等到火灾发展使喷头开放后，喷头立即喷水灭火。国家标准《自动喷水灭火系统设计规范》GB 50084—2001 规定，预作用系统的配水管道充水时间不应大于 2min，见图 2-7、图 2-8。系统组成和运行原理，请看 3D 演示视频。

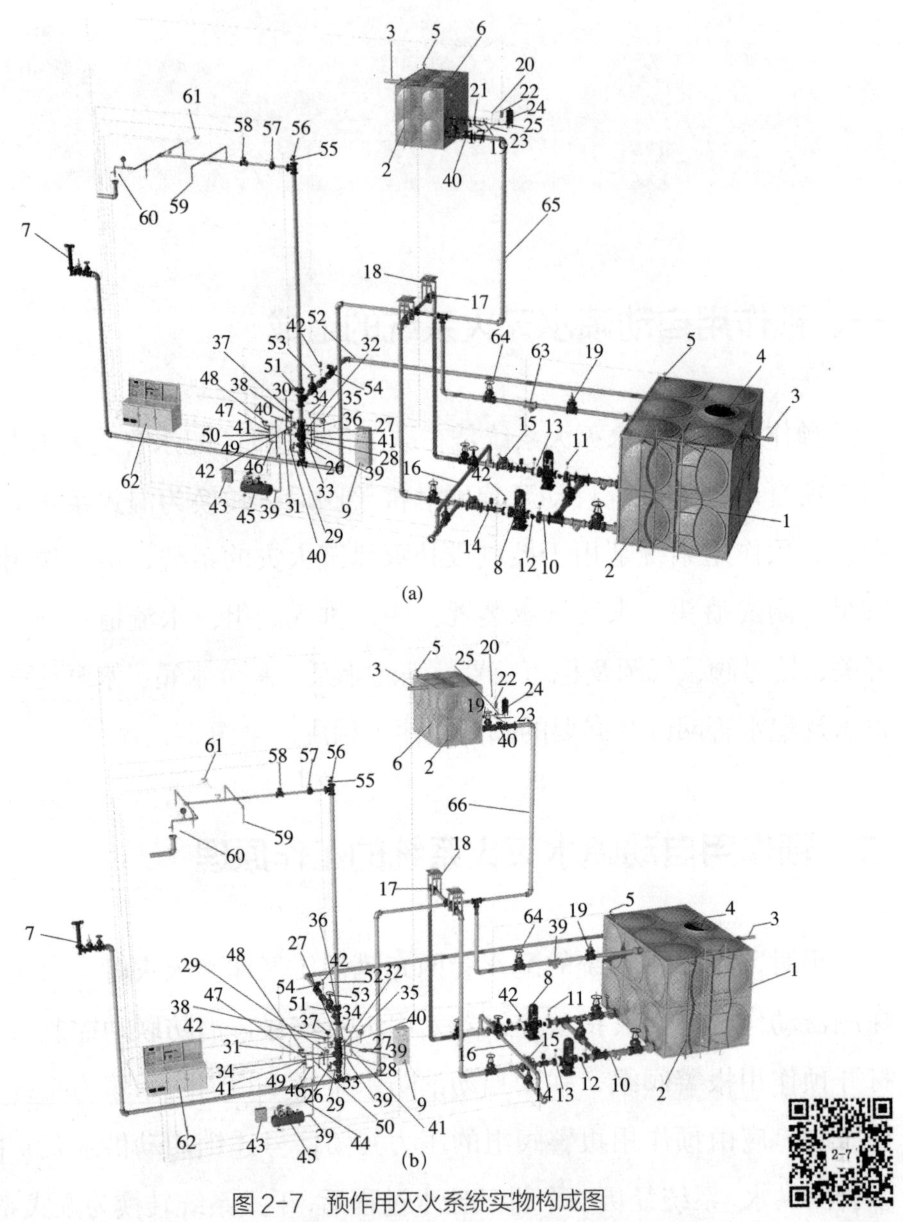

图 2-7 预作用灭火系统实物构成图

1—消防水池；2—液位计；3—补水管；4—消防车取水口；5—液位传感器；6—高位水箱；7—消防水泵接合器；8—消防水泵；9—消防水泵控制柜；10—消防水泵吸水管；11—真空压力表；12—偏心异径柔性接头；13—同心异径柔性接头；14—低压压力开关；15—多功能水泵控制阀；16—水泵试验排水管；17—柔性接头；18—管道吊架减震器；19—安全泄压阀；20—稳压设施；21—稳压水泵；22—稳压泵控制柜；23—压力开关；24—气压调节水罐；25—排水阀；26—水源控制阀；27—预作用报警阀组；28—预作用报警阀体；29—控制腔供水阀；30—传动管预留接口；31—电磁阀；32—水力警铃控制阀；33—水力警铃测试阀；34—复位装置；35—水力警铃；36—试验放水阀；37—注水漏斗；38 充水控制阀；39—过滤器；40—止回阀；41—节流阀；42—压力表；43—预作用装置控制盘；44—气源及稳压装置；45—空气压缩机；46—空气补偿球阀；47—安全阀；48—电接点压力表；49—补气电磁阀；50—主充气阀；51—试验信号阀；52—系统供水能力测试装置；53—阀门；54—流量计；55—电动阀；56—快速排气阀；57—信号阀；58—水流指示器；59—干式下垂型喷头；60—末端试水装置及排水设施；61—感烟火灾控测器；62—火灾自动报警控制器及消防联动控制器；63—过滤器；64—明杆闸阀；65—管网

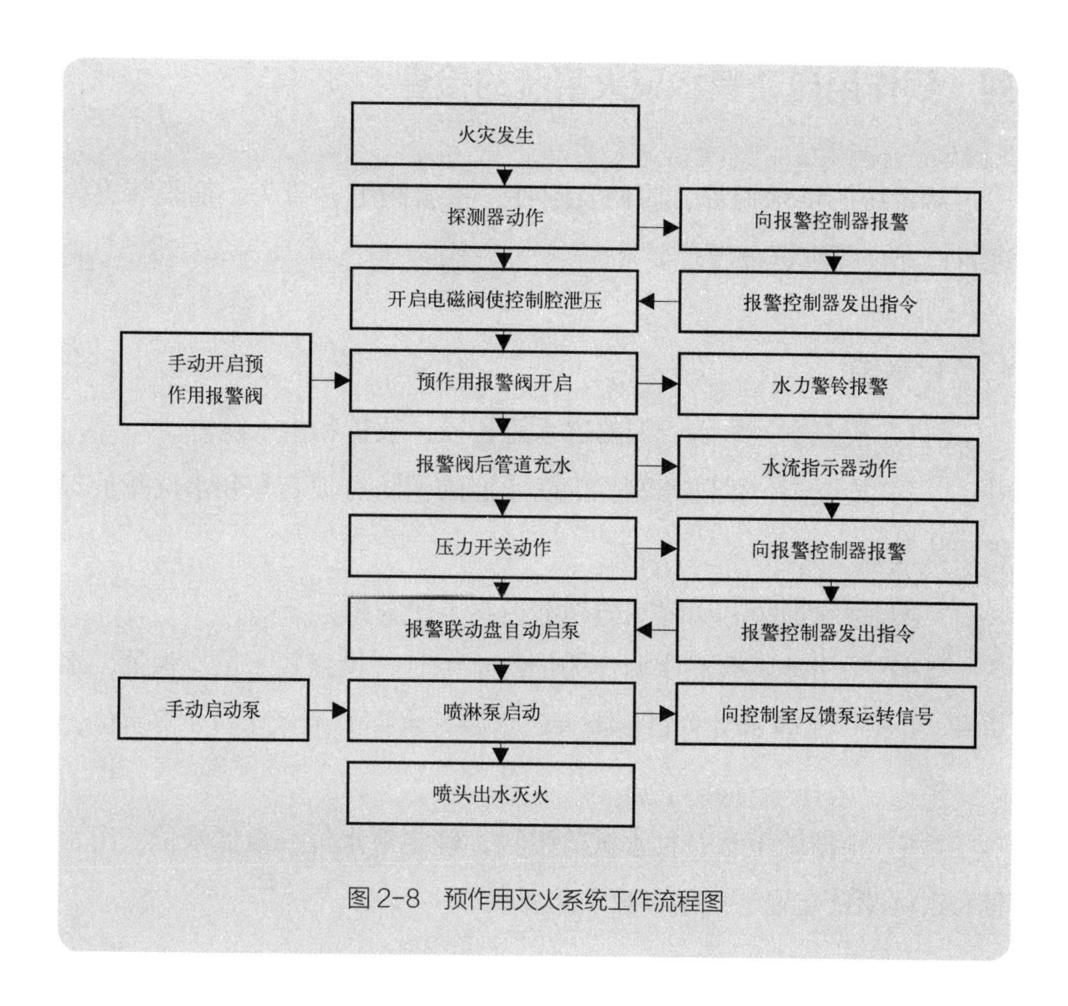

图 2-8　预作用灭火系统工作流程图

三、预作用自动喷水灭火系统的适用范围

国家标准《建筑设计防火规范》GB 50016—2014 规定了设置自动喷水灭火系统的厂房或生产部位、仓库、高层民用建筑和单、多层民用建筑（另有规定和不宜用水保护或灭火的场所除外），符合以上规定且同时具有下列要求之一的场所应采用预作用系统：

（1）系统处于准工作状态时，严禁管道漏水；

（2）严禁系统误喷；

（3）替代干式系统。

四、预作用自动喷水灭火系统的检查

对系统的供水设施、管网及附件、报警阀组、喷头、检验装置等进行检查，并应符合规范要求。

1. 水源

（1）检查室外给水管网的进水管管径、数量和供水能力。

（2）检查高位消防水箱、消防水池的消防有效容积和水位测量与指示装置。

（3）检查消防气压给水装置的供水工作参数。

（4）采用地表天然水源作为消防水源时，检查其水位、水量、水质等，并根据有效水文资料检查天然水源枯水期的最低水位、常水位、洪水位。

（5）根据地下水井抽水试验资料，确定常水位、最低水位、出水量和水位测量装置等技术参数和装备。

2. 消防水池

（1）通过消防水池液位显示装置，检查核实消防水池储水量是否符合要求。

（2）检查消防用水与生产、生活用水合并的水池，是否采取确保消防用水不作他用的技术措施。

（3）检查严寒和寒冷地区的消防水池是否采取防冻保护设施。

（4）检查消防水池的补水设施是否完好有效。

3. 消防水箱

（1）通过消防水箱液位显示装置，检查核实消防水池储水量是否符合要求。

（2）检查消防用水与生产、生活用水合并的消防水箱，是否采取确保消防用水不作他用的技术措施。

（3）检查严寒和寒冷地区的消防水箱是否采取防冻保护设施。

（4）检查消防水箱的补水设施是否完好有效。

4. 消防水泵房

（1）独立设置的消防水泵房，其耐火等级不应低于二级。附设在建筑内的消防水泵房，不应设置在地下三层及以下或室内地面与室外出入口地坪高差大于 10m 的地下楼层。应采用耐火极限不低于 2.0h 的隔墙和 1.5h 的楼板与其他部位隔开，并应设甲级防火门。

（2）当消防水泵房设置在首层时，其出口应直通室外。当设在地下室或其他楼层时，其疏散门应直通安全出口。

（3）消防水泵房应有不少于 2 条的出水管直接与环状消防给水管网连接。当其中 1 条出水管关闭时，其余的出水管应仍能通过全部用水量。

（4）泵房应设排水设施，消防水泵和控制柜应采取安全保护措施。

（5）检查消防通信、消防应急照明等设施是否完好有效。

5. 消防水泵

（1）检查消防水泵主、备用电源切换装置。

（2）按《消防联动控制系统》GB 16806—2006 的规定测试消防水泵控制柜的控制显示功能、防护等级。

（3）消防泵组及其消防管道上使用的控制阀应有明显启闭标志，并能锁定阀位于全开。

（4）分别开启系统中每一个末端试水装置、试水阀时，消防水泵均应能正常启动；系统中的水流指示器、压力开关等信号装置应能正常动作，消防水泵均应能正常启动。

(5) 设置消防气压给水装置的自动喷水灭火系统，使其气压给水装置的气压降至气压罐最高工作压力时，消防气压给水装置应能发出启动消防水泵的控制信号。

(6) 消防泵进、出水管及其控制阀、止回阀、泄压阀、压力表、水锤消除器、可挠曲接头等的设置应满足功能要求，其规格、型号、数量符合规范要求。

(7) 消防水泵应采用自灌式引水，其自灌式引水方式应在整个火灾延续时间内都符合要求。

(8) 关闭消防水泵出水管上的控制阀、打开试验放水阀进行下列试验，均应正常工作，并符合规范的要求：

1) 采用主电源启动消防水泵；

2) 关闭主电源，主、备电源应能正常切换；

3) 主泵和备用泵相互应能正常切换；

4) 消防水泵就地和消防中心启停控制功能应正常；

5) 消防水泵控制柜置于自动启动方式，系统处于准工作状态时进行联动试验应正常，联动试验包括室内消火栓系统和自动喷水灭火系统的联动；

6) 对于自动喷水灭火系统：消防水泵应能正常启动，且消防水不应进入气压罐；

7) 对于不设末端试水装置、试水阀的系统，应使其报警阀动作，压力开关动作信号应能使消防水泵正常启动。

6. 稳压泵

(1) 检查消防稳压泵的型号、规格，其进、出水管道和附件的设置应满足使用功能要求。

(2) 稳压泵供电符合规范要求，主、备电源应能正常切换。

（3）稳压泵控制符合规范要求，并有防止其频繁启动的技术措施。

7. 预作用报警阀

（1）报警阀及其组件应符合产品标准要求，报警阀组的安装应符合规范要求，应有注明系统名称和保护区域的标志牌。

（2）打开试警铃阀时，在阀板不开启的条件下，压力开关、水力警铃应能正常动作，且距水力警铃 3m 远处其连续声强符合规定要求。

（3）空气压缩机和气压控制装置状态正常，压力表显示符合设定值。

（4）当系统由火灾自动报警系统联动控制时，其联动控制功能应符合规范要求。

（5）报警阀进、出口控制阀应为信号阀，或有明显启闭标志，并能锁定阀位于全开。

（6）电磁阀的启闭及反馈信号应灵敏可靠。

8. 系统管网和附件、组件的检查

（1）消防给水系统形式和管网构成符合规范要求，环网阀门布置满足规范要求，环网应能实现双向流动。

（2）管道材质、管径、连接方式、防腐和防冻措施、标识、支吊架设置符合规范要求，配水主立管与水平配水管的连接没有使用机械三通（或四通），其他机械三通（或四通）的使用符合规范要求。

（3）管网上的控制阀应为具有明显启闭标志的阀门。

（4）管网上的减压阀、止回阀、控制阀、排水与排气设施、电磁阀、节流孔板、泄压阀、水锤消除装置、压力监测元件、水流报警装置等的规格、型号、设置部位和安装方式符合规范要求。

（5）管网上的末端试水装置和试水阀的设置部位正确，部件齐全，方便使用。

（6）配水管网上喷头数量与其管径符合规范要求。

9. 喷头的检查

（1）喷头的设置场所、喷头规格、型号、公称动作温度，响应时间系数 (RTI) 符合规范要求。

（2）喷头安装间距和一只喷头的最大保护面积符合规范要求。

（3）喷头溅水盘距顶板、吊顶、墙、梁、保护对象顶部等的距离符合规范要求，遇障碍物时，喷头的避让和增补符合规范要求。

（4）在有腐蚀性气体环境，有碰撞危险环境安装的喷头，针对环境危害采取了相应的保护措施。

（5）各种不同规格型号的喷头均按规定量留有备用。

（6）配水管道的支吊架、防晃支吊架设置符合要求。

10. 自动喷水灭火系统的模拟功能试验

利用火灾报警控制器对预作用系统进行试验，火灾报警器确认火灾后，预作用报警阀、压力开关应及时动作，使水流指示器发出报警信号，消防泵应正常启动，并有信号反馈。

11. 系统、管网压力、强度检查

根据《自动喷水灭火系统设计规范》GB 50084—2001 的规定，系统配水管道的工作压力不应大于 1.2MPa，即报警阀入口处的水压应小于或等于 1.2MPa，并要控制配水管入口处的水压不宜大于 0.4MPa。系统的工作压力应满足最不利点喷头的工作压力和喷水强度的要求。系统中高位消防水箱及其稳压设施和喷淋泵，对系统最不利点喷头的工作压力和喷水强度的要求，不论在平时还是火灾时都是相同的。

五、预作用自动喷水灭火系统常见故障及处理方法

预作用自动喷水灭火系统常见故障及处理方法见表 2-3。

表 2-3 预作用自动喷水灭火系统常见故障及处理方法

常见故障	故障原因	处理方法
稳压装置频繁启动	1. 预作用装置前端有泄漏； 2. 水暖件、连接处、闭式喷头有泄漏； 3. 末端试水装置没有关好； 4. 设备损坏	1. 检查水暖件、连接处、喷头和末端试水装置，找出泄漏点进行处理； 2. 联系维修
水流指示器在水流动作后不报警	1. 电气线路损坏、端子接线故障； 2. 水流指示器桨片不动、桨片损坏； 3. 微动开关损坏、干簧管触点烧坏； 4. 永久性磁铁失效	1. 检查桨片是否损坏或塞死不动； 2. 检查永久性磁铁、干簧管等器件； 3. 联系维修
喷头动作后或末端试水装置打开，预作用报警阀后管道前端无水	1. 预作用报警阀的蝶阀不动作； 2. 预作用报警阀的其他部件损坏	1. 翻转蝶阀； 2. 联系维修
联动信号发出，喷淋泵不动作	1. 控制装置损坏； 2. 喷淋泵启动柜连线松动或器件失灵； 3. 喷淋泵本身机械故障	1. 检查控制装置； 2. 检查控制柜线路、器件； 3. 检查喷淋泵； 4. 联系维修
联动和远程控制不能启动	1. 水泵控制柜的万能转换开关未在自动状态、中间继电器损坏； 2. 远程控制线有问题； 3. 控制设备未设压力开关或损坏	1. 检查控制柜万能转换开关、中间继电器； 2. 检查远程控制线； 3. 检查控制设备或联动程序
启泵后水泵无出水	1. 消防水池无水或水位过低； 2. 进水闸阀或出水闸阀关闭； 3. 进水管的海底阀被堵； 4. 水泵反转； 5. 进水管的阀门被堵塞	1. 检查消防水池水位； 2. 检测进、出水闸阀； 3. 海底阀被堵，使进水管内充满空气，排除管内的空气； 4. 检查电机的相序； 5. 检查进水管

续表 2-3

常见故障	故障原因	处理方法
启泵后管网压力上升不够	1. 泵的叶轮里有杂物； 2. 试水管的阀门关闭不严； 3. 管网有漏水的现象； 4. 屋顶水箱下水的单向阀关闭不严	1. 检查水泵的叶轮； 2. 检查试水管的阀门； 3. 检查管网； 4. 检查屋顶水箱处的单向阀
水泵振动过大或异常声响	1. 水泵的基础不牢或螺栓松动； 2. 水泵轴心偏心、轴承损坏； 3. 水泵润滑油不足	1. 检查基础和固定螺栓； 2. 检查水泵泵体； 3. 检查水泵润滑油
漏水	1. 机械密封圈漏水； 2. 盘根漏水	1. 检查机械密封圈； 2. 检查盘根
预作用报警阀	1. 误报警； 2. 间隙报警	1. 阀内补气孔有杂物堵塞，平衡补差功能失效，检查内阀瓣； 2. 喷淋管道中有大量空气，排除空气
长报警 （报警后不能复位）	1. 水中有杂物使阀瓣关闭不严； 2. 末端试水阀门未关闭或关闭不严； 3. 胶垫脱落或阀瓣损坏不能关闭	1. 放水冲洗或拆卸清洗； 2. 检查末端试水阀门； 3. 检查胶垫和阀瓣
不报警 （警铃压力开关）	1. 末端发水流量小，阀瓣锈蚀严重，启闭不灵活； 2. 淤泥杂物堵塞压力开关的管道至警铃	1. 检查末端和阀瓣； 2. 检查管道
警铃不报警	1. 警铃叶轮卡堵； 2. 警铃损坏或打钟脱落	1. 检查叶轮； 2. 检查警铃
压力开关不报警	1. 微动开关损坏； 2. 线路及电气故障	1. 检查微动开关； 2. 检查线路和电气
水流指示器不能复位	1. 管中杂物卡堵； 2. 压力弹簧太紧	1. 检查管路； 2. 检查弹簧
水流指示器不报警	1. 压力弹簧及胶板损坏脱落； 2. 方向安装相反； 3. 微动开关损坏	1. 检查压力弹簧 2. 检查微动开关

续表 2-3

常见故障	故障原因	处理方法
止回阀不止回	1. 座圈与阀瓣间夹入杂物； 2. 座圈或阀瓣（覆盖面）变形损坏，使密封面不严密； 3. 活动部分严重锈蚀，阀瓣关闭不严	1. 检查座圈和阀瓣； 2. 联系维修
泄压阀	1. 泄压阀到达泄压值不泄压； 2. 泄压后关闭不严	1. 阀门弹簧过紧，检查阀门； 2. 水中杂物堵塞密封面，密封圈损坏
管网泄漏	一般都是阀门的问题，有些是水泵接合器埋地管网漏水	联系维修

第四节 雨淋系统

一、雨淋系统的组成

雨淋系统是由火灾自动报警系统或传动管装置、易熔合金拉锁控制装置控制，自动开启雨淋报警阀和启动供水泵后，向开式洒水喷头供水的自动喷水灭火系统，是开式自动喷水灭火系统的一种，主要由供水设施、给水管网及阀门、压力开关、雨淋报警阀、开式洒水喷头和火灾自动报警系统（或传动管装置、易熔合金拉锁控制装置）等组成。

雨淋系统按启动控制方式主要分为电动启动雨淋系统、充液（气）传动管启动雨淋系统和易熔合金拉锁控制启动雨淋系统，实际使用中采用易熔合金拉锁控制方式的系统较少，见图 2-9。

二、雨淋系统的工作原理

雨淋系统是在准工作状态时（雨淋阀处于伺应状态），系统侧管网不充水，在火灾发生时，通过火灾自动报警系统的联动或传动管装置、易熔合金拉锁控制开启雨淋阀，阀前供水侧随即向阀后系统侧管网输水，消防联动控制器同时启动雨淋消防水泵（采用消防水箱为系统管道稳压的，应由雨淋报警阀组的压力开关信号连锁启动消防水泵）供水，经开式洒水喷头喷水灭火。系统工作原理和工作流程见图 2-9 和图 2-10。系统组成和运行原理，请看 3D 演示视频。

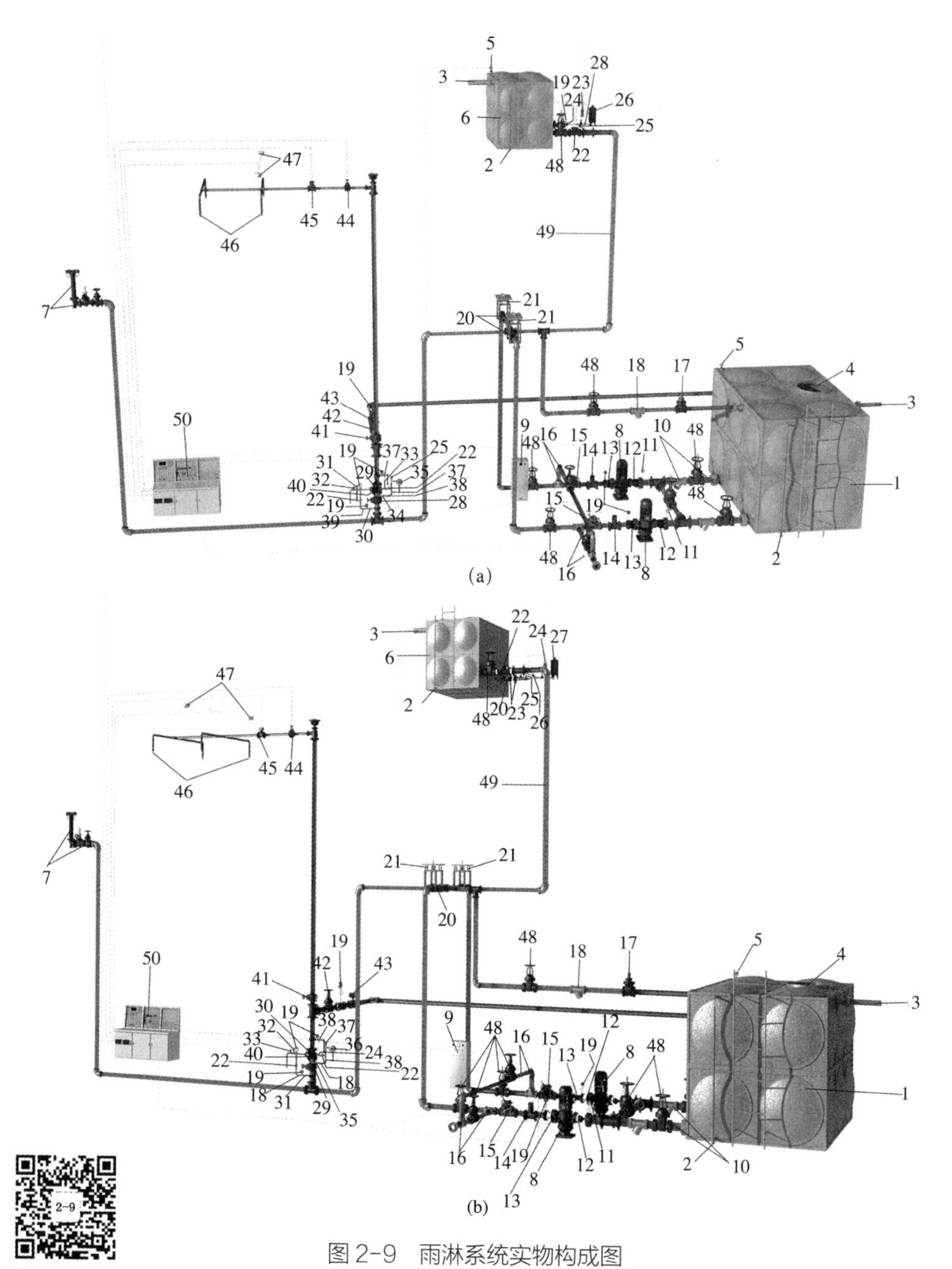

图 2-9 雨淋系统实物构成图

1—消防水池；2—液位计；3—补水管；4—消防车取水口；5—液位传感器；6—高位水箱；7—消防水泵接合器；8—消防水泵；9—消防水泵控制柜；10—消防水泵吸水管；11—真空压力表；12—偏心异径柔性接头；13—同心异径柔性接头；14—低压压力开关；15—多功能水泵控制阀；16—水泵试验排水管；17—安全泄压阀；18—过滤器；19—压力表；20—柔性接头；21—管道吊架减震器；22—止回阀；23—稳压泵控制柜；24—安全泄压阀；25—压力开关；26—气压调节水罐；27—排水阀；28—水源控制阀；29—雨淋阀体；30—控制腔供水阀；31—传动管预留接口；32—电磁阀；33—水力警铃控制阀；34—水力警铃测试阀；35—水力警铃；36—压力开关；37—实验放水阀；38—节流阀；39—过滤器；40—复位装置；41—实验信号阀；42—阀门；43—流量计；44—信号阀；45—水流指示器；46—开式洒水喷头；47—感温火灾控测器；48—明杆闸阀；49—管网；50—火灾自动报警控制器及消防联动控制器

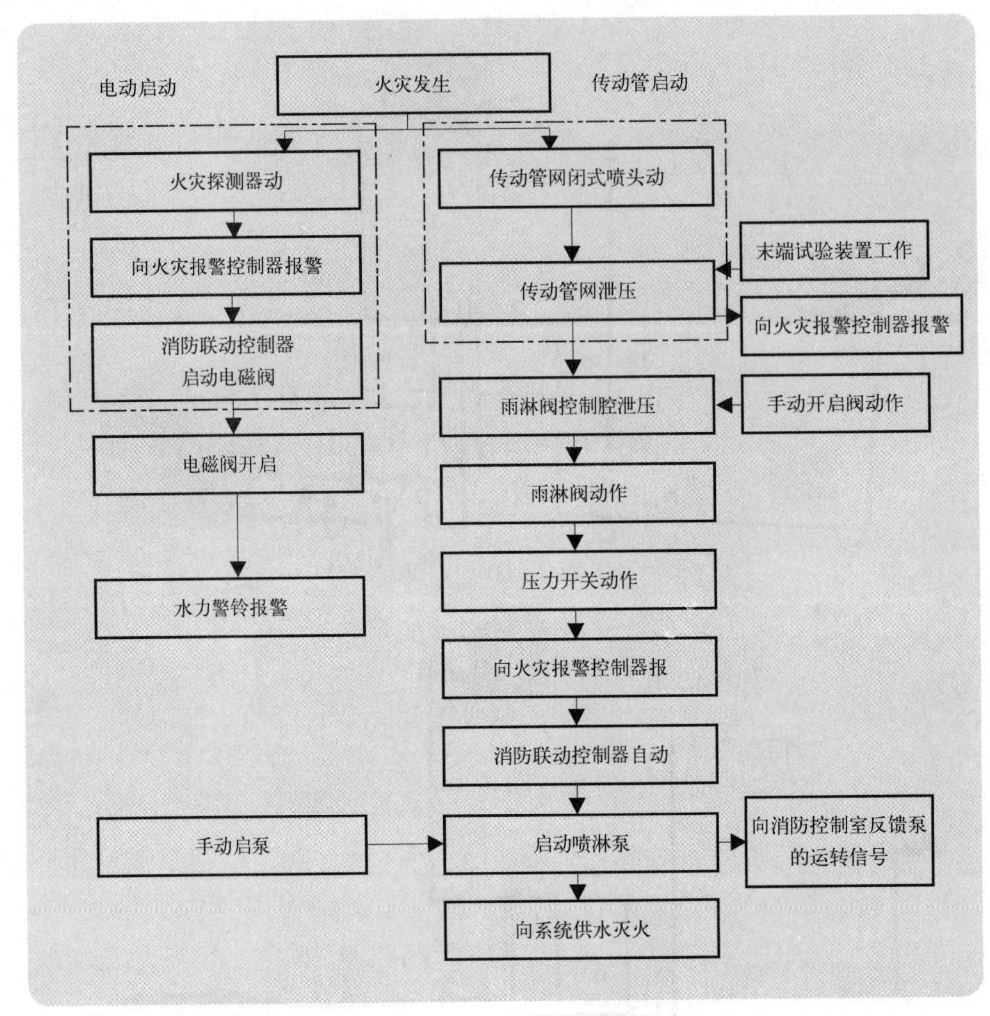

图 2-10　雨淋系统工作流程图

三、雨淋系统的适用范围

雨淋系统具有动作速度快、覆盖范围广、喷水强度大的显著特点，特别适用于净空高、火灾燃烧猛烈及水平蔓延速度快的场所。具有下列条件之一的场所应采用雨淋系统：

（1）火灾的水平蔓延速度快、闭式喷头的开放不能及时使喷水有效覆盖着火区域。

（2）室内净空高度超过《自动喷水灭火系统设计规范》GB 50084—

2001（2005 年版）第 6.1.1 条的规定（见表 2-4），且必须迅速扑救初期火灾的场所。

表 2-4 采用闭式系统场所的最大净空高度（m）

设置场所	采用闭式系统场所的最大净空高度
民用建筑和工业厂房	8
仓库	9
采用早期抑制快速响应喷头的仓库	13.5
非仓库类高大净空场所	12

（3）属于《自动喷水灭火系统设计规范》GB 50084—2001（2005 年版）第 3.0.1 条定义为严重危险级Ⅱ级的下列场所：

1）易燃液体喷雾操作区域；

2）固体易燃物品；

3）可燃气体溶胶制品；

4）溶剂清洗、喷涂、油漆、沥青制品等工厂的备料及生产车间；

5）摄影棚、舞台葡萄架下部。

（4）根据《建筑设计防火规范》GB 50016—2014 第 8.3.7 条要求，下列建筑或部位应设置雨淋自动喷水灭火系统：

1）火柴厂的氯酸钾压碾厂房，建筑面积大于 $100m^2$ 且生产和使用硝化棉、喷漆棉、火胶棉、赛璐珞胶片、硝化纤维的厂房；

2）乒乓球厂的轧坯、切片、磨球、分球检验部位；

3）建筑面积大于 $60m^2$ 或储存量大于 2t 的硝化棉、喷漆棉、火胶棉、赛璐珞胶片、硝化纤维的仓库；

4）装瓶数量大于 3000 瓶的液化石油气储配站的灌瓶间、实瓶库；

5）特等、甲等剧场、超过1500个座位的其他等级剧场和超过2000个座位的会堂或礼堂的舞台葡萄架下部；

6）建筑面积不小于400m² 的演播室，建筑面积不小于500m² 的电影摄影棚。

四、雨淋系统的检查

1. 供水设施

（1）消防水源的详细检查内容及方法应与本书湿式自动喷水灭火系统对水源的检查要求一致。

（2）消防水泵房、固定消防给水设备、消防水泵、稳压泵、水泵控制柜、水泵接合器的设置应符合相关规范要求。

2. 给水管网及阀门

（1）检查管道、管件的材质、管径、连接方式和防腐、防冻措施；

（2）检查末端试水装置、排气阀、供水侧及系统侧控制阀门的设置，雨淋报警阀出、入口处设置的控制阀门应为信号阀；

（3）检查系统供水干管上是否设置有用于系统流量、压力检测的装置；

（4）检查管网排水坡度及设施；

（5）检查支吊架、防晃支架的设置。

3. 雨淋报警阀

（1）检查雨淋报警阀设置位置及安装高度，雨淋报警阀上设置的各类操作阀门、压力显示装置等需操作和观测的部件应处于便于观察检查和操作的位置；检查雨淋报警阀的安装部位是否设置有足够排水能力的排水设施。

（2）检查雨淋报警阀外观、铭牌、标志、水流方向指示；检查是否设置有注明系统名称和保护区域的标志牌，压力显示装置的显示是否符合设定值。

（3）检查阀体上设置的放水口，其公称直径不应小于 20mm。

（4）检查雨淋报警阀处于伺应状态时，是否具有防止水从供水侧渗漏到系统侧的功能，或设置有使渗漏水自动排出的设施，并检查自动排出设施的动作性能。

（5）检查雨淋报警阀在不开启阀瓣组件时具有测试报警装置的功能。

（6）检查雨淋报警阀压力控制腔上设置的阀门，采用消防联动控制的，在电磁阀入口处应设置过滤器，电磁阀在接收到启动信号后应能可靠动作并启动阀门；采用传动管控制的，其传动机构在设计供水压力下应可靠动作并启动阀门，传动管设置高度、距离及维持压力应符合规范要求；紧急手动控制阀应能正常动作开启阀门，并有紧急操作指示标识；采用并联设置雨淋报警阀的雨淋系统，其雨淋阀控制腔的入口应设止回阀。

（7）检查压力开关和水力警铃外观、标志，水力警铃连接管径应为 20mm。

（8）检查每个雨淋阀控制的喷水面积，其作用面积是否符合相关规范要求。

4. 开式洒水喷头

（1）检查喷头外观、标志，喷头应无变形、损伤，喷头溅水盘上无任何悬挂或遮蔽物；

（2）检查防护区内设置的喷头，应为同一规格型号；

（3）检查喷头布置间距及安装高度应符合规范要求；

（4）检查雨淋系统备用喷头数量，其数量不应少于总数的 1%，且每种型号均不得少于 10 只。

5. 系统功能检查

雨淋系统的启动方式有自动、手动和机械紧急启动三种。

自动启动方式通过火灾自动报警系统联动控制或充液（气压）传动管实现；手动启动方式为电气手动启动，通过设置在消防联动控制器上的手动启动按钮实现；机械紧急启动通过手动开启设置在雨淋阀上的紧急手动控制阀实现。当采用任一方式启动时，雨淋阀均应在 15s 内开启（雨淋报警阀公称直径超过 200mm 时，应在 60s 内开启）。雨淋阀动作后，控制腔泄压，阀瓣开启，压力开关应正常动作并直接连锁启动雨淋消防泵，同时向消防联动控制器反馈信号，水力警铃正常报警，距离水力警铃 3m 处的报警铃声响度不应小于 70dB。在保护区不允许进行冷喷试验时，可通过关闭系统侧供水阀，开启调试阀或雨淋阀排水阀进行功能试验。雨淋阀启动后不能自动复位，恢复系统至伺应状态时应通过手动复位机构实现。

雨淋消防泵的启动也可通过设置在稳压系统上的低压压力开关连锁启动，检查雨淋消防泵控制柜和消防联动控制器手动盘上应具有手动启泵和停泵的功能。

检查消防联动控制器上应有水流指示器、压力开关、雨淋阀、雨淋消防泵的启动和停止的反馈信号显示。并联设置多台雨淋报警阀的系统应检查其控制逻辑关系符合规范要求。

五、雨淋系统常见故障及处理方法

固定消防给水设备、消防水泵、稳压泵、水泵控制柜及水泵接合器的常见故障及处理方法请参考湿式自动喷水灭火系统的相关内容。其他常见故障见表 2-5。

表 2-5　雨淋系统常见故障及处理方法

常见故障	故障原因	处理方法
雨淋阀阀瓣渗漏	1. 阀座与阀瓣处密封失效； 2. 阀座或阀瓣损坏	1. 检查阀座与阀瓣密封面处有无异物； 2. 检查阀座有无破裂或松动现象，检查阀瓣有无破损；必要时联系维修
电磁阀不动作	1. 启动信号线路故障； 2. 电磁阀输入功率不足； 3. 电磁阀损坏	1. 检查联动控制启动信号线路； 2. 检查电磁阀实际输入功率是否达到额定功率要求，并联设置的雨淋阀应每台进行检测； 3. 联系维修
系统侧压力及流量不符合规范要求	1. 管网堵塞； 2. 雨淋阀公称通径较小； 3. 雨淋阀控制腔未完全泄压	1. 检查系统管网有无异物堵塞； 2. 检查雨淋阀型号、规格是否与消防设计文件一致； 3. 检查雨淋阀控制腔压力显示装置显示压力，排查未完全泄压原因，检查电磁阀或紧急手动控制阀是否正常开启
传动管泄压，雨淋阀不启动	传动管设置的高度、距离及压力与系统供水压力不匹配	检查传动管的设置是否符合消防设计文件要求

第五节 水幕系统

一、水幕系统的组成

水幕系统是用于挡烟阻火和冷却分隔物的开式自动喷水系统，主要由供水设施、给水管网及阀门、水流报警装置、雨淋报警阀、开式洒水喷头或水幕喷头和火灾自动报警系统等组成，见图 2-11。

二、水幕系统的工作原理

水幕系统的工作原理与雨淋系统基本一致，但两个系统的设计目的和用途完全不同，水幕系统不参与直接灭火，是用于控制火灾和烟气向其他区域蔓延或冷却防火卷帘等分隔物，而雨淋系统是完全的灭火系统。

需要说明的是，用于防火分隔和冷却防火卷帘等分隔物的联动启动方式不同：当自动控制的水幕系统用于防火卷帘的保护时，应由防火卷帘下落到楼板面的动作信号与本报警区域内任一火灾探测器或手动火灾报警按钮的报警信号作为雨淋阀组启动的联动触发信号，并应由消防联动控制器联动控制水幕系统相关控制阀组的启动；仅用水幕系统作为防火分隔时，应由该报警区域内两只独立的感温火灾探测器的火灾报警信号作为水幕阀组启动的联动触发信号，并应由消防联动控制器联动控制水幕系统相关控制阀组的启动。

水幕系统的启动方式主要分为电动启动水幕系统和使用温感雨淋阀的湿式探测管水幕系统，系统原理图和流程图见图 2-11、图 2-12。系统组成和运行原理，请看 3D 演示视频。

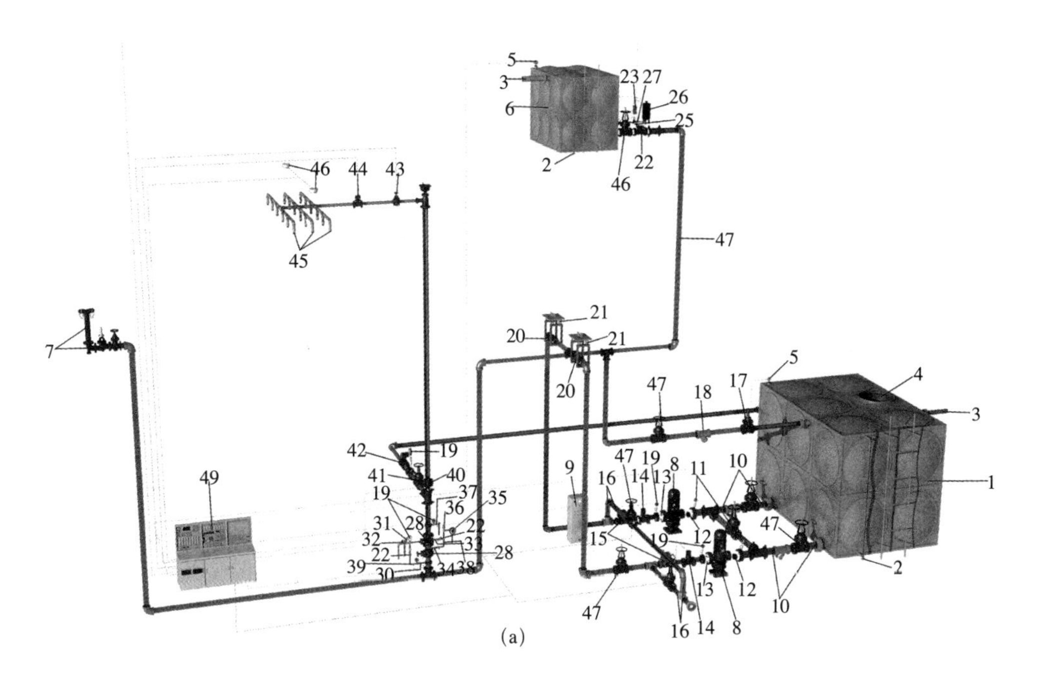
(a)

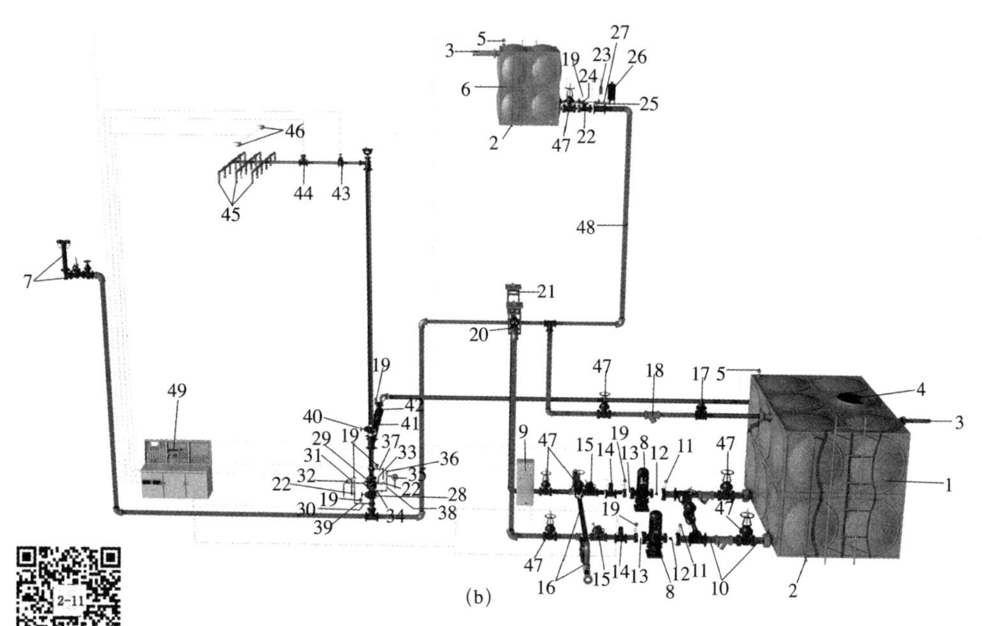
(b)

图 2-11　水幕系统实物构成图

1—消防水池；2—液位计；3—补水管；4—消防车取水口；5—液位传感器；6—高位水箱；7—消防水泵接合器；8—消防水泵；9—消防水泵控制柜；10—消防水泵吸水管；11—真空压力表；12—偏心异径柔性接头；13—同心异径柔性接头；14—低压压力开关；15—多功能水泵控制阀；16—水泵实验排水管；17—安全泄压阀；18—过滤器；19—压力表；20—柔性接头；21—管道吊架减震器；22—止回阀；23—稳压泵控制柜；24—安全泄压阀；25—压力开关；26—气压调节水罐；27—排水阀；28—水源控制阀；29—雨淋阀体；30—控制腔供水阀；31—传动管预留接口；32—电磁阀；33—水力警铃控制阀；34—水力警铃测试阀；35—水力警铃；36—压力开关；37—实验放水阀；38—节流阀；39—过滤器；40—实验信号阀；41—阀门；42—流量计；43—信号阀；44—水流指示器；45—水幕喷头；46—感温火灾控测器；47—明杆闸阀；48—管网；49—火灾自动报警控制器及消防联动控制器

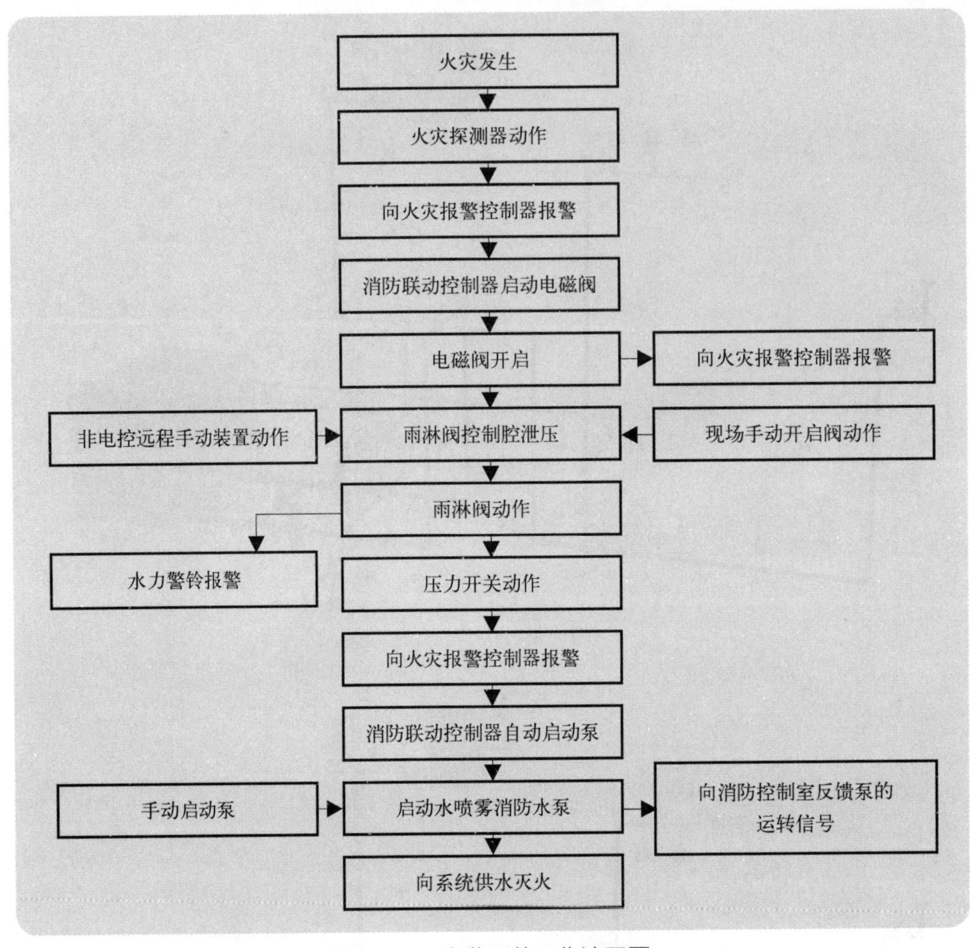

图 2-12　水幕系统工作流程图

三、水幕系统的适用范围

根据水幕系统的工作特性，该系统可以用于防止火灾通过建筑开口部位蔓延，或辅助其他防火分隔物实施有效分隔。水幕系统主要用于因生产工艺需要或使用功能需要而无法设置防火墙等的开口部位，也可用于辅助防火卷帘和防火幕作防火分隔。

《建筑设计防火规范》GB 50016—2014 第 8.3.6 条规定，下列部位宜设置水幕系统：

（1）特等、甲等剧场、超过 1500 个座位的其他等级剧场、超过

2000个座位的会堂或礼堂和高层民用建筑内超过800个座位的剧场或礼堂的舞台口及上述场所内与舞台相连的侧台、后台的洞口（舞台口也可采用防火幕进行分隔，侧台、后台的较小洞口宜设置乙级防火门、窗）；

（2）应设置防火墙等防火分隔物而无法设置的局部开口部位；

（3）需要防护冷却的防火卷帘或防火幕的上部。

四、水幕系统的检查

水幕系统及组件的设置、安装和检查内容与本书雨淋系统的相关要求一致。

检查水幕系统的应用形式及对应使用的喷头种类，起防火分隔作用的水幕系统使用的喷头可为开式洒水喷头或水幕喷头，其保护的开口尺寸（不包括舞台口）不宜超过15m（宽）×8m（高），实际喷洒的水幕宽度不应小于6m，当采用水幕喷头时，喷头不应少于3排，如采用开式洒水喷头，喷头不应少于2排；起防护冷却作用的水幕系统应使用水幕喷头，且喷头的布置应能将水直接喷向被保护对象，且水幕喷头的出水口角度及方向应保持一致。

检查水幕系统用于保护防火卷帘时的自动控制功能，系统启动的联动触发信号应由防火卷帘下落到楼板面的动作信号与本报警区域内任一火灾探测器或手动火灾报警按钮的报警信号组成，并通过消防联动控制器控制雨淋阀的启动。

五、水幕系统常见故障及处理方法

水幕系统常见故障及处理方法见表2-6。

表 2-6　水幕系统常见故障及处理方法

常见故障	故障原因	处理方法
雨淋阀阀瓣渗漏	1. 阀座与阀瓣处密封失效； 2. 阀座或阀瓣损坏	1. 检查阀座与阀瓣密封面处有无异物； 2. 检查阀座有无破裂或松动现象，检查阀瓣有无破损；必要时联系维修
电磁阀不动作	1. 启动信号线路故障； 2. 电磁阀输入功率不足； 3. 电磁阀损坏	1. 检查联动控制启动信号线路； 2. 检查电磁阀实际输入功率是否达到额定功率要求，并联设置的雨淋阀应每台进行检测； 3. 联系维修
系统侧压力及流量不符合规范要求	1. 管网堵塞； 2. 雨淋阀公称通径较小； 3. 雨淋阀控制腔未完全泄压	1. 检查系统管网有无异物堵塞； 2. 检查雨淋阀型号规格是否与消防设计文件一致； 3. 检查雨淋阀控制腔压力显示装置显示压力，排查未完全泄压原因，检查电磁阀或紧急手动控制阀是否正常开启
传动管泄压，雨淋阀不启动	传动管设置的高度、距离及压力与系统供水压力不匹配	检查传动管的设置是否符合消防设计文件要求

第六节 水喷雾灭火系统

一、水喷雾灭火系统的组成

水喷雾灭火系统是一种局部灭火系统，是利用水雾喷头在较高的水压力作用下，将水流分离成 0.2 ～ 2mm 甚至更小的细小水雾滴喷向保护对象，能够在被保护物体表面形成水雾进行灭火或防护冷却的固定灭火装置。水喷雾灭火系统由水源、供水设备、过滤器、雨淋阀组、管道及水雾喷头等组成，并配套设置火灾探测报警及联动控制系统或传动管系统，见图 2-13。系统组成和运行原理，请看 3D 演示视频。

二、水喷雾灭火系统的原理及分类

火灾时，火灾报警探测器动作，向火灾报警控制器发出火灾信号，消防联动控制器联动打开雨淋报警阀组，联动启动消防水泵（采用消防水箱为系统管道稳压的，应由雨淋阀组的压力开关信号连锁启动供水泵）向供水管网供水，水雾喷头喷水灭火。

水喷雾灭火系统按启动方式可分为电动启动水喷雾灭火系统和传动管启动水喷雾灭火系统。

1. 电动启动水喷雾灭火系统

电动启动水喷雾灭火系统是以普通的火灾报警系统作为火灾探测系统，通过传统的点式感温、感烟探头或缆式火灾探测器探测火灾，当有火情发生时，探测器将火警信号传到火灾报警控制器上，火灾报警控制器打开雨淋阀，同时启动水泵，喷水灭火。为了减少系统的响

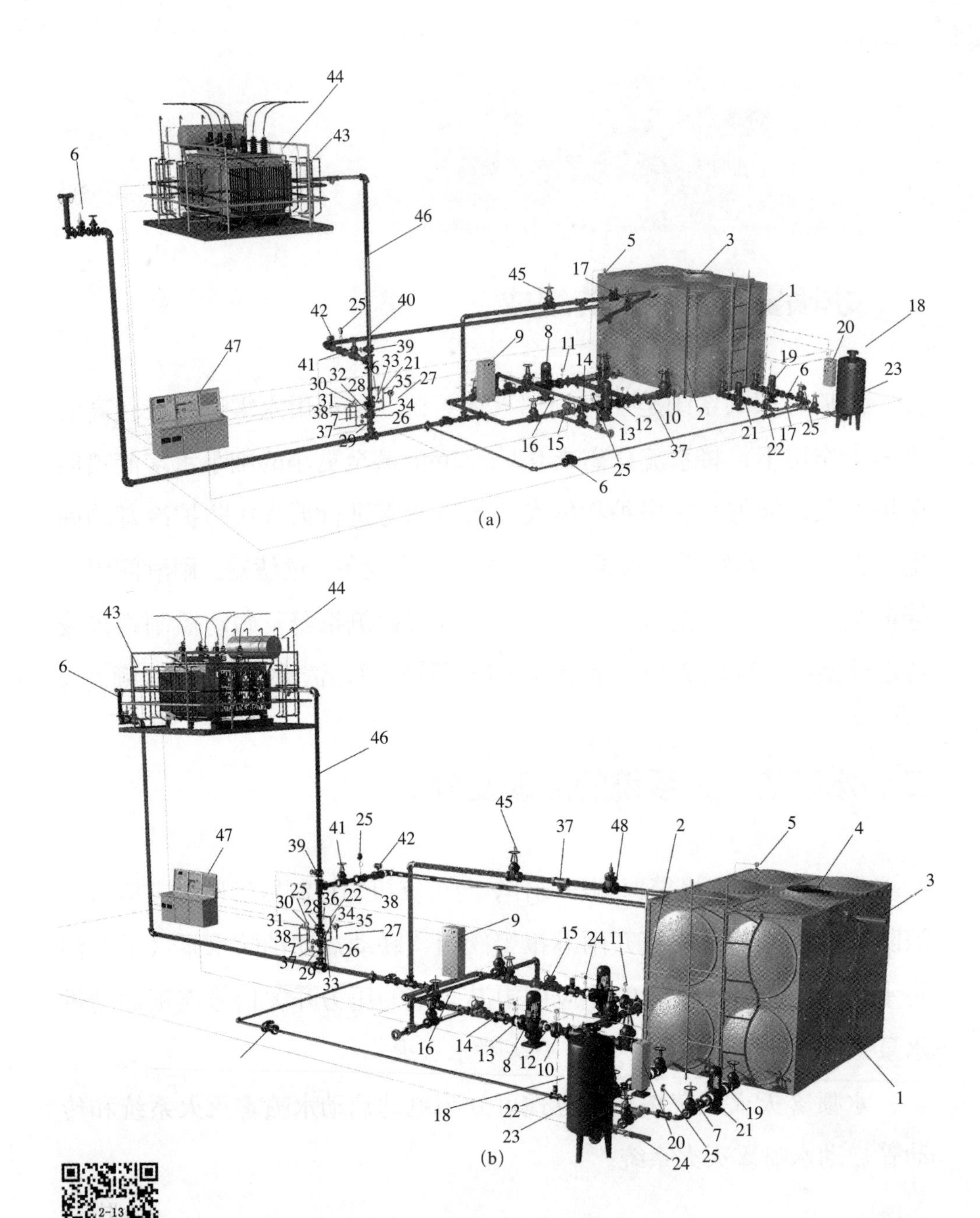

2-13

图 2-13 水喷雾灭火系统实物构成图

1—消防水池；2—液位计；3—补水管；4—消防车取水口；5—液位传感器；6—消防水泵接合器；7—止回阀；8—消防水泵；9—消防水泵控制柜；10—消防水泵吸水管；11—真空压力表；12—偏心异径柔性接头；13—同心异径柔性接头；14—低压压力开关；15—多功能水泵控制阀；16—水泵试验排水管；17—安全泄压阀；18—稳压设施；19—稳压水泵；20—稳压泵控制柜；21—柔性接头；22—压力开关；23—气压调节水罐；24—排水阀；25—压力表；26—水源控制阀；27—雨淋报警阀组；28—雨淋阀体；29—控制腔供水阀；30—非电控远程手动装置接口；31—电磁阀；32—复位装置；33—水力警铃控制阀；34—水力警铃测试阀；35—水力警铃；36—试验放水阀；37—过滤器；38—节流阀；39—试验信号阀；40—系统供水能力测试装置；41—阀门；42—流量计；43—水雾喷头；44—线型光纤感温火灾探测器；45—明杆闸阀；46—管网；47—火灾报警控制器及消防联动控制器；48—安全泄压阀

应时间，雨淋阀前的管道上应是充满水的状态。电动启动水喷雾灭火系统的组成如图 2-13(a) 所示。

2. 传动管启动水喷雾灭火系统

传动管水喷雾灭火系统是以传动管作为火灾探测系统，传动管内充满压缩空气或压力水，当传动管上的闭式喷头受火灾高温影响动作后，传动管内的压力迅速下降，从而打开了封闭的雨淋阀，为了尽量缩短管网充水的时间，雨淋阀前的管道上应是充满水的状态，传动管的火灾报警信号通过压力开关传到火灾报警控制器上，报警控制器启动水泵，通过雨淋阀、管网将水送到水雾喷头，水雾喷头开始喷水灭火。传动管启动水喷雾灭火系统一般比较适合于防爆场所，或者不适合安装普通火灾探测系统的场所。传动管启动水喷雾灭火系统的组成如图 2-14 所示。

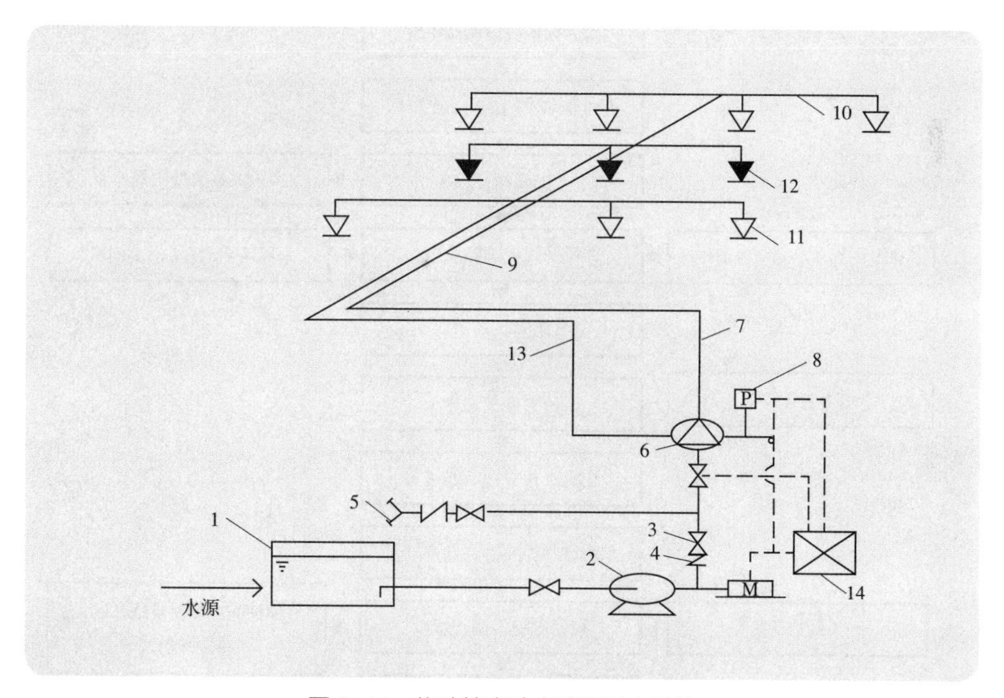

图 2-14　传动管启动水喷雾灭火系统

1—水池；2—水泵；3—闸阀；4—止回阀；5—水泵接合器；6—雨淋报警阀；7—配水干管；8—压力开关；9—配水管；10—配水支管；11—开式洒水喷头；12—闭式洒水喷头；13—传动管；14—报警控制器；P—压力表；M—驱动电机

传动管启动水喷雾灭火系统按传动管内的充压介质，可分为充液传动管和充气传动管两种。充液传动管内的介质一般为压力水，这种方式适用于不结冰的场所，充液传动管的末端或最高点应安装自动排气阀。充气传动管内的介质一般是压缩空气，由空气压缩机或其他气源平时保持传动管内的气压。

这种方式适用于所有的场所，但在北方寒冷地区，应在传动管的最低点设置冷凝器和汽水分离器，以保证传动管不会被冷凝水结冰堵塞。

水喷雾灭火系统工作流程见图 2-15。

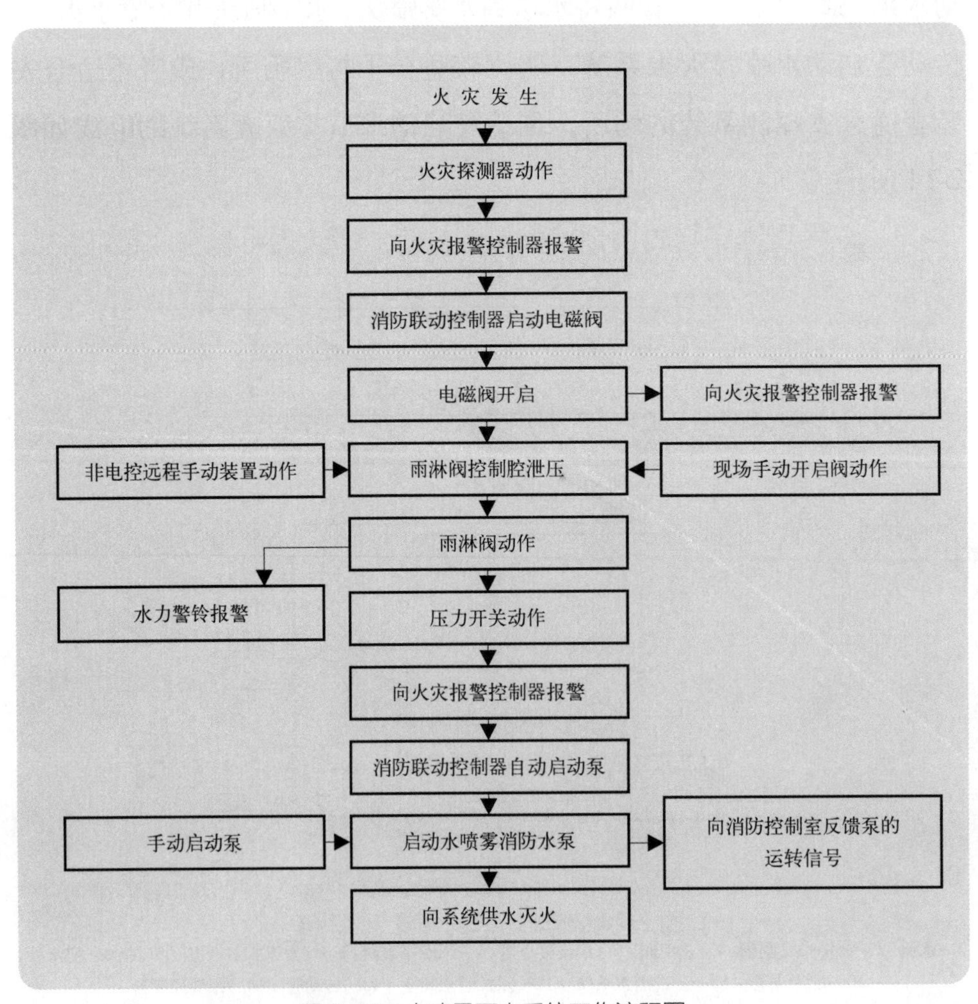

图 2-15　水喷雾灭火系统工作流程图

三、水喷雾灭火系统的适用范围

（1）国家标准《建筑设计防火规范》GB 50016—2014 规定了下列场所应设置水喷雾灭火系统：

1）单台容量在 40MV·A 及以上的厂矿企业油浸变压器，单台容量在 90MV·A 及以上的电厂油浸变压器，单台容量在 125MV·A 及以上的独立变电站油浸变压器；

2）飞机发动机试验台的试车部分；

3）充可燃油并设置在高层民用建筑内的高压电容器和多油开关室。

（2）同时，水喷雾灭火系统还可以扑救下列场所的火灾：

1）固体火灾，闪点高于 60℃的液体火灾和电气火灾；

2）可燃气体和甲、乙、丙类液体的生产、储存装置或装卸设备的防护冷却；

3）在民用建筑物内的燃油燃气锅炉房、柴油发电机房和柴油泵房等场所。

四、水喷雾灭火系统的检查

对系统的供水设施、管网及附件、雨淋报警阀组、喷头、检验装置等进行检查，并应符合设计和规范要求。

1. 水源

（1）检查室外给水管网的进水管管径、数量和供水能力；

（2）检查消防气压给水装置（特殊情况使用）的供水工作参数；

（3）采用地表天然水源作为消防水源时，检查其水位、水量、水质等，并根据有效水文资料检查天然水源枯水期的最低水位、常水位、洪水位；

（4）根据地下水井抽水试验资料，确定常水位、最低水位、出水量和水位测量装置等技术参数和装备。

（5）消防水池：

1）通过消防水池液位显示装置，检查核实消防水池储水量是否符合要求。

2）检查消防用水与生产、生活用水合并的水池，是否采取确保消防用水不作他用的技术措施。

3）检查严寒和寒冷地区的消防水池是否采取防冻保护设施。

4）检查消防水池的补水设施是否完好有效。

2. 消防水泵房

（1）独立设置的消防水泵房，其耐火等级不应低于二级。附设在建筑内的消防水泵房，不应设置在地下三层及以下或室内地面与室外出入口地坪高差大于 10m 的地下楼层。应采用耐火极限不低于 2.0h 的隔墙和 1.5h 的楼板与其他部位隔开，并应设甲级防火门。

（2）当消防水泵房设置在首层时，其出口应直通室外。当设在地下室或其他楼层时，其疏散门应直通安全出口。

（3）消防水泵房应有不少于 2 条的出水管直接与环状消防给水管网连接。当其中 1 条出水管关闭时，其余的出水管应仍能通过全部用水量。

（4）泵房应设排水设施，消防水泵和控制柜应采取安全保护措施。

3. 消防水泵

（1）检查消防水泵主、备用电源切换装置。

（2）按《消防联动控制系统》GB 16806—2006 的规定测试消防水泵控制柜的控制显示功能、防护等级。

（3）消防泵组及其消防管道上使用的控制阀应有明显启闭标志，

并能锁定阀位于全开。

（4）消防泵的出水管上应设置 *DN*65 的试验放水阀，并能满足泵的性能检测要求。

（5）消防泵进、出水管及其控制阀、止回阀、泄压阀、压力表、水锤消除器、可挠曲接头等的设置应满足功能要求，其规格、型号、数量符合设计要求。

（6）消防水泵应采用自灌式引水，其自灌式引水方式应在整个火灾延续时间内都符合要求。

（7）关闭消防水泵出水管上的控制阀、打开试验放水阀进行下列试验，均应正常工作，并符合设计、规范要求：

1）采用主电源启动消防水泵。

2）关闭主电源，主、备电源应能正常切换。

3）主泵和备用泵相互应能正常切换。

4）消防水泵就地和消防中心启停控制功能应正常。

5）消防水泵控制柜置于自动启动方式，系统处于准工作状态时进行联动试验应正常，联动试验包括室内消火栓系统和自动喷水灭火系统的联动。

（8）对于自动喷水灭火系统：

1）分别开启系统中每一个末端试水装置、试水阀时，消防水泵均应能正常启动；系统中的水流指示器、压力开关等信号装置应能正常动作，消防水泵均应能正常启动。

2）设置消防气压给水装置的自动喷水灭火系统，使其气压给水装置的气压降至气压罐最高工作压力时，消防气压给水装置应能发出启动消防水泵的控制信号，消防水泵应能正常启动，且消防水不应进入气压罐。

3）对于不设末端试水装置、试水阀的系统，应使其报警阀动作，压力开关动作信号应能使消防水泵正常启动。

4. 稳压泵

（1）检查消防稳压泵的型号、规格，其进、出水管道和附件的设置应满足使用功能要求。

（2）稳压泵供电符合规范要求，备用稳压泵的主、备电源应能正常切换。

（3）稳压泵控制符合规范要求，并有防止其频繁启动的技术措施。

5. 雨淋报警阀

（1）报警阀及其组件应符合产品标准要求，报警阀组的安装应符合规范，应有注明系统名称和保护区域的标志牌。

（2）应能自动和手动启动消防水泵和雨淋阀，压力开关、水力警铃应能正常动作，且距水力警铃 3m 远处其连续声强符合规定。

（3）当采用传动管控制的系统时，传动管泄压后，应联动消防水泵和雨淋阀。

（4）报警阀进、出口控制阀应为信号阀或有明显启闭标志，并能锁定阀位于全开。

（5）电磁阀的启闭及反馈信号应灵敏可靠。

（6）并联设置多台雨淋阀组的系统，逻辑控制关系应符合设计要求。

6. 系统管网和附件、组件的检查

（1）消防给水系统形式和管网构成符合规范要求，环网阀门布置满足规范要求，环网应能实现双向流动。

（2）管道材质、管径、连接方式、防腐和防冻措施、标识、支吊架设置符合规范要求，配水主立管与水平配水管的连接没有使用机械三通（或四通），其他机械三通（或四通）的使用符合规范要求。

（3）管网上的控制阀应为具有明显启闭标志的阀门。

（4）管网上的减压阀、止回阀、控制阀、排水与排气设施、电磁阀、节流孔板、泄压阀、水锤消除装置、压力监测元件、水流报警装置等的规格、型号、安装方式符合规范要求。

（5）配水管网上喷头数量与其管径符合规范要求。

7. 喷头的检查

（1）喷头的设置场所、喷头规格、型号、公称动作温度，响应时间系数（RTI）符合设计、规范要求。

（2）喷头安装间距和一只喷头的最大保护面积符合规范要求。

（3）喷头溅水盘距顶板、吊顶、墙、梁、保护对象顶部等的距离符合规范要求，遇障碍物时，喷头的避让和增补符合规范。

（4）在有腐蚀性气体环境，有碰撞危险环境安装的喷头，针对环境危害采取了相应的保护措施。

（5）各种不同规格型号的喷头均按规定量留有备用。

（6）配水管道的支吊架、防晃支吊架设置符合要求。

8. 水喷雾灭火系统的模拟功能试验

利用火灾报警控制器对水喷雾系统进行试验，先后触发防护区内两个火灾探测器或为传动管泄压，查看电磁阀、消防水泵及压力开关的动作情况及反馈信号。压力开关应及时动作，消防泵应正常启动，并有信号反馈。

9. 系统、管网压力、强度、响应时间检查

根据《水喷雾灭火系统技术规范》GB 50219—2014 的规定，系统给水管道的工作压力不应大于 1.6MPa，即报警阀入口处的水压应小于或等于 1.2MPa。

系统的工作压力应满足最不利点喷头的工作压力和喷雾强度的要

求。根据《水喷雾灭火系统技术规范》GB 50219—2014 的规定，水雾喷头的工作压力，当用于灭火时不应小于 0.35MPa，用于防护冷却时不应小于 0.2MPa，但对于甲$_B$、乙、丙类液体储罐不应小于 0.15MPa。系统的响应时间应满足设计规范的要求。

五、水喷雾灭火系统常见故障及处理方法

水喷雾灭火系统常见故障及处理方法见表 2-7。

表 2-7 水喷雾灭火系统常见故障及处理方法

常见故障	故障原因	处理方法
稳压装置频繁启动	1. 湿式装置前端有泄漏； 2. 水暖件、连接处、闭式喷头有泄漏； 3. 末端试水装置没有关好； 4. 设备损坏	1. 检查水暖件、连接处、喷头和末端试水装置，找出泄漏点进行处理； 2. 联系维修
水流指示器在水流动作后不报警	1. 电气线路损坏、端子接线故障； 2. 水流指示器桨片不动、桨片损坏； 3. 微动开关损坏、干簧管触点烧坏； 4. 永久性磁铁失效	1. 检查桨片是否损坏或塞死不动； 2. 检查永久性磁铁、干簧管等器件； 3. 联系维修
喷头动作后或末端试水装置打开，湿式报警阀后管道前端无水	1. 湿式报警阀的蝶阀不动作； 2. 湿式报警阀的其他部件损坏	1. 翻转蝶阀； 2. 联系维修
联动信号发出，喷淋泵不动作	1. 控制装置损坏； 2. 喷淋泵启动柜连线松动或器件失灵； 3. 喷淋泵本身机械故障	1. 检查控制装置； 2. 检查控制柜线路、器件； 3. 检查喷淋泵； 4. 联系维修
联动和远程控制不能启动	1. 水泵控制柜的万能转换开关未在自动状态、中间继电器损坏； 2. 远程控制线有问题； 3. 控制设备未设压力开关或损坏	1. 检查控制柜万能转换开关、中间继电器； 2. 检查远程控制线； 3. 检查控制设备或联动程序

续表 2-7

常见故障	故障原因	处理方法
启泵后水泵无出水	1. 消防水池无水或水位过低； 2. 进水闸阀或出水闸阀关闭； 3. 进水管的海底阀被堵； 4. 水泵反转 5. 进水管的阀门被堵塞	1. 检查消防水池水位； 2. 检测进、出水闸阀； 3. 海底阀被堵，使进水管内充满空气，排除管内的空气； 4. 检查电机的相序； 5. 检查进水管
启泵后管网压力上升不够	1. 泵的叶轮里有杂物； 2. 试水管的阀门关闭不严； 3. 管网有漏水的现象； 4. 屋顶水箱下水的单向阀关闭不严	1. 检查水泵的叶轮； 2. 检查试水管的阀门； 3. 检查管网； 4. 检查屋顶水箱处的单向阀
水泵振动过大或异常声响	1. 水泵的基础不牢或螺栓松动； 2. 水泵轴心偏心、轴承损坏； 3. 水泵润滑油不足	1. 检查基础和固定螺栓； 2. 检查水泵泵体； 3. 检查水泵润滑油
漏水	1. 机械密封圈漏水； 2. 盘根漏水	1. 检查机械密封圈； 2. 检查盘根
湿式报警阀	1. 误报警； 2. 间隙报警	1. 阀内补气孔有杂物堵塞，平衡补差功能失效，检查内阀瓣； 2. 喷淋管道中有大量空气，排除空气
长报警 （报警后不能复位）	1. 水中有杂物使阀瓣关闭不严； 2. 末端试水阀门未关闭或关闭不严； 3. 胶垫脱落或阀瓣损坏不能关闭	1. 放水冲洗或拆卸清洗； 2. 检查末端试水阀门； 3. 检查胶垫和阀瓣
不报警 （警铃压力开关）	1. 末端发水流量小，阀瓣锈蚀严重，启闭不灵活； 2. 淤泥杂物堵塞压力开关的管道至警铃	1. 检查末端和阀瓣； 2. 检查管道
警铃不报警	1. 警铃叶轮卡堵； 2. 警铃损坏或打钟脱落	1. 检查叶轮； 2. 检查警铃
压力开关不报警	1. 微动开关损坏； 2. 线路及电气故障	1. 检查微动开关； 2. 检查线路和电气
水流指示器不能复位	1. 管中杂物卡堵； 2. 压力弹簧太紧	1. 检查管路； 2. 检查弹簧

续表 2-7

常见故障	故障原因	处理方法
水流指示器不报警	1. 压力弹簧及胶板损坏脱落； 2. 方向安装反了； 3. 微动开关坏	1. 检查压力弹簧； 2. 检查微动开关
止回阀不止回	1. 座圈与阀瓣间夹入杂物； 2. 座圈或阀瓣（覆盖面）变形损坏，使密封面不严密； 3. 活动部分严重锈蚀，阀瓣关闭不严	1. 检查座圈和阀瓣； 2. 联系维修
泄压阀	1. 泄压阀到达泄压值不泄压； 2. 泄压后关闭不严	1. 阀门弹簧过紧，检查阀门； 2. 水中杂物堵塞密封面；密封圈损坏
管网泄漏	一般都是阀门的问题，有些是水泵接合器埋地管网漏水	联系维修

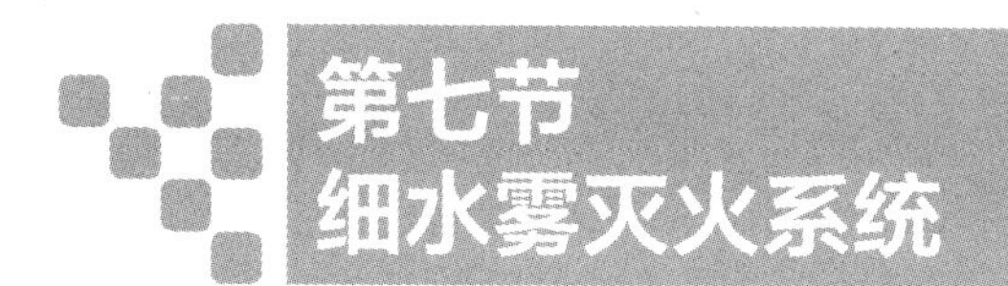

第七节 细水雾灭火系统

一、细水雾灭火系统的组成

细水雾灭火系统由供水装置、过滤装置、控制阀、细水雾喷头等组件和供水管道组成，是能自动和人工启动并喷放细水雾进行灭火或控火的固定灭火系统。

细水雾灭火系统有多种组合形式：按照供水方式分为泵组系统和瓶组系统，按照选用的喷头类型分为开式系统和闭式系统；开式系统按照应用方式又分为全淹没应用方式和局部应用方式。不同组合形式的细水雾灭火系统其工作原理有所不同，如图 2-16、图 2-17 所示。系统组成和运行原理，请看 3D 演示视频。

二、细水雾灭火系统的工作原理

不同类型的细水雾灭火系统，其组成及工作原理有所不同。

1. 泵组式细水雾灭火系统

泵组式系统由细水雾喷头、泵组、储水箱、控制阀组、安全泄放阀、过滤器、信号反馈装置、火灾报警控制装置、系统附件、管道等部件组成。泵组式系统以储存在储水箱内的水为水源，利用泵组产生的压力，使压力水流通过管道输送到喷头产生细水雾。该系统分为开式和闭式两种。开式系统的自动控制方式是由烟感和温感探测器感知火灾温度和烟雾信号，自动报警，消防联动控制器接收到两个独立的火灾报警信

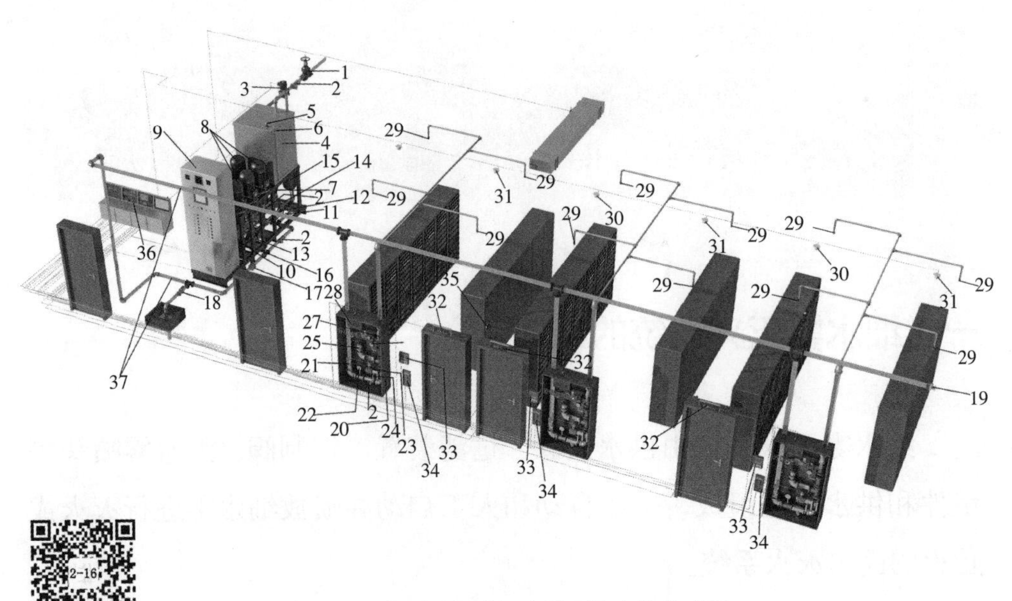

图 2-16　典型泵组式细水雾系统实物构成图

1—阀门；2—过滤器；3—电磁阀；4—消防水箱；5—液位信号开关；6—液位计；7—橡胶软管；8—高压泵；9—泵组控制柜；10—压力变送器；11—测试阀；12—安全泄压阀；13—稳压泵；14—压力表；15—稳压罐；16—压力传感器；17—信号阀；18—泄水阀；19—手动排气阀；20—分区控制箱；21—进水侧带锁止功能高压球阀；22—进水侧压力表；23—高压电动阀；24—电动阀应急操作手柄；25—压力开关；26—出水侧压力表；27—出水侧带锁止功能高压球阀；28—接线盒；29—开式细水雾喷头；30—感烟探测器；31—感温探测器；32—喷洒指示灯；33—声光报警器；34—手动控制盒；35—消防警铃；36—火灾报警控制器及消防联动控制器；37—管网

号后启动泵组，加压喷水灭火；闭式系统的自动控制应能在喷头动作后，由动作信号反馈装置直接连锁启动泵组，加压喷水灭火。

2. 瓶组式细水雾灭火系统

瓶组式系统由细水雾喷头、储水瓶组、储气瓶组、释放阀、过滤器、驱动装置、分配阀、安全泄放装置、气体单向阀、减压装置、信号反馈装置、火灾报警控制装置、检漏装置、连接管、管道管件等组成。瓶组式系统利用储存在高压储气瓶中的高压氮气为动力，将储存在储水瓶组中的水压出或将一部分气体混入水

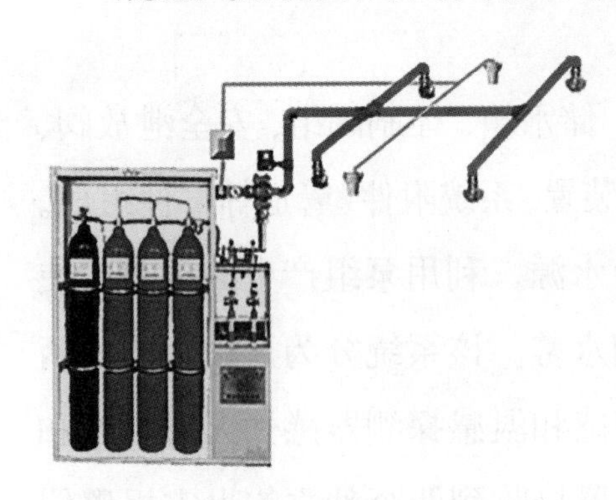

图 2-17　典型瓶组式细水雾系统

流中，通过管道输送至细水雾喷头产生细水雾。瓶组式细水雾灭火系统是开式系统，火灾时，烟感和温感探测器感知火灾温度和烟雾信号，自动报警，消防联动控制器在接到两个独立的报警信号后联动打开相应防护区域分区控制阀，启动高压细水雾瓶组，喷放细水雾灭火。其工作原理和流程见图 2-16、图 2-18。

三、细水雾灭火系统的适用范围

（1）国家标准《细水雾灭火系统技术规范》GB 50898—2013 规定：

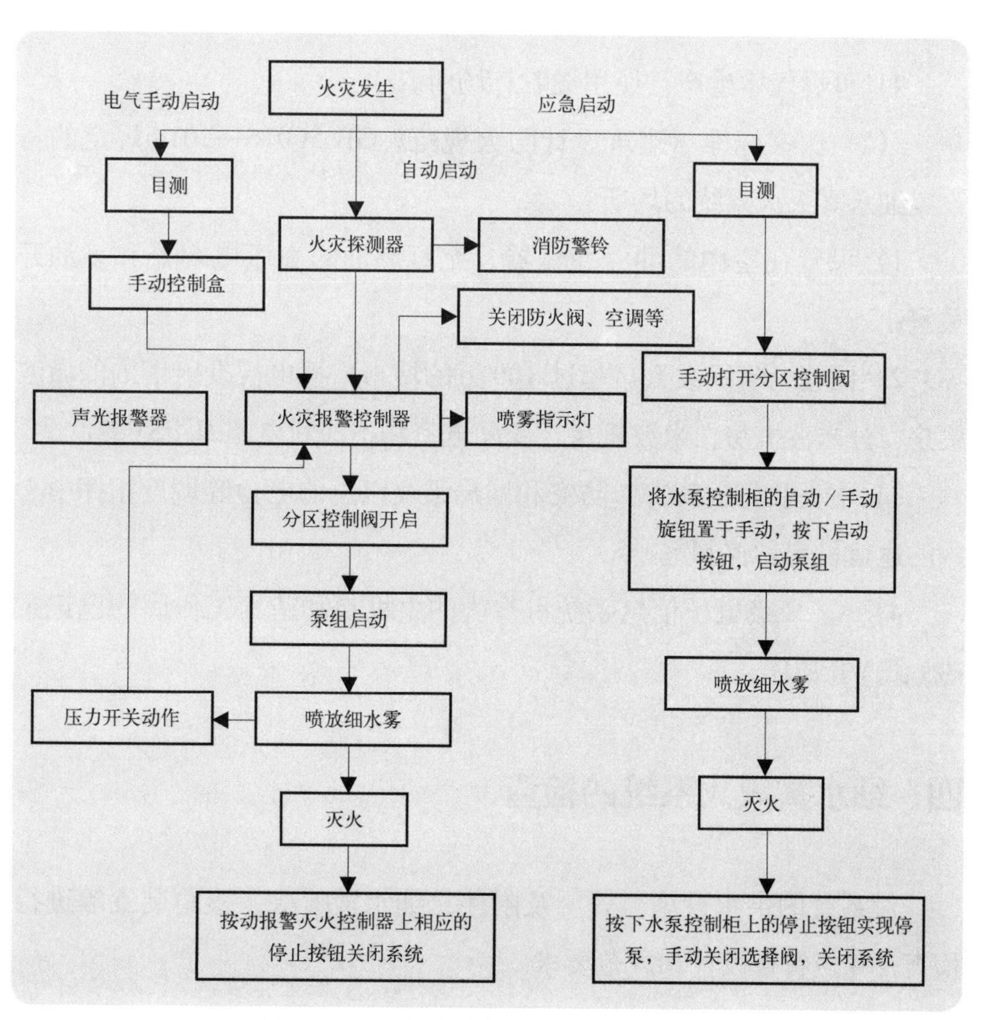

图 2-18　典型泵组式细水雾系统工作流程图

细水雾灭火系统适用于扑救相对封闭空间内的可燃固体表面火灾、可燃液体火灾和带电设备的火灾。可用于扑救下列场所的火灾：

1）液压站、配电室、电缆隧道、电缆夹层、电子信息系统机房、文物库，以及密集柜存储的图书馆、资料库和档案库，并宜选择全淹没应用方式的开式系统；

2）油浸变压器室、涡轮机房、柴油发电机房、润滑油站和燃油锅炉房、厨房内烹饪设备及其排烟罩和排烟管道部位，并宜采用局部应用方式的开式系统；

3）采用非密集柜储存的图书馆、资料库和档案库，可选择闭式系统；

4）可燃气体生产、使用或贮存场所。

（2）国家标准《建筑设计防火规范》GB 50016—2014 规定的可设置细水雾灭火系统的场所：

1）设置在室内的油浸变压器、充可燃油的高压电容器和多油开关室；

2）国家、省级或人口超过 100 万的城市广播电视发射塔内的微波机房、分米波机房、米波机房、变配电室和不间断电源 (UPS) 室；

3）中央及省级公安、防灾和网局级及以上的电力等调度指挥中心内的通信机房和控制室；

4）A、B 级电子信息系统机房内的主机房和基本工作间的已记录磁（纸）介质库。

四、细水雾灭火系统的检查

对系统的供水设施、管网及附件、细水雾喷头、检验装置等进行检查，并应符合设计和规范要求。

1. 水源

（1）检查室外给水管网的进水管管径、数量和供水能力。

（2）检查消防气压给水装置（特殊情况使用）的供水工作参数。

（3）采用地表天然水源作为消防水源时，检查其水位、水量、水质等，并根据有效水文资料检查天然水源枯水期的最低水位、常水位、洪水位。

（4）根据地下水井抽水试验资料，确定常水位、最低水位、出水量和水位测量装置等技术参数和装备。

（5）消防水池（储水箱）：

1）消防水池（储水箱）的补水时间应满足规范要求。

2）瓶组式细水雾火火系统储水容器的储水量应满足设计要求。

3）泵组式细水雾灭火系统储水箱的储水量应满足设计要求。

4）泵组式细水雾灭火系统的储水箱应采用密闭结构，并应采用不锈钢或其他能保证水质的材料制作。

5）泵组式系统的储水箱应具有防尘、避光的技术措施。

（6）泵组式系统的储水箱应具有保证自动补水的装置，并应设置液位显示、高低液位报警装置和溢流、透气及放空装置。

7）泵组式系统应至少有一路可靠的自动补水水源，补水水源的水量、水压应满足系统的设计要求。

8）泵组式系统的储水箱进水口处应设置过滤器，出水口或控制阀前应设置过滤器，过滤器的设置位置应便于维护、更换和清洗等。过滤器的材料应为不锈钢、铜合金，或者其他耐腐蚀性能不低于不锈钢、铜合金的材料。过滤器的网孔孔径不应大于喷头最小喷孔孔径的 80%。

消防储水箱构成参见图 2-3。

2. 消防水泵房

（1）独立设置的消防水泵房，其耐火等级不应低于二级。附设在建筑内的消防水泵房，不应设置在地下三层及以下或室内地面与室外出入口地坪高差大于10m的地下楼层，应采用耐火极限不低于2.0h的隔墙和1.5h的楼板与其他部位隔开，并应设甲级防火门。

（2）当消防水泵房设置在首层时，其出口应直通室外；当设在地下室或其他楼层时，其疏散门应直通安全出口。

（3）消防水泵房应有不少于2条的出水管直接与环状消防给水管网连接。当其中1条出水管关闭时，其余的出水管应仍能通过全部用水量。

（4）泵房应设排水设施，消防水泵和控制柜应采取安全保护措施。

3. 系统管网和附件、组件的检查

（1）泵组式系统检查：

1）查看工作泵、备用泵、吸水管、出水管、出水管上的安全阀、止回阀、信号阀等的规格、型号、数量；吸水管、出水管上的检修阀应锁定在常开位置，并应有明显标记。

2）水泵的压力和流量检查：自动开启水泵出水管上的泄放试验阀，查看压力表和流量计。

3）泵组的主电源应能在规定时间内启动：打开水泵出水管上的泄放试验阀。利用主电源向泵组供电；关掉主电源检查主、备电源的切换情况。当系统管网中的水压下降到设计最低压力时，稳压泵应能自动启动。

4）泵组应能自动启动和手动启动：自动启动检查，对于开式系统，采用模拟火灾信号启动泵组。对于闭式系统，开启末端试水阀启动泵组。手动启动检查，按下水泵控制柜的按钮，查看启动情况。

（2）瓶组式系统检查：

1）查看储水瓶组的数量、标志牌、安装位置、固定方式。

2）查看储水容器内水的充装量和储气容器内氮气或压缩空气的储存压力。

3）查看瓶组的机械应急操作处的标志及是否有铅封的安全销或保

护罩。

（3）控制阀的检查：

1）查看控制阀的标志牌、安装位置、固定方式和启闭标识。

2）查看开式系统分区控制阀组：手动和电动启动分区控制阀，检查阀门启闭反馈情况。

3）闭式系统分区控制阀组应能采用手动方式可靠动作。

4）分区控制阀前后的阀门均应处于常开位置。

4. 喷头的检查：

（1）喷头的设置场所、喷头规格、型号、公称动作温度、数量符合设计、规范要求。

（2）喷头的安装间距、喷头的安装高度应符合规范要求。

（3）喷头溅水盘距顶板、吊顶、墙、梁、保护对象顶部等的距离符合规范要求，遇障碍物时，喷头的避让和增补符合规范。

（4）在有腐蚀性气体环境，有碰撞危险环境安装的喷头，针对环境危害采取了相应的保护措施。

（5）各种不同规格型号的喷头均按规定量留有备用。

（6）配水管道的支吊架、防晃支吊架设置符合要求。

5. 细水雾灭火系统的模拟功能试验

（1）开式系统的自动控制应能在接收到两个独立的火灾报警信号后自动启动；闭式系统的自动控制应能在喷头动作后，由动作信号反馈装置直接连锁自动启动。对泵组式细水雾系统进行试验，先后触发防护区内两个火灾探测器或闭式喷头，查看电磁阀、消防水泵及压力开关的动作情况及反馈信号。压力开关应及时动作，消防泵应正常启动，并有信号反馈。

（2）利用模拟信号进行试验，检查动作信号反馈装置是否能正常动作，并能在动作后启动泵组或开启瓶组及与其联动的相关设备，并正确发出反馈信号。

6. 系统、管网压力、喷雾强度、响应时间检查

根据《细水雾灭火系统技术规范》GB 50898—2013 的规定，喷头的最低设计工作压力不应小于 1.2MPa。在不同应用场所，喷头的工作压力不同，均应满足设计和规范的要求。

系统的工作压力应满足最不利点喷头的工作压力和喷雾强度的要求。在不同应用场所，系统的喷雾强度不同，均应满足设计和规范的要求。系统的响应时间应满足设计规范的要求：开式系统的设计响应时间不应大于 30s。

五、细水雾灭火系统常见故障及处理方法

细水雾灭火系统常见故障及处理方法见表 2-8。

表 2-8　细水雾灭火系统常见故障及处理方法

常见故障	故障原因	处理方法
稳压装置频繁启动	1. 配水管网有泄漏； 2. 水暖件、连接处、闭式喷头有泄漏； 3. 末端试水装置没有关好； 4. 设备损坏	1. 检查水暖件、连接处、喷头和末端试水装置，找出泄漏点进行处理； 2. 联系维修
联动信号发出，喷雾泵不动作	1. 控制装置损坏； 2. 喷雾泵启动柜连线松动或器件失灵； 3. 喷雾泵本身机械故障	1. 检查控制装置； 2. 检查控制柜线路、器件； 3. 检查喷淋泵； 4. 联系维修
联动和远程控制不能启动	1. 水泵控制柜的万能转换开关未在自动状态、中间继电器损坏； 2. 远程控制线有问题； 3. 控制设备未设压力开关或损坏	1. 检查控制柜万能转换开关、中间继电器； 2. 检查远程控制线； 3. 检查控制设备或联动程序

续表 2-8

常见故障	故障原因	处理方法
启泵后 水泵无出水	1. 消防水池无水或水位过低； 2. 进水闸阀或出水闸阀关闭； 3. 进水管的海底阀被堵； 4. 水泵反转； 5. 进水管的阀门被堵塞	1. 检查消防水池水位； 2. 检测进、出水闸阀； 3. 海底阀被堵，使进水管内充满空气，排除管内的空气； 4. 检查电机的相序； 5. 检查进水管
启泵后管网压力上升不够	1. 泵的叶轮里有杂物； 2. 试水管的阀门关闭不严； 3. 管网有漏水的现象； 4. 屋顶水箱下水的单向阀关闭不严	1. 检查水泵的叶轮； 2. 检查试水管的阀门； 3. 检查管网； 4. 检查屋顶水箱处的单向阀
水泵振动过大或异常声响	1. 水泵的基础不牢或螺栓松动； 2. 水泵轴心偏心、轴承损坏； 3. 水泵润滑油不足	1. 检查基础和固定螺栓； 2. 检查水泵泵体； 3. 检查水泵润滑油
漏水	1. 机械密封圈漏水； 2. 盘根漏水	1. 检查机械密封圈； 2. 检查盘根
长报警（报警后不能复位）	1. 水中有杂物使阀瓣关闭不严； 2. 胶垫脱落或阀瓣损坏不能关闭	1. 放水冲洗或拆卸清洗； 2. 检查胶垫和阀瓣
不报警（警铃压力开关）	1. 阀瓣锈蚀严重，启闭不灵活； 2. 淤泥杂物堵塞压力开关的管道至警铃	1. 检查阀瓣； 2. 检查管道
警铃不报警	1. 警铃叶轮卡堵； 2. 警铃损坏或打钟脱落	1. 检查叶轮； 2. 检查警铃
压力开关不报警	1. 微动开关损坏； 2. 线路及电气故障	1. 检查微动开关； 2. 检查线路和电气
止回阀不止回	1. 座圈与阀瓣间夹入杂物； 2. 座圈或阀瓣（覆盖面）变形损坏，使密封面不严密； 3. 活动部分严重锈蚀，阀瓣关闭不严	1. 检查阀瓣； 2. 更换座圈或阀瓣； 3. 更换锈蚀部件
泄压阀	1. 泄压阀到达泄压值不泄压； 2. 泄压后关闭不严	1. 阀门弹簧过紧，检查阀门； 2. 水中杂物堵塞密封面，密封圈损坏
管网泄漏	1. 一般都是阀门的问题，有些是水泵接合器埋地管网漏水	1. 检查管网上各阀门； 2. 联系维修

第八节 自动消防水炮灭火系统

一、自动消防水炮灭火系统的组成

自动消防水炮灭火系统是能自动完成火灾探测、火灾报警、火灾瞄准和以射流形式喷射水灭火剂灭火的消防炮灭火系统。系统由早期火灾探测系统、控制系统、喷射装置和供水系统等组成，其组成如图22-19所示。常见的自动消防水炮产品有双波段探测自动消防水炮系统、数字图像自动消防水炮系统、数码编程自动摇摆消防水炮系统、红外线自动寻的消防水炮系统等，消防水炮额定流量应大于16L/s。

二、自动消防水炮灭火系统的工作原理

自动消防水炮灭火系统在准工作状态时，配水管网中充满压力水，但喷射装置（消防炮、自动寻的炮）前面的电动阀处于关闭状态，系统没有水流喷出。发生火灾时，系统利用红外线、数字图像或其他火灾探测组件对火、温度等的探测迅速识别并确认，发出火灾报警，并通过控制器发出信号，启动距离着火点最近或保护范围内的喷射装置的定位器进行自动跟踪定位，启动消防泵和开启电动阀，从而实现喷射装置对准着火点以射流形式喷水灭火，见图2-19、图2-20。系统组成和运行原理，请看3D演示视频。

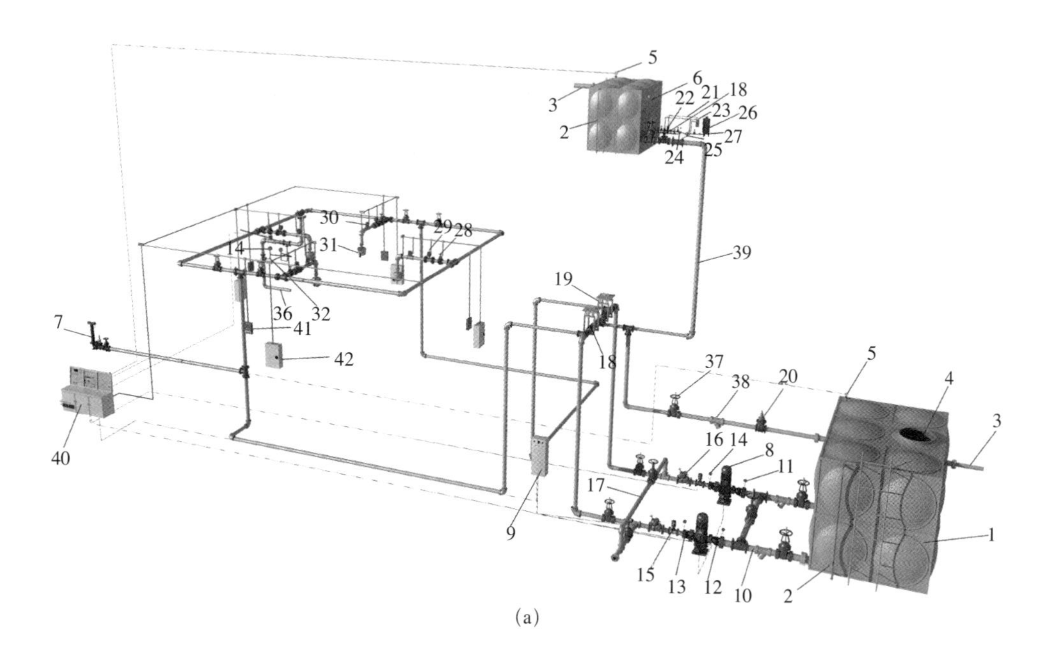

(a)

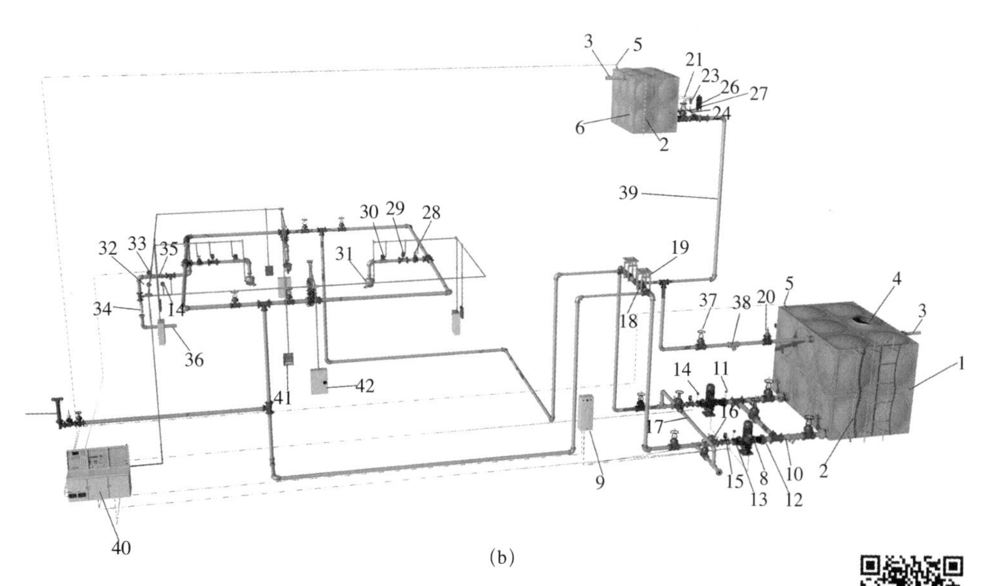

(b)

图 2-19　自动消防水炮灭火系统实物组成图

1—消防水池；2—液位计；3—补水管；4—消防车取水口；5—液位传感器；6—高位水箱；7—消防水泵接合器；8—消防水泵；9—消防水泵控制柜；10—消防水泵吸水管；11—真空压力表；12—偏心异径柔性接头；13—同心异径柔性接头；14—压力表；15—低压压力开关；16—多功能水泵控制阀；17—水泵试验排水管；18—柔性接头；19—管道吊架减震器；20—安全泄压阀；21—稳压设施；22—稳压水泵；23—稳压泵控制柜；24—安全泄压阀；25—压力开关；26—气压调节水罐；27—排水阀；28—信号阀；29—水流指示器；30—电动阀；31—消防炮灭火装置；32—末端试水装置；33—模拟喷射头；34—电磁阀；35—阀门；36—排水设施；37—明杆闸阀；38—过滤器；39—管网；40—自动消防炮灭火控制器；41—声光报警器；42—现场控制器

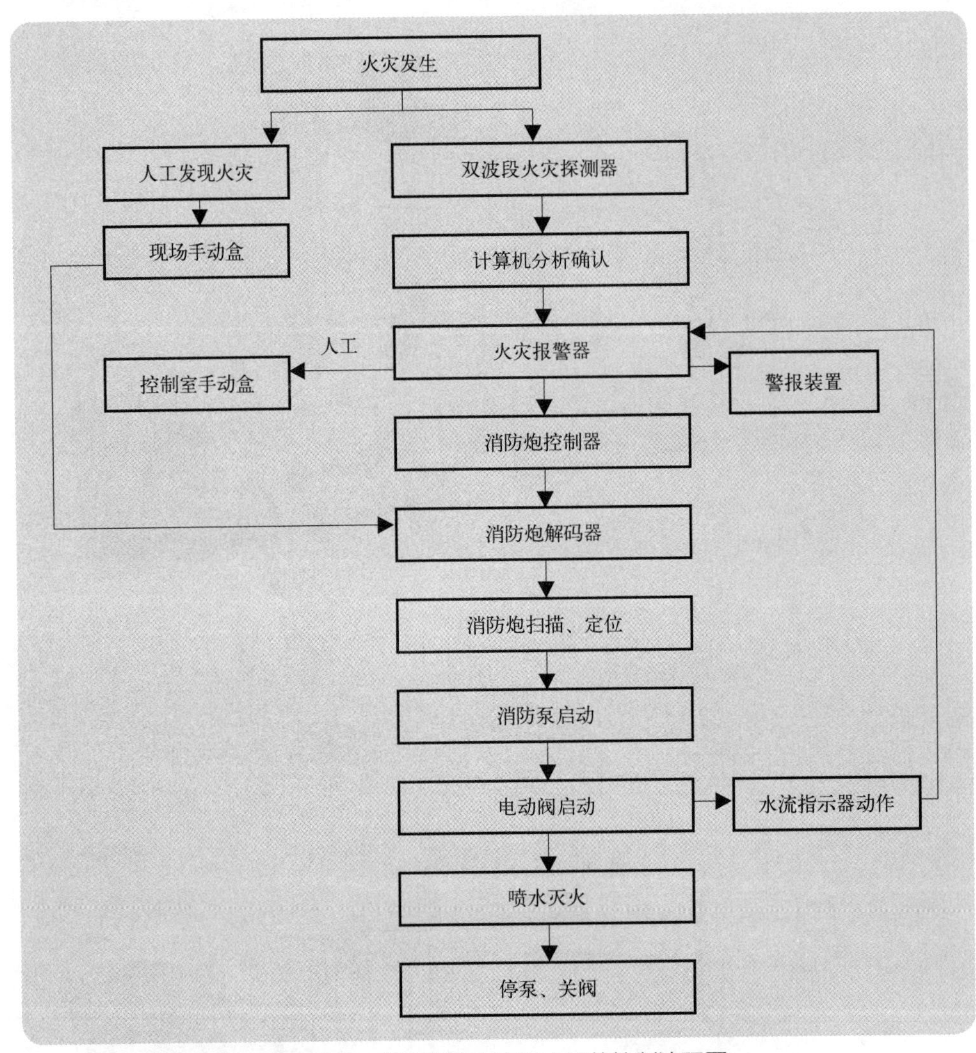

图 2-20　自动消防水炮灭火系统控制流程图

三、自动消防水炮灭火系统的适用范围

自动消防水炮灭火系统可用于一般固体可燃物火灾扑救。

根据《建筑设计防火规范》GB 50016—2014 要求难以设置自动喷水灭火系统的展览厅、观众厅等人员密集的场所和丙类生产车间、库房等高大空间场所，可采用自动消防水炮灭火系统。

自动消防水炮灭火系统不得用于扑救遇水发生爆炸或加速燃烧的物品、遇水发生剧烈化学反应或产生有毒有害物质的物品、洒水将导致喷溅或沸溢的液体和带电设备的火灾。

四、自动消防水炮灭火系统的检查

自动消防水炮灭火系统的检查主要包括系统组件、电气检查和系统功能检查。

1. 系统组件、电气检查

对系统供水设施、管网及附件、喷射装置、火灾探测装置、控制系统、消防供配电系统等进行检查，均应符合相关设计和规范要求。供水设施、火灾探测装置、消防控制装置和供配电系统等的检查，见本书相关章节。

（1）供水管网的检查。

1）系统应独立设置，应布置成环状管网。

2）管网压力的最不利处应设末端试水装置，管网的最高部位应设自动排气阀，配水管与配水干管连接处应设水流指示器。

3）管道的材质、管径、连接方式等应符合设计和规范要求。

4）管网的支吊架等设置应符合规范要求。

（2）电动阀的检查。自动消防水炮灭火系统的喷射装置都是“开式”喷射装置，电动阀是控制喷射装置启闭的关键阀门，重点检查电动阀的电动执行机构能否驱动阀门、实现阀门的开关、调节动作。电磁阀是电动阀的一个种类，一般用在小流量和小压力，如图 2-21 所示。

图 2-21　消防电磁阀实物图

电磁阀应重点检查：

1）电磁阀的接管口径应与其所在管道的公称管径相同。

2）外观检查，阀体应采用不锈钢或铜质材料，阀体上必须有方向指示箭头。其内部构件应采用不生锈、不结垢、耐腐蚀的材料，保证电磁阀在长期不动作条件下仍能随时开启。电磁阀如安装在吊顶内或其他隐蔽处，其下面或外面必须设检查口。

3）应垂直向上安装，不应侧装或倒装。水流方向应与阀上的箭头方向一致，严禁反装。

4）潮湿环境应选用防水型电磁阀，爆炸危险环境应选用防爆电磁阀。

5）管径大于 *DN*50 的管道上不应直接安装电磁阀，而应采用先导式电磁阀，即将电磁阀安装在先导阀的先导管路上，由先导管的开关控制主阀的开关。

6）电磁阀的电源应采用消防电源。如电磁阀的工作电压为AC220V，应引自专门的消防配电箱；如电磁阀工作电压为DC24V，向该电池供电的电源应引自消防配电箱。

（3）末端试水装置的检查。

1）当系统喷射装置分布在不同楼层或同一楼层不同保护区域采用了不同性能的喷射装置时，每个楼层或每个不同喷射装置的区域末端最不利区域应设置末端试水装置。末端试水装置的组成如图 2-22 所示。

2）末端试水装置的探测器和电动阀的规格性能，应与所连接系统其他探测器和电动阀相同。

3）试验管管径应与系统其他喷射装置相同，且不应小于 50mm。

4）试验管连接的喷射管管口的喷射头的水力特性（流量特性和喷口压力损失）应与喷射装置的水力特性相同，通常应要求制造商提供。

5）末端试水装置的安装位置应满足测试的要求，即能顺利排水，能模拟在探测器探测范围的边沿进行火灾探测试验。

6）当系统保护区域内允许进行试水，且试水对保护区域不会造成损害，保护区地面有完善的排水设施时，系统可不设末端试水装置。

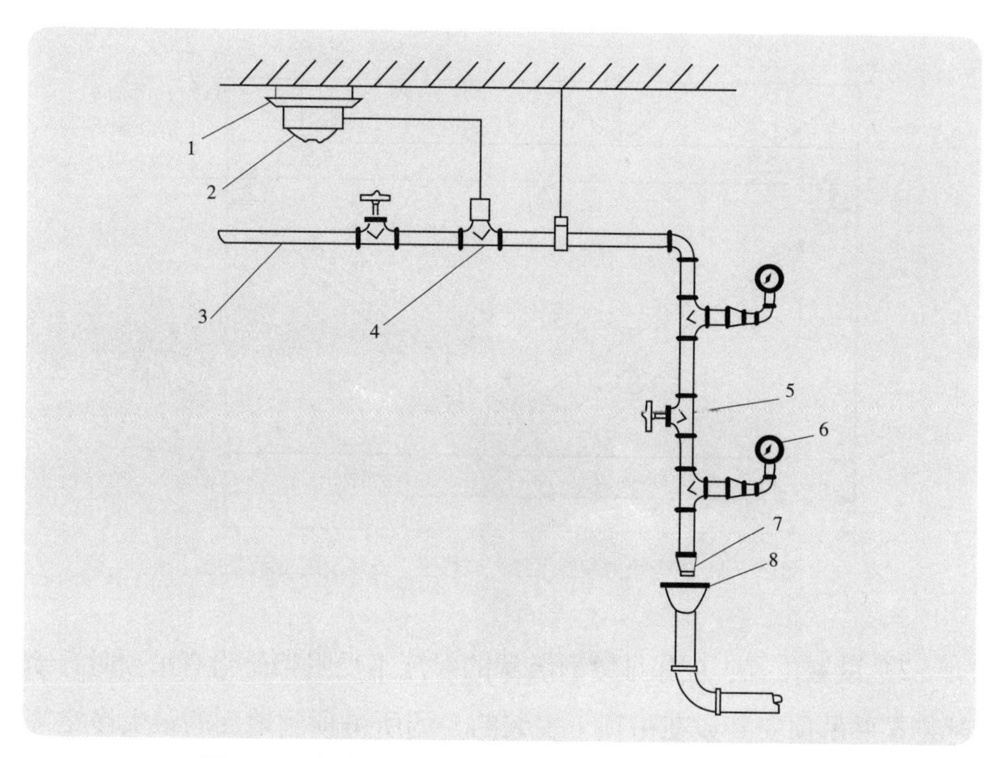

图 2-22　自动消防水炮灭火系统末端试水装置组成示意图

1— 探测器底座；2—红外探测器；3—最不利点供水支管（*DN*50）；4—电动阀；5—截止阀（*DN* 50）；6—压力表；7—模拟喷射头（口径同系统喷射装置）；8—排水漏斗

（4）喷射装置的检查。自动消防水炮灭火系统喷射装置如图 2-23 所示。

图 2-23　自动消防炮系统喷射装置实物图

1）设置数量：不应少于 2 门，应保证 2 门喷射装置的水流能够达到被保护区域的任一部位，如图 2-24 所示。同一保护区的喷射装置应相同。

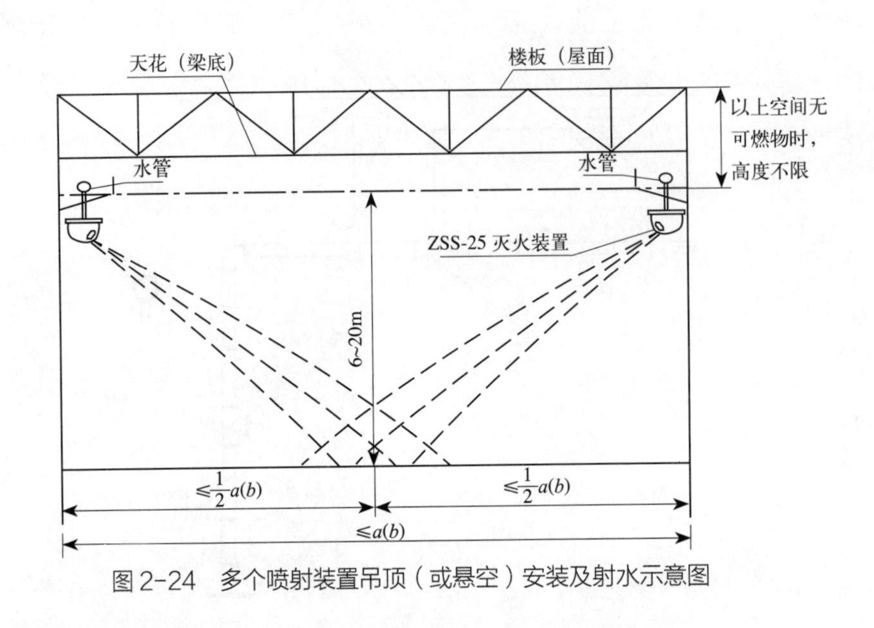

图 2-24　多个喷射装置吊顶（或悬空）安装及射水示意图

2）设置位置：应保证喷射装置的射流不受阻挡。当有吊顶时，喷射装置平吊顶安装或在吊顶下安装的，场所吊顶到地面的最大净空高度一般为 6 ~ 20m；边墙或悬空安装的喷射装置，当喷射装置以上空间无可燃物时，安装高度可不限。

3）控制室手动控制盘和现场手动控制盘控制回转机构启动和停止灵活、安全可靠。水平回转角不应小于 180°，最小俯角不应大于 −90°，最大仰角不应小于 +30°。

4）定位器显示的图像清晰、稳定，定位时间（试验火开始燃烧至系统开始射流的时间）不应大于 60s。

5）管网提供给喷射装置的接口管管径，不应小于喷射装置入口管径。

2. 系统功能试验

系统置于自动状态，在末端试水装置火灾探测器的探测范围内设置试验火源，火灾探测器能迅速准确地探测到试验火源，发出声光报警信号，并及时自动启动消防泵，开启电动阀。在消防泵正常供水前和后模拟喷射装置都能一直保持正常喷射，水流指示器和电动阀发出相应信号到火灾报警控制器，说明系统探测报警和联动供水正常。但末端试水装置不能测试喷射装置的扫描定位功能和多个探测器同时探测定位的功能。该功能在电动阀置于手动状态时，采用保护区现场设置试验火源的方法对探测器进行单点和多点测试，即测试相应功能。

五、自动消防水炮灭火系统常见故障及处理方法

自动消防水炮灭火系统常见故障及处理方法见表 2-9。

表 2-9 自动消防水炮灭火系统常见故障及处理方法

常见故障	故障原因	处理方法
同时开启水炮系统和湿式系统末端，水量明显不足	设计缺陷，系统合用	将水炮系统独立设置
水炮平时有滴水现象	1. 电动阀关闭不严； 2. 有杂质堵塞电动阀	1. 冲洗管道，清除杂质； 2. 更换电动阀
消防泵正常供水前压力不足，正常供水后压力正常	稳压系统的压力或流量不符合要求	1. 调整稳压泵的启停压力； 2. 水箱出水管管径太小，更换管道
对火点定位不准	1. 探测器选型不当； 2. 探测器被污染； 3. 传动机构不到位； 4. 水压不够	1. 检查定位器，更换或清洁探测器； 2. 检查传动机构和水压情况，联系维修
喷射装置不喷水	喷射装置的电动阀未打开	1. 检查开启电动阀的信号逻辑关系、控制信号的输出和模块； 2. 检查电动阀电动执行机构
传动机构转动不灵活，有异响	传动装置有卡阻	维修保养传动装置

续表 2-9

常见故障	故障原因	处理方法
射水方位正确，但射不到位	水压不足，没有达到喷水装置的标定工作压力	1. 检查管网阀门是否全开； 2. 检查电机工作是否正常； 3. 检查水泵流量压力是否符合要求
在没有着火的时候误喷，或模拟火灾时不喷	探测器的性能与环境情况、现场火灾特点不匹配	1. 更换探测器； 2. 按要求设置试验火源
现场手动控制盘不动作	1. 无线的电池无电； 2. 有线的线路连接松动； 3. 传动机构卡死	1. 更换电池； 2. 检查传动机构和线路，联系维修
设计为多只喷射器同时动作，在手动状态测试时与实际状况不符	探测器的探测距离未达到设计要求，或主机程序设置错误	1. 查探测器说明书，更换探测器； 2. 调整主机程序

第三章

消防供配电、消防应急照明及疏散指示系统

第一节 消防供配电系统

一、消防供配电系统的组成

消防电源及消防供配电系统是保证建筑安全的重要保障，是建筑发生火灾时消防设施正常发挥作用的保证，一个典型的消防供配电系统由电源、配电系统和消防用电设备三部分组成，如图 3-1、图 3-2 所示。

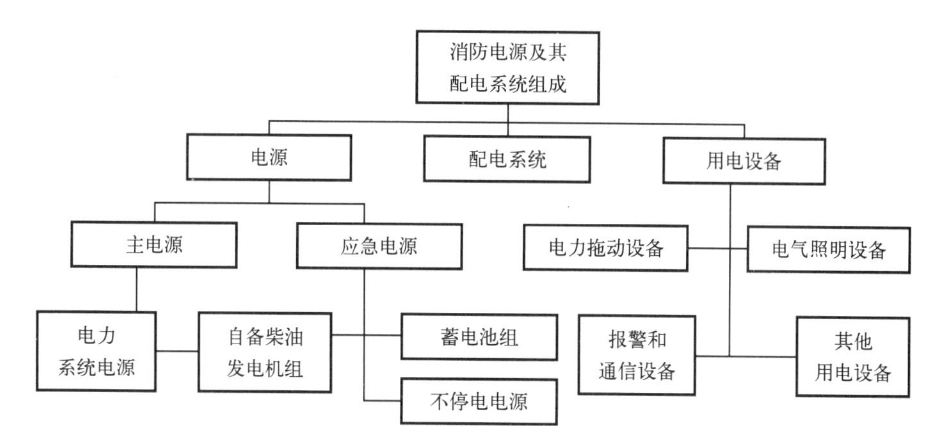

图 3-1　消防供配电设施的组成框架图

图 3-2　消防供配电系统的组成部分元件图

二、消防供配电系统的工作原理

消防供配电系统往往由几个不同用途的独立电源以一定方式相互连接起来，构成电力网络进行供电，这样可以提高供电的可靠性和经济性。消防电源供电应是双回路并在末端切换，消防用电设备应采用专用的供电回路，当建筑内的生产、生活用电被切断时，应仍能保证消防用电；备用消防电源的供电时间和容量应满足该建筑火灾延续时间内各消防用电设备的要求。

三、消防供配电系统的适用范围

消防供配电系统设置在任何具有消防负荷及任何具有消防用电设备的地方，一般包括对消防水泵、消防电梯、防烟排烟设备、火灾自动报警装置、自动灭火装置、火灾事故照明、疏散指示标志、火灾应急广播和电动的防火门、防火卷帘、阀门及消防控制室的各种控制装置等用电设备提供动力电源。消防供配电系统的可靠程度直接关系到是否能有效扑救火灾和组织人员的疏散。

根据供电可靠性及中断供电在政治、经济上所造成的损失或影响的程度，我国电力行业将电力负荷分为一级负荷、二级负荷及三级负荷。

根据建筑的使用性质、规模和火灾发生后消防扑救和人员疏散的难易程度，我国消防技术标准对不同建筑消防供电也相应分为一级负荷、二级负荷及三级负荷，不同负荷的供电电源有不同的要求。

1. 不同负荷的供电电源要求

（1）一级负荷的供电电源应符合：一级负荷应由两个电源供电，当一个电源发生故障时，另一个电源应不致同时受到损坏。结合我国目前的经济、技术条件和供电情况，凡具备表 3-1 所示条件之一的供电，可视为一级负荷供电。

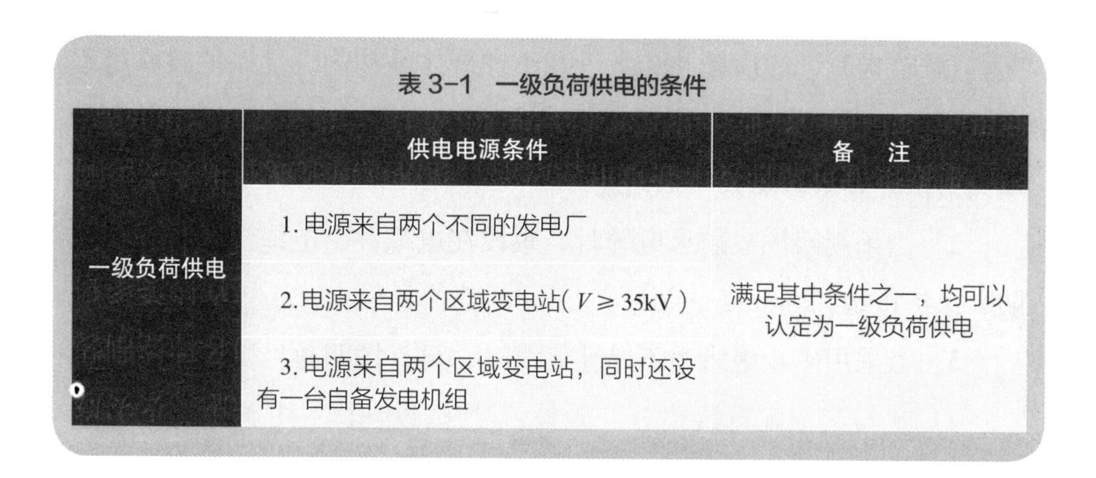
表 3-1　一级负荷供电的条件

	供电电源条件	备　注
一级负荷供电	1. 电源来自两个不同的发电厂	满足其中条件之一，均可以认定为一级负荷供电
	2. 电源来自两个区域变电站（$V \geq 35$kV）	
	3. 电源来自两个区域变电站，同时还设有一台自备发电机组	

（2）二级负荷的供电电源应符合：二级负荷应尽量做到当发生电力变压器故障或电力线路常见故障时不致中断供电。因此当地区供电条件允许且投资不高时，二级负荷宜由两个电源供电；在负荷较小或地区供电条件困难时，二级负荷可由 6kV 及以上专用架空线供电。

（3）三级负荷的供电电源应符合：三级负荷的供电应设有两台终端变压器，一用一备。

2. 消防供电线路要求

消防供电线路首先应保证线路的线芯截面能满足用电负荷、机械强度的要求，同时在布线上应符合下列要求：

（1）消防用电设备应采用单独的供电回路。当发生火灾时，切断生产、生活供电，应仍能保证消防供电，其配电设备应有明显标志。火灾报警控制器配电回路不应装设漏电保护装置。

（2）消防控制室、消防水泵、消防电梯、防烟排烟风机的两个电源或两回线路，应在最末一级配电箱处设置自动切换装置。

（3）从配电箱至消防设备应是放射性配电，在负荷的连接上不得将与消防无关的设备接入。

（4）消防用电设备的配电线路应满足火灾时连续供电的需要，其敷设应符合下列规定：

1）暗敷时，应穿管并应敷设在不燃烧体结构内，且保护层厚度不应小于30mm。明敷时（包括敷设在吊顶内）应穿金属管或封闭式金属线槽，并应采取防火保护措施。

2）当采用阻燃或耐火电缆时，敷设在电缆井、电缆沟内可不采取防火保护措施。

3）当采用矿物绝缘类不燃性电缆时，可直接明敷。

4）宜与其他配电线路分开敷设；当敷设在同一井沟内时，宜分别布置在井沟的两侧。

四、消防供配电设施验收与监督检查要点

1. 消防电源及其配电

（1）核对消防控制室、消防水泵、消防电梯、防排烟设施、火灾自动报警、漏电火灾报警系统、自动灭火系统、应急照明、疏散指示标志和电动的防火门、防火窗、防火卷帘、阀门等消防设备用电的负荷等级是否符合设计要求和现行国家有关标准的规定。

（2）检查消防配电线路。核查消防用电设备是否采用专用的供电回路，其配电线路的敷设及防火保护是否符合规范的要求。

（3）检查消防设备配电箱。消防设备配电箱应有区别于其他配电箱的明显标志，不同消防设备的配电箱应有明显区分标识；配电箱上的仪表、指示灯的显示应正常，开关及控制按钮应灵活可靠；查看消防控制室、消防水泵房、防烟与排烟风机房的消防用电设备及消防电梯等的供电是否在配电线路的最末一级配电箱设置自动切换装置。

（4）核对配电箱控制方式及操作程序是否符合设计要求并进行试验。自动控制方式下，手动切断消防主电源，观察备用消防电源的投

入及指示灯的显示；人工控制方式下，手动切断消防主电源，后闭合备用消防电源，观察备用消防电源的投入及指示灯的显示。

2. 自备发电机组

（1）查看发电机的规格、型号，检查容量、功率是否符合设计要求。

（2）发电机启动试验。自动控制方式启动发电机达到额定转速并发电的时间不应大于30s，发电机运行及输出功率、电压、频率、相位的显示均应正常；手动控制方式启动发电机，输出指标及信号显示正常；机房通风设施运行正常。

（3）柴油发电机储油设施检查。燃油标号应正确，储油箱的油量应能满足发电机运行3～8h的用量，油位显示应正常，储油箱应密闭，且应设置通向室外的通气管，通气管应设置带阻火器的呼吸阀。油品的下部应设置防止油品流散的设施。

3. 消防设备应急电源

（1）主要部件检查。检查消防设备应急电源材料（重点是电池的制造厂、型号和容量等）、结构是否与国家级检验机构出具的检验报告所描述的一致。

（2）功能检查。确认消防设备应急电源与由其供电的消防设备连接并接通主电源，处于正常监视状态。断开主电源，消防设备应急电源应能按标称的额定输出容量为消防设备供电，使由其供电的所有消防设备处于正常状态。

五、消防供配电系统常见故障及处理方法

消防供配电系统常见故障及处理方法见表3-2。

表 3-2 消防供配电系统常见故障及处理方法

故障现象	故障原因	解决方法
双电源切换箱处的主电显示灯不亮	1. 市电断电； 2. 主电供配电线路故障； 3. 主电供配电设备故障； 4. 双电源末端自动切换箱故障	1. 检查变压器高压侧市电引入电源是否断电； 2. 检查主电供配电线路是否存在故障点； 3. 检查主电供配电设备是否存在故障； 4. 双电源末端切换箱是否发生故障
双电源切换箱处的备电显示灯不亮	1. 备用电源本身发生故障； 2. 备用电源供配电线路故障； 3. 备用电源供配电设备故障； 4. 双电源末端自动切换箱故障	1. 检查备用电源能够正常供电； 2. 检查备用电源供配电线路是否存在故障点； 3. 检查备用电源供配电设备是否存在故障； 4. 检查双电源末端自动切换箱是否存在故障

第二节 消防应急照明和疏散指示系统

一、消防应急照明和疏散指示系统的分类和组成

消防应急照明和疏散指示系统按系统形式分为自带电源集中控制型（系统内可包括子母型消防应急灯具）、自带电源非集中控制型（系统内可包括子母型消防应急灯具）、集中电源非集中控制型、集中电源集中控制型，如图 3-3 所示。

（1）自带电源非集中控制型系统：由应急照明配电箱和消防应急灯具组成，如图 3-4 和图 3-5 所示。

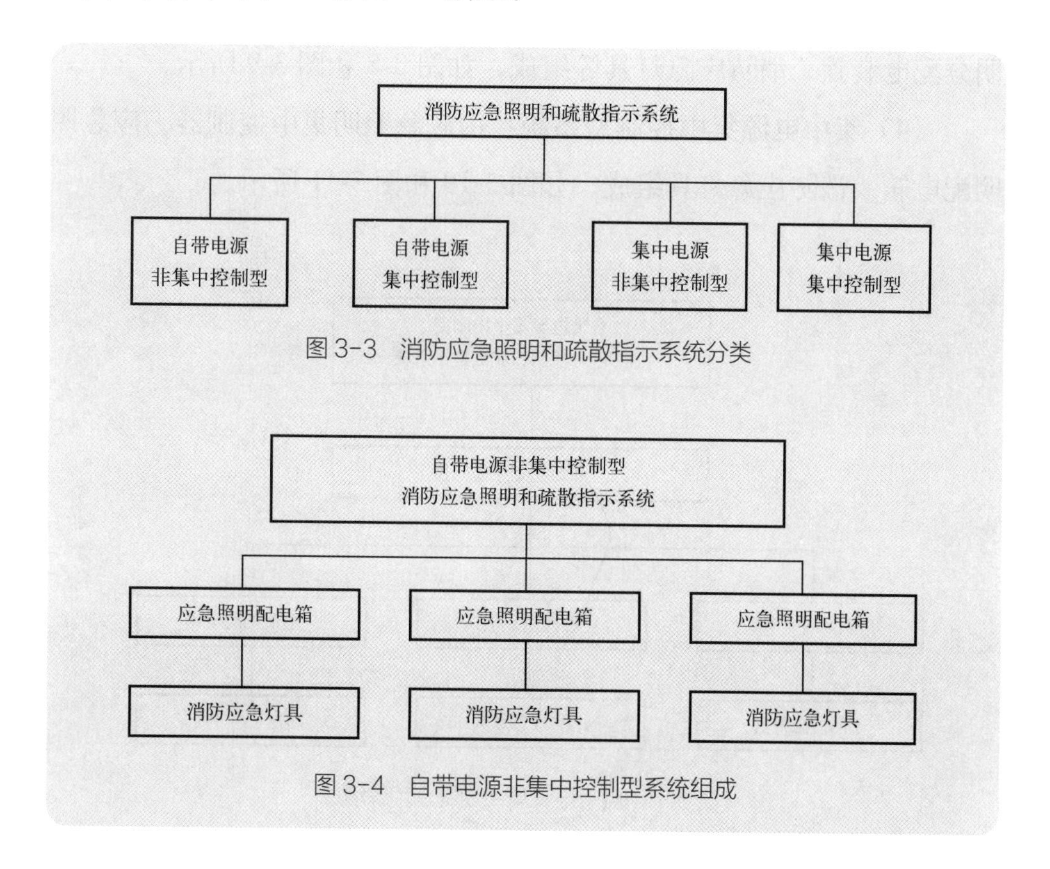

图 3-3　消防应急照明和疏散指示系统分类

图 3-4　自带电源非集中控制型系统组成

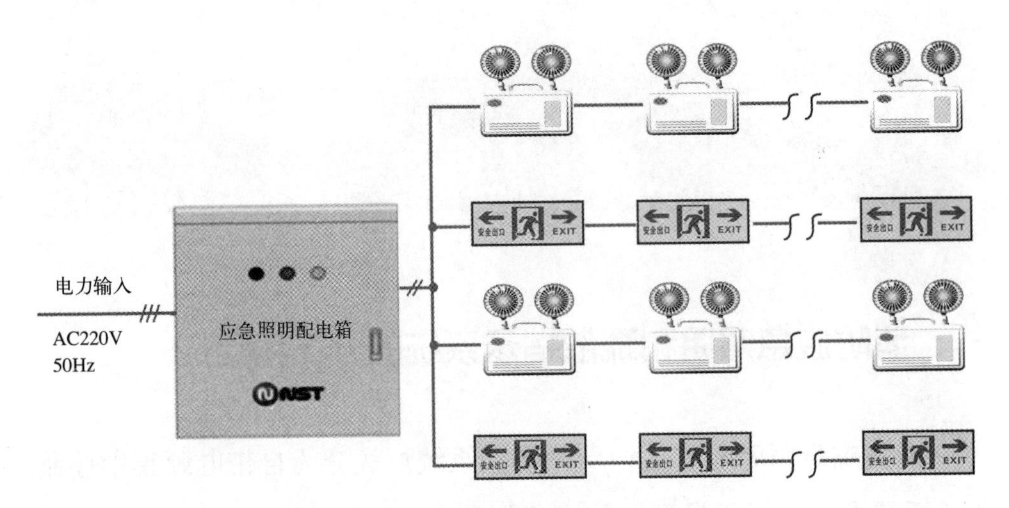

图 3-5　自带电源非集中控制型系统实物组成

注：——电力输入（AC220V/50Hz）

（2）自带电源集中控制型系统：由应急照明集中控制器、应急照明配电箱、消防应急灯具组成，如图 3-6 和图 3-7 所示。

（3）集中电源非集中控制型系统：由应急照明集中电源、应急照明分配电装置、消防应急灯具等组成，如图 3-8 和图 3-9 所示。

（4）集中电源集中控制型系统：由应急照明集中控制器、应急照明配电箱、消防应急灯具组成，如图 3-10 和图 3-11 所示。

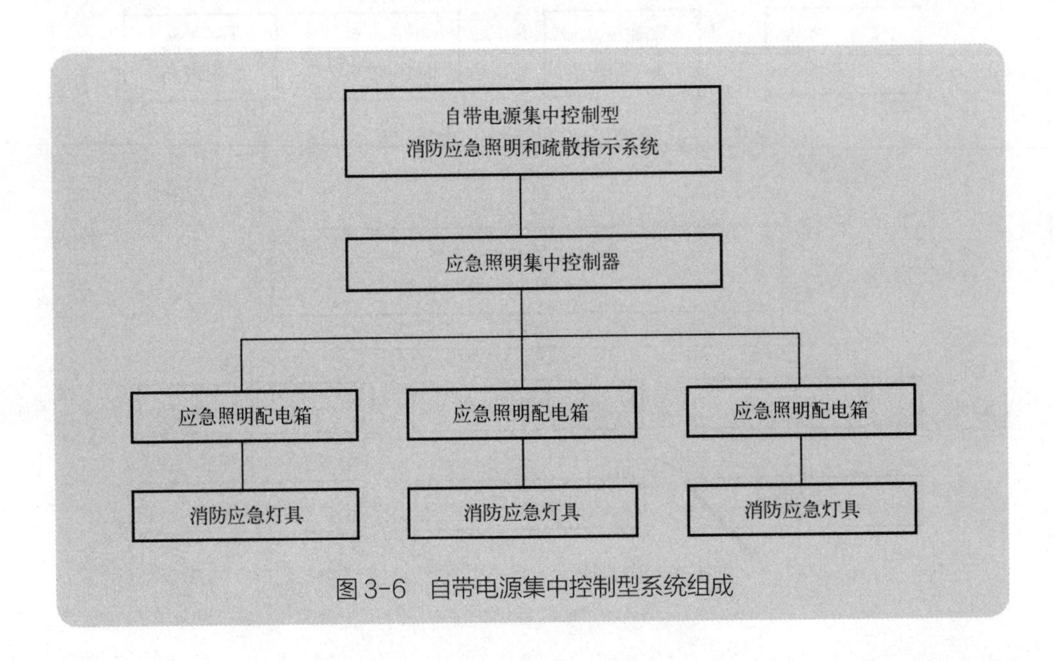

图 3-6　自带电源集中控制型系统组成

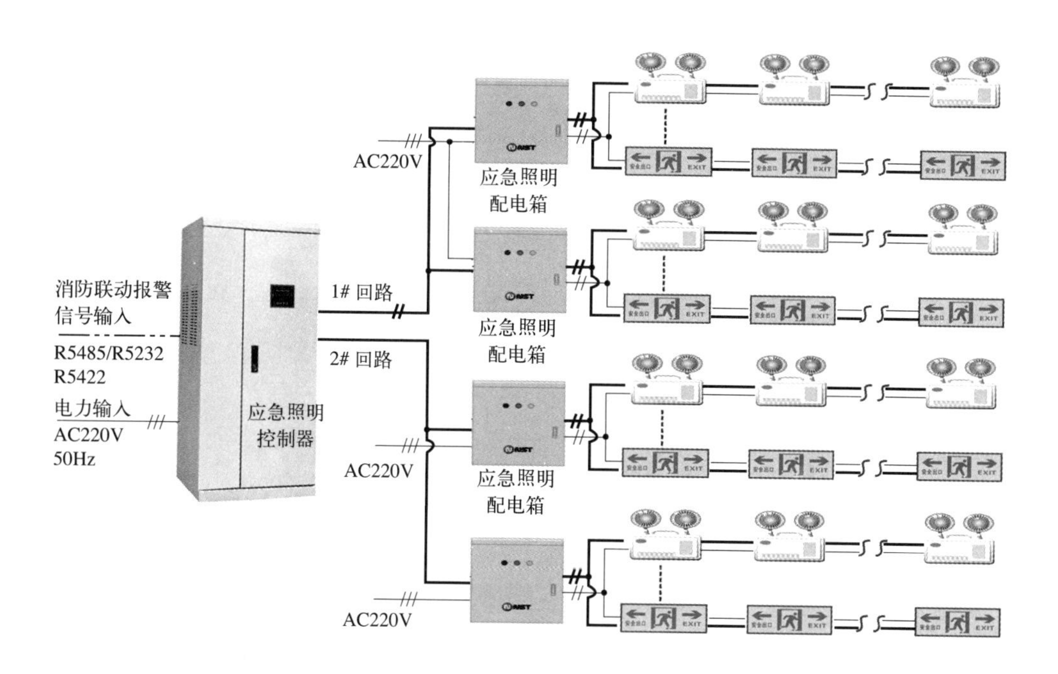

图 3-7　自带电源集中控制型系统实物组成

注：—— 通信线 NH—RV52；
—— 电力输入线（AC220V/50Hz）；
---- 消防联运报警信号输入线。

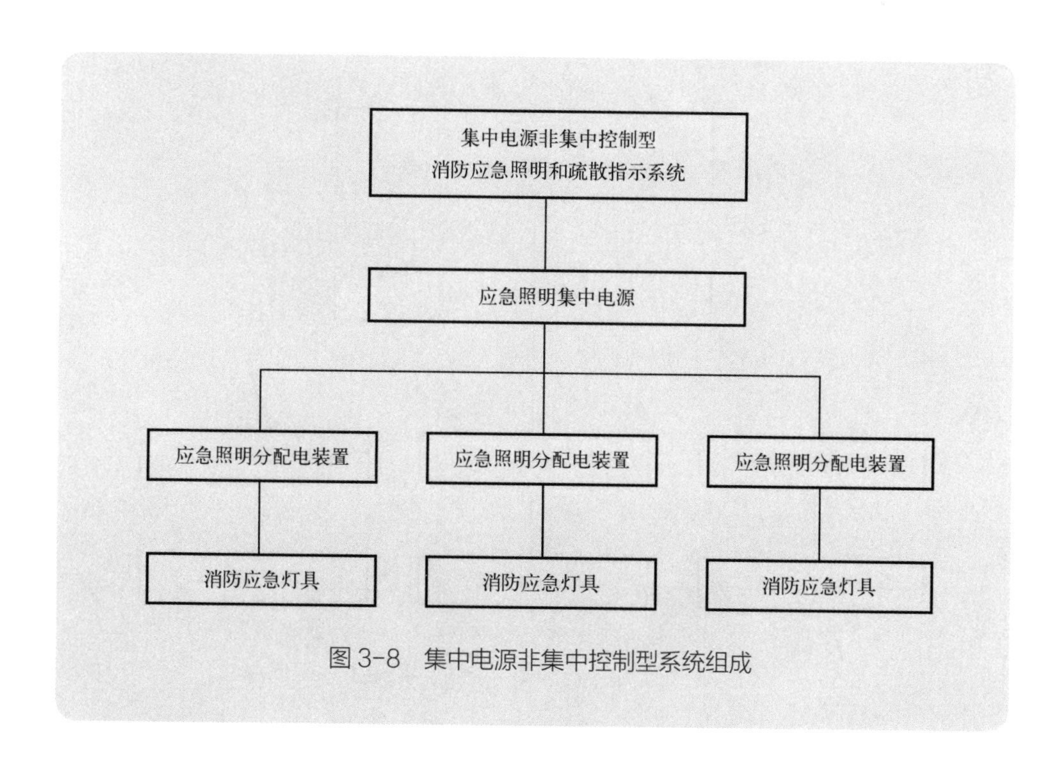

图 3-8　集中电源非集中控制型系统组成

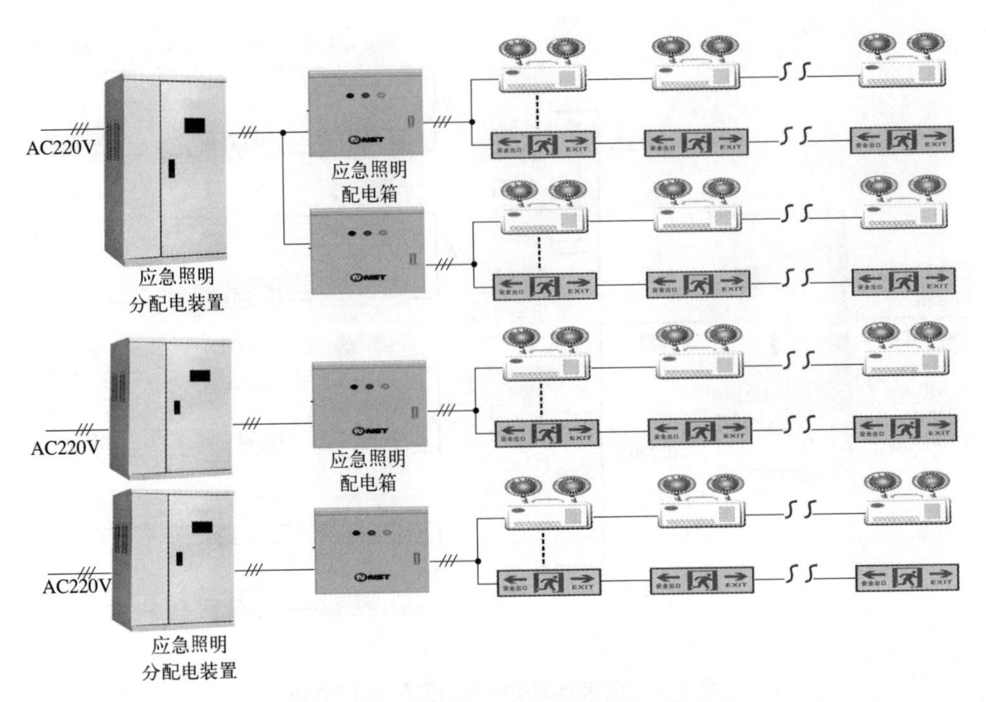

图 3-9 集中电源非集中控制型系统实物组成

注：——电力输入线（AC220V/50Hz）。

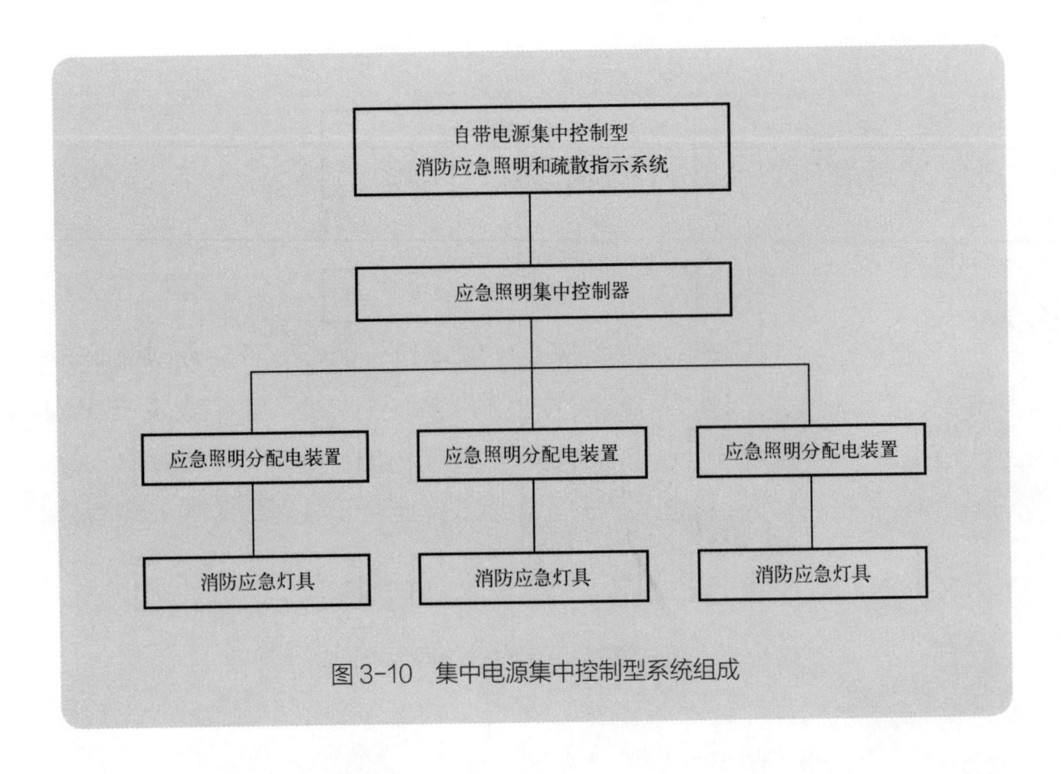

图 3-10 集中电源集中控制型系统组成

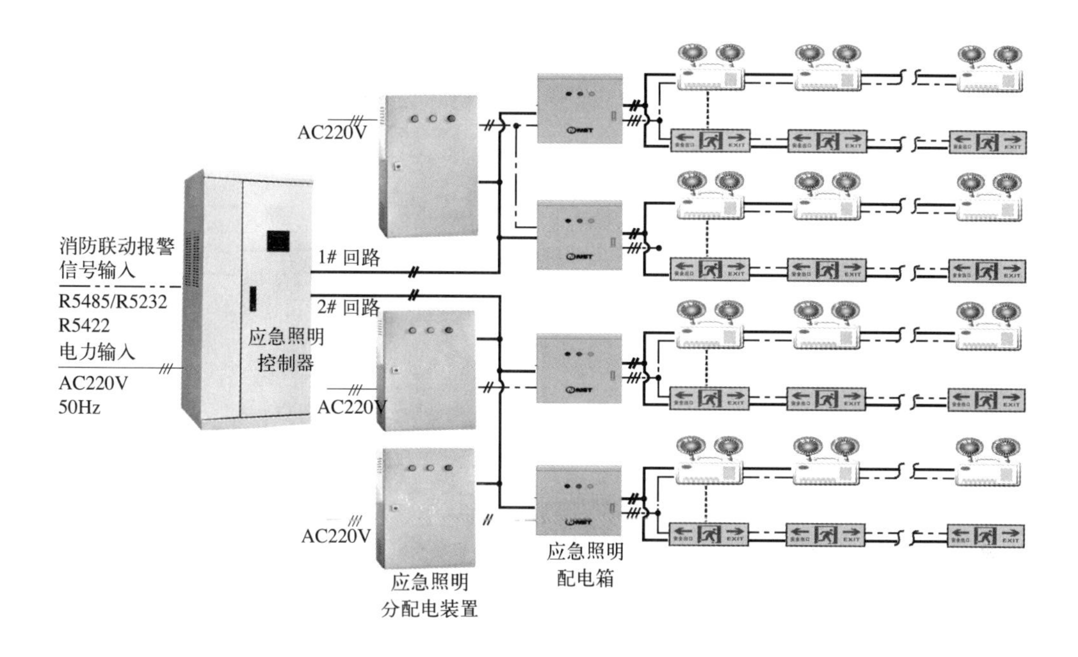

图 3-11 集中电源集中控制型系统实物组成

注：—— 通信线 NH—RV52；
—— 电力输入线（AC220V/50Hz）；
—·— 安全电压线（DC36V）；
---- 消防联动报警信号输入线。

二、消防应急照明和疏散指示系统的工作原理及工作流程

1. 自带电源非集中控制型系统工作原理

自带电源非集中控制型系统在正常工作状态时，主电通过应急照明配电箱为灯具供电，用于正常工作和蓄电池充电。发生火灾时，相关防火分区内的应急照明配电箱动作，切断消防应急灯具的主电供电线路，灯具的工作电源由灯具内部自带的蓄电池提供，灯具进入应急状态，为人员疏散和消防作业提供应急照明和疏散指示。如图 3-12 所示。

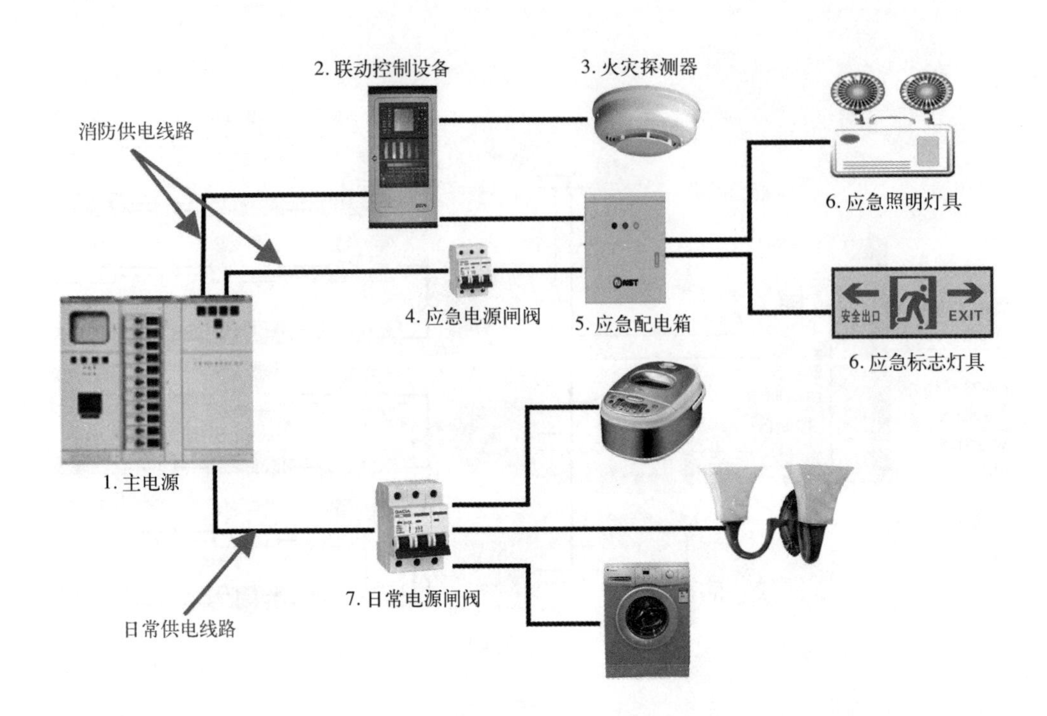

图 3-12　自带电源非集中控制型系统工作原理图

2. 自带电源集中控制型系统工作原理

自带电源集中控制型系统在正常工作状态时，主电通过应急照明配电箱为灯具供电，用于正常工作和蓄电池充电，应急照明控制器通过实时检测消防应急灯具的工作状态，实现灯具的集中监测和管理。发生火灾时，应急照明控制器接收到消防联动信号后，下发控制命令至消防应急灯具，控制应急照明配电箱和消防应急灯具转入应急状态，为人员疏散和消防作业提供照明和疏散指示。

3. 集中电源非集中控制型系统工作原理

集中电源非集中控制型系统在正常工作状态时，主电接入应急照明集中电源，用于正常工作和蓄电池充电，通过各防火分区设置的应急照明分配电装置将应急照明集中电源的输出提供给消防应急灯具。发生火灾时，应急照明集中电源的供电电源由主电切换至蓄电池，集中电源进入应急工作状态，通过应急照明分配电装置供电的消防应急灯具也进入应急工作状态，为人员疏散和消防作业提供照明和疏散指示。

4. 集中电源集中控制系统工作原理

集中电源集中控制型系统在正常工作状态时，主电接入应急照明集中电源，用于正常工作和蓄电池充电，通过各防火分区设置的应急照明分配电装置将应急照明集中电源的输出提供给消防应急灯具，应急照明控制器通过实时检测应急照明集中电源、应急照明分配电装置和消防应急灯具的工作状态，实现系统的集中监测和管理。发生火灾时，应急照明控制器接收到消防联动信号后，下发控制命令至应急照明集中电源、应急照明分配电装置和消防应急灯具，控制系统转入应急状态，为人员疏散和消防作业提供照明和疏散指示。如图 3-13 所示。

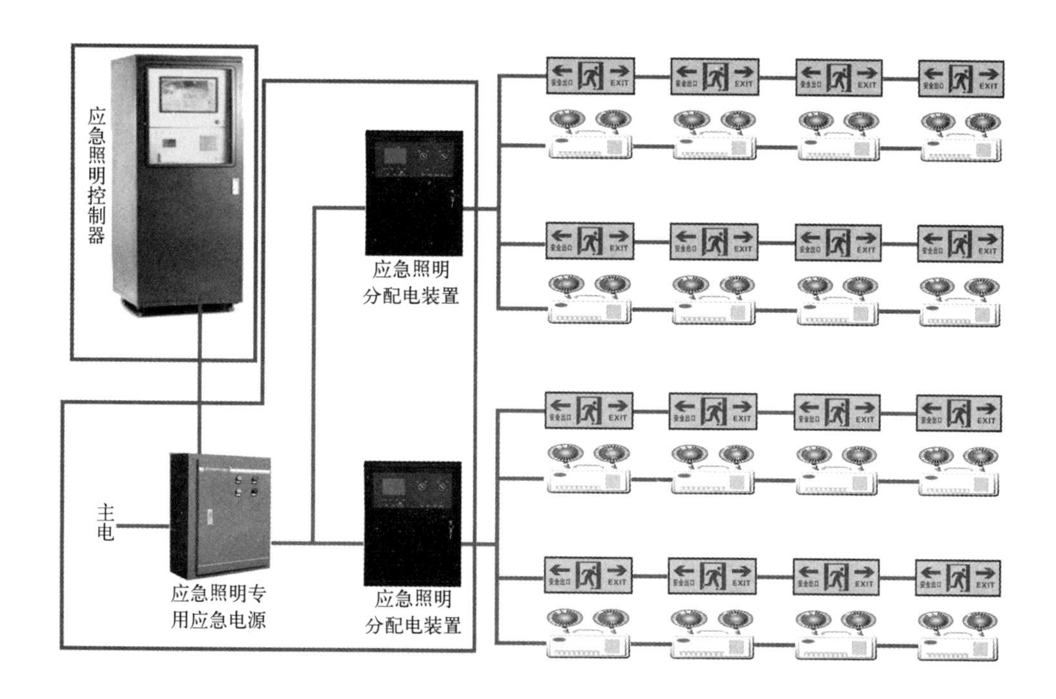

图 3-13　集中电源集中控制系统工作原理图

5. 系统工作流程

系统工作流程见图 3-14。

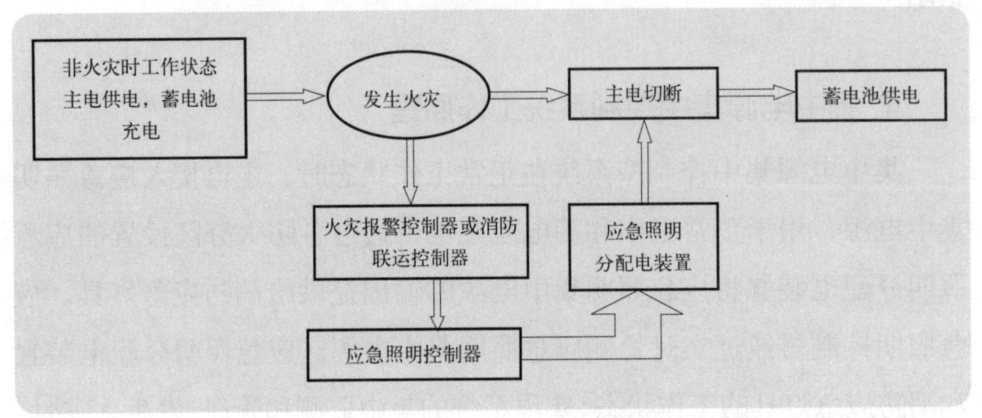

图 3-14　消防应急照明和疏散指示系统工作原理图

三、消防应急照明和疏散指示系统的适用范围及用途

1. 系统适用范围

（1）除建筑高度小于 27m 的住宅建筑外，民用建筑、厂房和丙类仓库的下列部位应设置疏散照明：

1）封闭楼梯间、防烟楼梯间及其前室、消防电梯间的前室或合用前室、避难走道、避难层（间）；

2）观众厅、展览厅、多功能厅和建筑面积大于 $200m^2$ 的营业厅、餐厅、演播室等人员密集的场所；

3）建筑面积大于 $100m^2$ 的地下或半地下公共活动场所；

4）公共建筑内的疏散走道；

5）人员密集的厂房内的生产场所及疏散走道。

（2）消防控制室、消防水泵房、自备发电机房、配电室、防排烟机房以及发生火灾时仍需正常工作的消防设备房应设置备用照明，其作业面的最低照度不应低于正常照明的照度。

（3）公共建筑、建筑高度大于 54m 的住宅建筑、高层厂房（库房）

和甲、乙、丙类单、多层厂房，应设置灯光疏散指示标志。

（4）下列建筑或场所应在疏散走道和主要疏散路径的地面上增设能保持视觉连续的灯光疏散指示标志或蓄光疏散指示标志。

1）总建筑面积大于 8000m^2 的展览建筑；

2）总建筑面积大于 5000m^2 的地上商店；

3）总建筑面积大于 500m^2 的地下或半地下商店；

4）歌舞娱乐放映游艺场所；

5）座位数超过 1500 个的电影院、剧场，座位数超过 3000 个的体育馆、会堂或礼堂；

6）车站、码头建筑和民用机场航站楼中建筑面积大于 3000m^2 的候车、候船厅和航站楼的公共区。

2. 系统用途

消防应急照明和疏散指示系统是由各类消防应急灯具及相关装置组成，为人员疏散、消防作业提供照明和疏散指示的系统。系统用途主要包括：

（1）设置疏散照明可以使人们在正常照明电源被切断后，仍能以较快的速度逃生，是保证和有效引导人员疏散的设施。

（2）合理设置疏散指示标志，能更好地帮助人员快速、安全地进行疏散。对于空间较大的场所，人们在火灾时依靠疏散照明的照度难以看清较大范围的情况，依靠行走路线上的疏散指示标志，可以及时识别疏散位置和方向，缩短到达安全出口的时间。

四、消防应急照明和疏散指示系统的检查方法

1. 消防应急灯具的检查方法

（1）消防应急灯具产品一致性检查：逐一核对相关认证认可或技

术鉴定证书，比对证书与产品的一致性，应符合市场准入制度的要求和有关法律法规和产业政策的规定。

（2）消防应急灯具基本功能检查：接通消防应急灯具的主电源，使其处于主电工作状态。切断试样的主电源，观察试样应急转换情况，并检查有无影响应急功能的开关。再次接通消防应急灯具的主电源，观察其是否能自动恢复到主电工作状态。

（3）消防应急灯具照度检查：

1）建筑内疏散照明的地面最低水平照度应符合下列规定：

① 对于疏散走道，不应低于 1.0 lx；

② 对于人员密集场所、避难层（间），不应低于 3.0 lx；对于病房楼或手术部的避难间，不应低于 10.0 lx；

③ 对于楼梯间、前室或合用前室、避难走道，不应低于 5.0 lx；

④ 消防控制室、消防水泵房、自备发电机房、配电室、防排烟机房以及发生火灾时仍需正常工作的消防设备房应设置备用照明，其作业面的最低照度不应低于正常照明的照度。

2）检查方法：仪器测量。

3）检测器具：照度计。

（4）消防应急灯具设置位置检查方法：

设置位置的要求：疏散照明灯具应设置在出口的顶部、墙面的上部或顶棚上，备用照明灯具应设置在墙面的上部或顶棚上。

2. 疏散指示标志的检查方法

（1）设置位置的要求：应设置在疏散走道及其转角处距地面高度 1.0m 以下的墙面或地面上，灯光疏散指示标志的间距不应大于 20m；对于袋形走道，不应大于 10m；在走道转角区，不应大于 1.0m。

（2）检查方法：目测、仪器测量。

（3）检测器具：卷尺。

3. 消防应急照明和疏散指示系统整机性能的检查方法

（1）系统的应急转换时间不应大于 5s，高危险区域使用的系统的应急转换时间不应大于 0.25s。

（2）系统的应急工作时间不应小于 90min。

（3）照明灯具的状态指示灯可采用一个三色指示灯，灯具处于主电工作状态时亮绿色，充电状态时亮红色，故障状态或不能完成自检功能时亮黄色。

4. 应急照明集中电源的检查方法

（1）应急照明集中电源应设主电、充电、故障和应急状态指示灯，主电状态用绿色，故障状态用黄色，充电状态和应急状态用红色。

（2）应急照明集中电源应设模拟主电源供电故障的自复式试验按钮（或开关），不应设影响应急功能的开关。

（3）应急照明集中电源在下述情况下应发出故障声、光信号，并指示故障的类型：

1）充电器与电池之间连接线开路；

2）应急输出回路开路；

3）在应急状态下，电池电压低于过放保护电压值。

5. 应急照明配电箱的检查方法

（1）双路输入型的应急照明配电箱在正常供电电源发生故障时应能自动投入到备用供电电源。

（2）应急照明配电箱应能接收应急转换联动控制信号，切断供电电源，使连接的灯具转入应急状态，并发出反馈信号。

五、消防应急照明和疏散指示系统常见故障及原因分析

（1）建筑内消防应急照明灯具的照度不够。主要原因是：消防应急照明灯具产品质量缺陷；设计不符合设置场所照度要求；验收过程中未对应急照明灯具照度进行专项测试；消防应急照明灯具使用年限过长，陈旧老化。

（2）用普通灯具代替消防应急照明灯具。主要原因是：当采用双电源供电或集中蓄电池作应急照明电源时，一些场所为节约成本，用普通灯具替代消防应急照明灯具。

（3）消防控制室、消防水泵房、配电室和自备发电机房、电话总机房以及发生火灾时仍需坚持工作的其他房间的消防应急照明灯具选型错误。主要原因是：对技术规范理解不透，未准确把握该类场所设置消防应急照明的延续时间要求，将一些照明延续时间短的自带电源型消防应急照明灯具用于此类场所的火灾应急照明。

（4）安全出口及疏散指示标志指示方向不正确。主要原因是：对于位于走道中间的安全出口或疏散门，只在其正上方设置“安全出口”指示标志，由于该标志设置在墙面上，平行于走道，不容易被直接观察到，不利于人们紧急状态的疏散。

（5）疏散指示标志被遮挡。主要原因是：部分商场、超市等人员密集场所为了营销需要，在场所内大量悬挂宣传单、广告画，在疏散通道上堆放花车等物品，遮挡了疏散指示标志。

（6）地面辅助疏散指示标志难以起到连续的视觉效果。主要原因是：地面辅助疏散指示标志的设置距离不符合规范要求。

（7）火灾应急照明和疏散指示标志在应急状态不亮。主要原因是：一些场所为节约用电起见，将每只火灾应急照明灯的线路连接到附近普通照明灯具的控制开关上，有人时开启，无人时关闭，致使火灾应急照明只能当作普通照明灯具使用。

第四章

火灾自动报警系统

根据《火灾自动报警系统设计规范》GB 50116—2013的规定，火灾自动报警系统由火灾探测报警系统、消防联动控制系统、火灾预警系统、消防设备电源监控系统四部分组成。

第一节 火灾探测报警及消防联动控制系统

一、火灾探测报警及消防联动控制系统的组成

火灾探测报警及消防联动控制系统是探测火灾早期特征，发出火灾报警信号，为人员疏散、防止火灾蔓延和联动启动自动灭火设备提供控制与指示的消防系统。由火灾报警控制器（联动型）、火灾探测器、手动报警按钮、火灾警报器、消防电话、消防电气控制装置（气体灭火控制器、防火卷帘控制器、防火门监控器、应急广播控制器、应急照明控制器等）、消防控制室图形显示装置等组成，见图4-1、图4-2、图4-3。

二、火灾探测报警及消防联动控制系统的工作原理

火灾发生时，安装在保护区域现场的火灾探测器将产生的烟雾、热量和光辐射等火灾特征参数转变为电信号，由火灾探测器作出报警判断，将报警信息传输到火灾报警控制器，显示发出火灾报警探测器的部位，记录探测器火灾报警的时间。处于火灾现场的人员，在发现火灾后可立即触动安装在现场的手动火灾报警按钮，火灾报警控制器在接收到报警信息后，显示发出火灾手动报警按钮的部位，记录手动火灾报警按钮报警时间。火灾报警控制器在确认火灾探测器和手动火

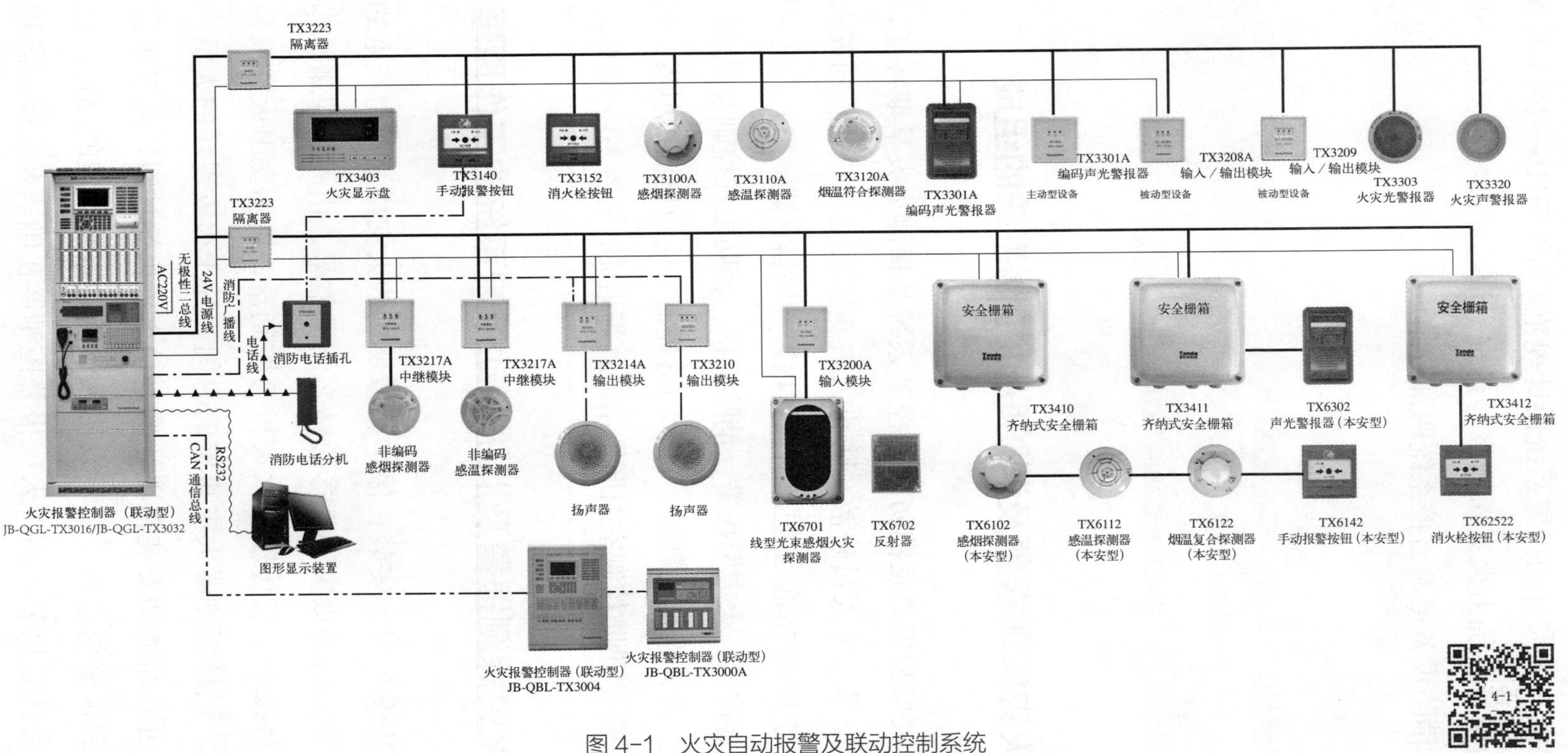

图 4-1 火灾自动报警及联动控制系统

注：——无极性二总线 NH-RVS-2×1.5mm^2；- - - - CAN 通信总线 NH-RVSP-2×1.0mm^2；
—— DC24V 电源线 NH-BV-2×1.5mm^2；～～～ RS232 通信线 NH-RVS-2×2.5mm^2；—·—广播控制线 NH-BV-2×1.5mm^2。

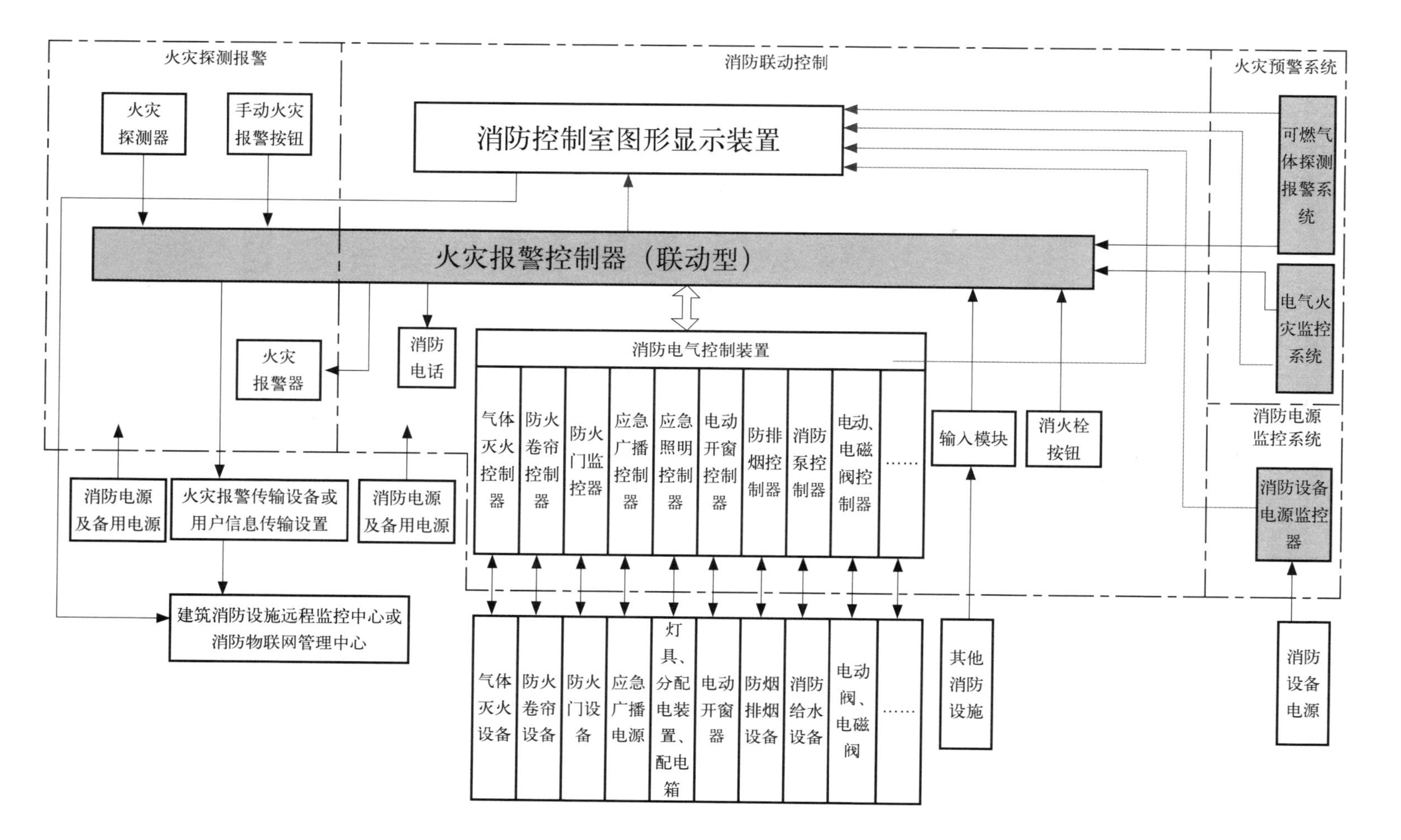

图 4-2 火灾自动报警系统及联动控制系统设计示意图

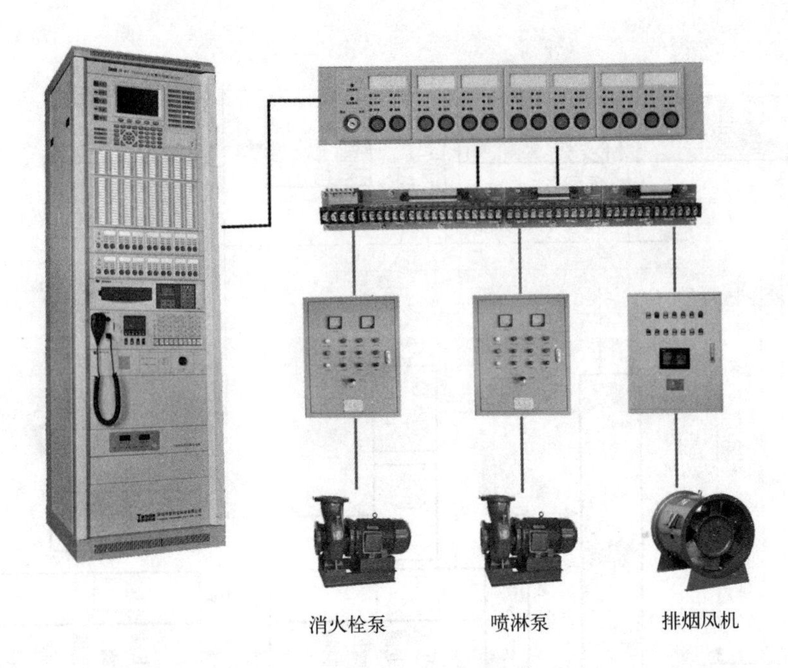

图 4-3　多线控制示意图

灾报警按钮的报警信息后，驱动安装在被保护区域现场的火灾警报装置，发出火灾警报，警示处于被保护区域内的人员火灾的发生。对于需要联动控制的自动消防系统（设施）；消防联动控制器按照预设的逻辑关系对接收到的报警信息进行识别判断，若逻辑关系满足，便按照预设的控制时序启动相应消防系统（设施），消防控制室的管理人员也可以通过操作消防联动控制器的手动控制盘直接启动相应的消防系统（设施），从而实现相应消防系统（设施）预设的消防功能。消防系统（设施）的动作的反馈信号传输至火灾报警控制器显示，工作原理见图 4-4。

三、火灾探测报警及消防联动控制系统的适用范围

（1）任一层建筑面积大于 1500m^2 或总建筑面积大于 3000m^2 的制鞋、制衣、玩具、电子等类似用途的厂房。

（2）每座占地面积大于 1000m^2 的棉、毛、丝、麻、化纤及其制

品的仓库。占地面积大于500m^2或总建筑面积大于1000m^2的卷烟仓库。

（3）任一层建筑面积大于1500m^2或总建筑面积大于3000m^2的商店、展览、财贸金融、客运和货运等类似用途的建筑，总建筑面积大于500m^2的地下或半地下商店。

（4）图书或文物的珍藏库，每座藏书超过50万册的图书馆，重要的档案室。

（5）地市级及以上广播电视建筑、邮政建筑、电信建筑，城市或区域性电力、交通和防灾等指挥调度建筑。

（6）特等、甲等剧场，座位数超过1500个的其他等级的剧场或电影院，座位数超过2000个的会堂或礼堂，座位数超过3000个的体育馆。

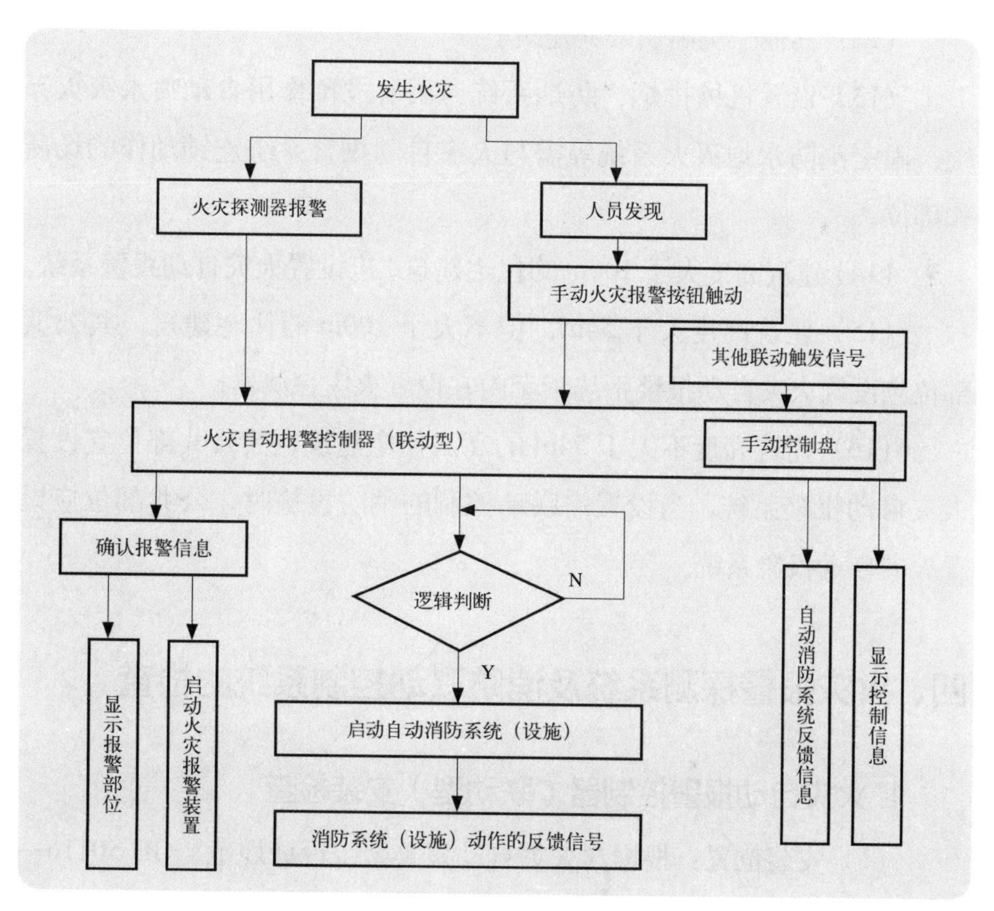

图4-4　系统工作原理图

(7) 大、中型幼儿园的儿童用房等场所，老年人建筑，任一层建筑面积 1500m^2 或总建筑面积大于 3000m^2 的疗养院的病房楼、旅馆建筑和其他儿童活动场所，不少于 200 床位的医院门诊楼、病房楼和手术部等。

(8) 歌舞、娱乐、放映、游艺场所。

(9) 净高大于 2.6m 且可燃物较多的技术夹层，净高大于 0.8m 且有可燃物的闷顶或吊顶内。

(10) 大、中型电子计算机房及其控制室、记录介质库，特殊贵重或火灾危险性大的机器、仪表、仪器设备室、贵重物品库房，设置气体灭火系统的房间。

(11) 二类高层公共建筑内建筑面积大于 50m^2 的可燃物品库房和建筑面积大于 500m^2 的营业厅。

(12) 其他一类高层公共建筑。

(13) 设置机械排烟、防烟系统、雨淋或预作用自动喷水灭火系统、固定消防水炮灭火系统等需与火灾自动报警系统连锁动作的场所和部位。

(14) 建筑高度大于 100m 的住宅建筑，应设置火灾自动报警系统。

(15) 建筑高度大于 54m，但不大于 100m 的住宅建筑，其公共部位应设置火灾自动报警系统，套内宜设置火灾探测器。

(16) 建筑高度不大于 54m 的高层住宅建筑，其公共部位宜设置火灾自动报警系统，当设置需联动控制的消防设施时，公共部位应设置火灾自动报警系统。

四、火灾报警探测系统及消防联动控制系统的检查

1. 火灾自动报警控制器（联动型）安装检查

(1) 安装位置：根据《火灾自动报警系统设计规范》GB 50116—2013 第 6.1.1 条的规定，火灾报警控制器和消防联动控制器，应设置在

消防控制室内或有人值班的房间和场所。

（2）火灾报警控制器主机面盘后的维修距离不宜小于 1m。设备面盘前的操作距离，单列布置时不应小于 1.5m；双列布置时不应小于 2m。设备面盘至墙的距离不小于 3m。壁挂安装时，其主显示屏高度宜为 1.5 ~ 1.8m。安装示意图（见图 4-5、图 4-6）。

（3）火灾报警控制器主机电源的使用，采用双电源切换箱，不能采用插头和漏电开关，如图 4-7 所示。

（4）检查主机接地线是否达到规范要求，当采用独立工作接地时电阻应小于 4Ω，当采用联合接地时，接地电阻应小于 1Ω，控制室引

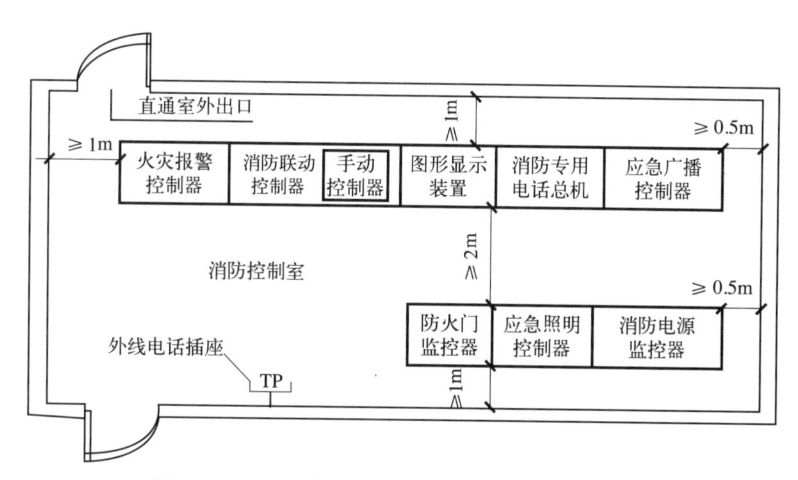

图 4-5　设备面盘双列布置的消防控制室布置图

图 4-6　消控控制室实物布置图

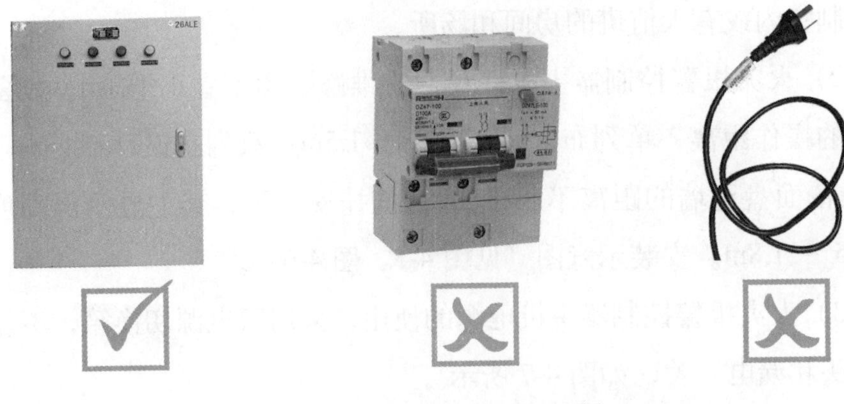

图 4-7　主机电源使用示例

至接地体的接地干线应采用一根不小于 16mm² 的绝缘铜线或独芯电缆，穿入保护管后，两端分别压接在控制设备工作接地板和室外接地体上。消防控制室的工作接地板引至各消防控制设备和火灾报警控制器的工作接地线应采用不小于 4mm² 铜芯绝缘线，如图 4-8 所示。

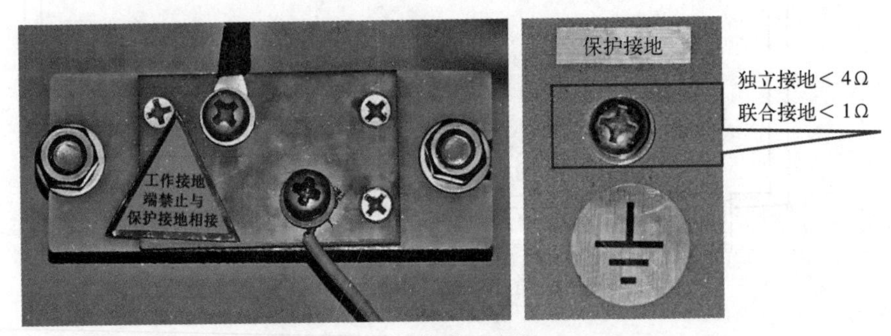

图 4-8　主机接地示意图

2. 火灾自动报警控制器（联动型）主机功能检查

（1）主机应该正常工作时显示工作正常，主机处于自动状态，打印机处于就绪状态。目测主机显示系统正常，打印机工作指示等点亮。

（2）根据《火灾报警控制器》GB 4717—2005 第 5.2.7 条的规定，主机自检功能：自检期间受控的外部设和输出节点不应动作；自检应能检查控制器所有指示灯、报警声音。按下“自检”指示灯相应指示灯顺序点亮，控制器发出各种预设报警声音，如图 4-9 所示。

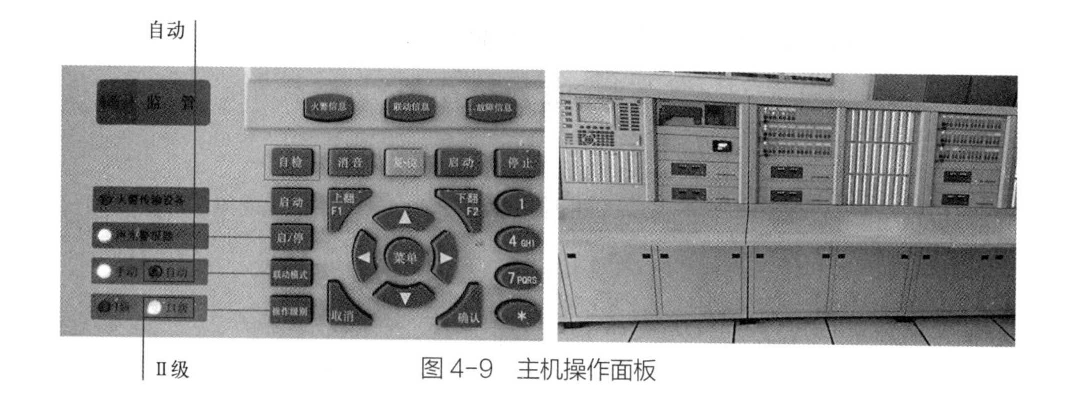

图 4-9　主机操作面板

（3）根据《火灾报警控制器标准》GB 4717—2005 第 5.2.5.1 条的规定，控制器应用专用屏敝总指示灯，无论控制器处于何种状态，只要有屏蔽存在，该屏蔽指示灯应点亮。

（4）根据《火灾报警控制器标准》GB 4717—2005 第 5.2.10.1 条的规定，控制器电源部分应具有主电源和备用电源切换装置。当主电源断电时能自动转换到备用电源；主电恢复时，能自动转换到主电源；应有主、备电源工作状态指示，主电源应有过流保护措施。主、备电源切换不能使控制器误动作。

（5）根据《火灾自动报警系统设计规范》GB 50116—2013 第 3.1.5 条的规定，任一台火灾报警控制器所连接火灾探测器、手动火灾报警按钮和模块等设备总数和地址总数，均不应超过 3200 点。第 3.1.6 条规定系统总线上应设置总线短路隔离器，每只总线短路隔离器保护的火灾探测器、手动火灾报警按钮和模块等消防设备总数不应超过 32 点。

（6）根据《火灾报警控制器标准》GB 4717—2005 第 5.2.9.2 条的规定，集中控制器应能接收和显示各区域控制器的火灾报警、火灾报警控制、故障报警、自检等各种完整信息，进入相应状态，并应能向区域控制器发出指令。

（7）核对主机设备登陆情况，与设计图纸点位数量是否一致。

（8）测试火警和故障及记录时间。

火警测试：根据《火灾报警控制器标准》GB 4717—2005 第 5.2.2.2 条的规定，当有火灾探测器火警报警信号输入时，控制器应能在 10s 内发出火灾报警声、光信号。

故障测试：根据《火灾报警控制器标准》GB 4717—2005 第 5.2.4.2 条的规定，当控制器内部、控制器与其连接的部件间发生故障时，控制器应在 100s 内发出与火灾报警信号有明显区别的故障声、光信号。

（9）火灾报警控制器启动和停止火灾声光报警器。

（10）现场模拟火灾探测器和按下手动报警按钮，检查报警主机接收到报警信号后是否启动现场声光警报装置，按照预设联动关系联动现场自动消防设施，并且接收反馈信息。

（11）根据《消防联动控制系统标准》GB 16806—2006 第 4.2.2.1 条的规定，消防联动控制器应能按设定的逻辑直接或间接控制其连接的各类受控消防设备（以下称受控设备），并设独立的启动总指示灯；只要有受控设备启动信号发出，该启动总指示灯应点亮。

（12）根据《消防联动控制系统标准》GB 16806—2006 第 4.2.2.7 条的规定，消防联动控制器应具有对每个受控设备进行手动控制的功能。通过控制器主机操作菜单，输入设备定义二次编码对受控设备进行手动启动和停止。或者事先把受控总线设备定义在总线制操作盘上，按下操作键对设备进行启停。

（13）主要检查火灾自动报警控制器与现场气体灭火控制器、防火卷帘控制器、防火门控制器、应急照明控制器、消防广播系统、电动开窗控制器、防排烟控制器、消防泵控制器等通信是否正常，能否接收到各控制器各种状态反馈信号。当发生火灾时消防自动报警控制器发出的命令各控制器能否正常响应。

（14）常见故障原因及处理方法，如表 4-1 所示。

表 4-1 常见故障原因及处理方法

故障现象	原因分析	处理方法
显示屏花屏 / 无显示	1. 检查主板上液晶屏排线。 2. 液晶屏损坏	1. 检查主板上液晶屏排线。 2. 更换液晶屏
面板按键失灵	1. 检查主板与按键板之间的连接排线。 2. 按键板氧化严重，接触不良	1. 检查主板与按键板之间的连接排线。 2. 更换按键板
主机内部喇叭不响	1. 检查主机菜单，是否设置喇叭静音。 2. 喇叭线没有可靠连接。 3. 喇叭损坏	1. 取消喇叭静音设置。 2. 连接喇叭线。 3. 更换喇叭
控制器无法开机 / 死机	1. 检查内部电源 24V 输出电压是否正常。 2. 检查 DC-DC 直流转换器 5V 电压是否正常。 3. 使用备电开机时，电池电压是否正常。 4. 断开外部线路，检查是否因外接线导致死机。 5. 打印机电流过大或者损坏。 6. 主板损坏，程序丢失，检查程序丢失原因	1. 检查内部电源 24V 输出电压是否正常。 2. 检查 DC-DC 直流转换器 5V 电压是否正常。 3. 使用备电开机时，电池电压是否正常。 4. 断开外部线路，检查是否因外接线导致死机。 5. 更换打印机。 6. 主板损坏，程序丢失，检查程序丢失原因
主机自动重新登录	检查电源是否处于故障状态下，输出电压不稳定，导致主机运行不正常。	检查主机电源
控制器报系统故障	1. 主板与母板之间的排线接触不良。 2. 主板损坏	1. 主板与母板之间的排线接触不良。 2. 更换主板
总线短路	1. 检查外接总线的线间电阻（线间电阻，不应小于 500Ω，不接终端适配器或终端电阻的情况下，应该大于 10K）。 2. 回路卡损坏。 3. 固定回路报短路，如不是现场线路问题、回路卡问题，那更换插槽底板试一下	1. 检查外接总线的线间电阻。 2. 更换回路卡。 3. 更换插槽底板
总线无输出电压	1. 总线短路，回路保护。 2. 回路卡损坏。 3. 总线滤波器损坏，回路短路保护	1. 总线短路，回路保护。 2. 更换回路卡。 3. 总线滤波器损坏，回路短路保护

3. 现场设备检查

（1）点型光电感烟探测器，如图 4-10 所示。

1）工作原理。

它是利用起火时产生的烟雾能够改变光的传播特性这一基本性质而研制的。

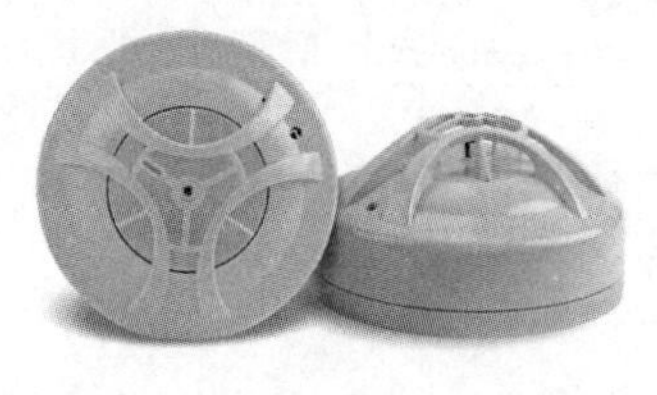

图 4-10　点型光电感烟探测器

2）适用范围。

根据《火灾自动报警系统设计规范》GB 50116—2013 第 5.2.2 条，下列场所宜选择点型感烟火灾探测器：

① 饭店、旅馆、教学楼、办公楼的厅堂、卧室、办公室、商场、列车载客车厢等；

② 计算机房、通信机房、电影或电视放映室等；

③ 楼梯、走道、电梯机房、车库等；

④ 书库、档案室等。

3）安装方式：吸顶式安装。

检验方式：用加烟器施加试验烟，模拟火警产生烟雾，探测器指示灯能作出相应指示，并向火灾控制器发出火警信息。

（2）感温探测器，如图 4-11 所示。

1）工作原理。

物质在燃烧过程中释放出大量的热量，周围环境温度急剧上升。探测器中的热敏元件发生物理变化，从而将温度信号转变成电信号，并进行报警处理。

图 4-11　感温探测器

2）适用范围。

① 相对湿度经常大于 95%；

② 可能发生无烟火灾；

③ 有大量粉尘；

④ 吸烟室等在正常情况下有烟或蒸汽滞

留的场所；

⑤ 厨房、锅炉房、发电机房、烘干车间等不宜安装感烟探测器的场所；

⑥ 需要联动熄灭“安全出口”标准等的安全出口内侧；

⑦ 其他无人滞留且不适合安装感烟探测器，但发生火灾时需要及时报警的场所。

3）安装方式：吸顶式安装。

4）检查内容：模拟火警产生相应温度变化，探测器指示灯能作出相应指示，并向火灾控制器发出火警信息。

（3）烟温复合探测器，如图 4-12 所示。

1）工作原理。

复合式感烟感温火灾探测器是由烟雾传感器件和半导体温度传感器件从工艺结构和电路结构上共同构成的多元复合探测器。它不仅具有传统光电感烟火灾探测器的性能，而且兼有定温、差定温感温火灾探测器的性能。

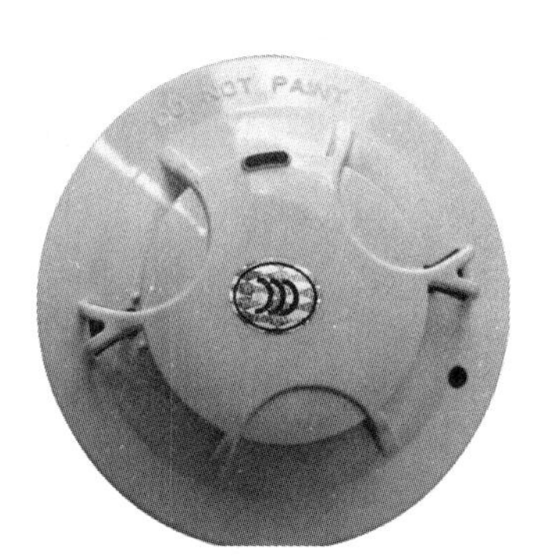

图 4-12　烟温复合探测器

2）应用场所。

通信基站、环境监控、安防监控、智能小区、楼宇对讲、仪器仪表、工控自动化、设备机房、变电站安全、隧道安全、特殊区域、空调电梯维护、以太网远程监控等工程。

3）检查内容。

模拟火警产生烟雾，探测器指示灯能作出相应指示，并向火灾控制器发出火警信息。

模拟火警产生相应温度变化，探测器指示灯能作出相应指示，并向火灾控制器发出火警信息。

（4）线型光束感烟探测器，如图 4-13 所示。

1）工作原理，如图 4-14 所示。

相邻两组探测器水平距离不应大于 14m，探测器与反射板之间的距离不超过 100m。

2）适用范围。

① 无遮挡的大空间或有特殊要求的房间，宜选择红外光束感烟探测器。

② 符合下列之一的场所，不宜选择红外光束感烟探测器：有大量粉尘、水雾滞留； 可能产生蒸气和油雾； 在正常情况下有烟滞留；探

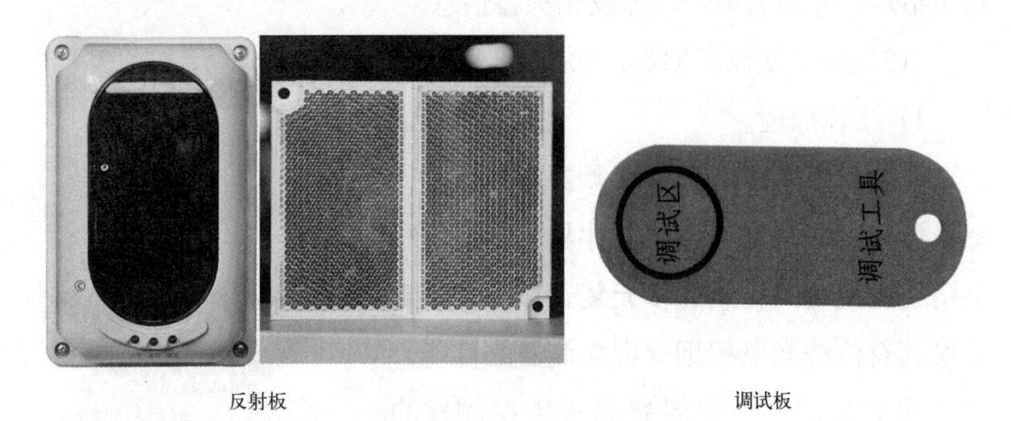

反射板　　调试板

图 4-13　线型光束感烟探测器

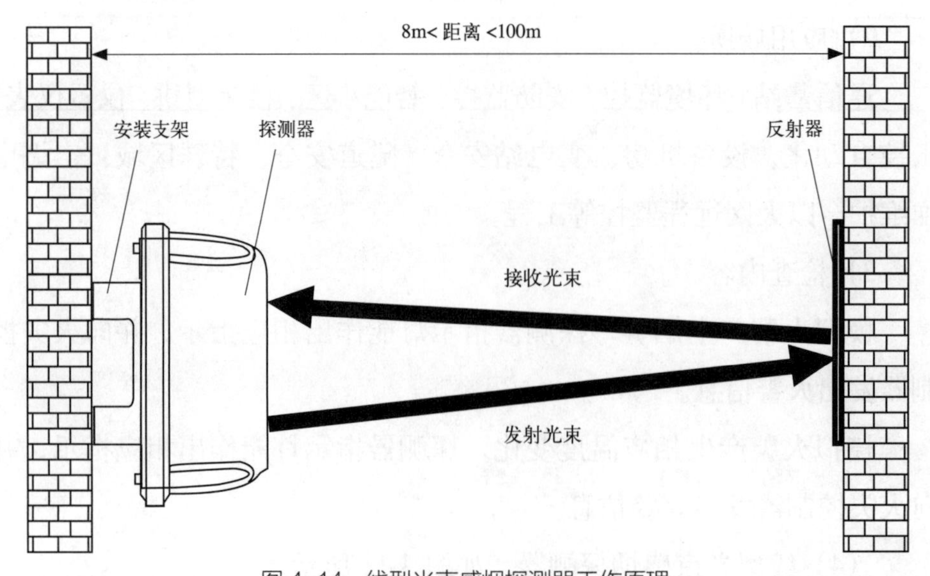

图 4-14　线型光束感烟探测器工作原理

测器固定的建筑结构由于振动等会产生较大位移的场所。

3）检查内容：检查探测器与反光板之间是否有遮挡物，仔细观察探测器的光路，确保接收光信号是由反射器反射而不是由墙壁、顶棚、支柱等各种障碍物的反射而来。如无法确定时，可通过用不透明物遮挡反射器的方法验证。

（5）缆式线型感温火灾探测器，如图 4-15 所示。

1）缆式线型感温火灾探测器介绍。

缆式线型感温火灾探测器即感温电缆，感温电缆一般由微机处理器、终端盒和感温电缆组成，根据不同的报警温度感温电缆可以分为 68℃、85℃、105℃、138℃、180℃（可以根据不同的颜色来区分），等等。

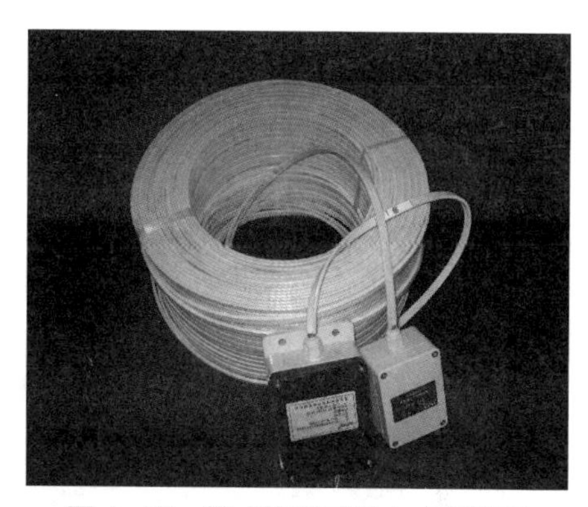

图 4-15　缆式线型感温火灾探测器

2）安装及使用场所。

感温电缆（缆式线型定温火灾探测器）可广泛应用于涵盖电力、钢铁、石化、交通、酿酒、烟草、矿山、通信等行业，电厂、钢厂、铝厂、选煤厂、电站、变压器、变电所、油库、油罐、化工储罐、冶金、配电盘、石化工厂、飞机库、仓库、大型纪念馆、展览馆、古建筑、大型商场、机场、造船、医院、地铁等，工矿企业电缆隧道、电缆竖井、电缆沟、电缆桥架、线槽、电缆夹层、传输带、电控设备以及室内外大型仓储设备、易爆堆垛的火灾探测报警。与火灾自动报警主机连接采用输入模块。

3）典型安装方式：传送带安装、电缆桥架安装。详见图 4-16。

检测内容：将探测器不少于 50m 长传感器一段（包含盒体与终端盒等）与控制和指示设备连接，使其处于正常监视状态。然后将距终端盒 0.3m 以外的 1m 长的一段传感器放入温箱中，在温箱气流初始温度为 25℃、流速为 0.8±0.1m/s 的条件下，以 1℃ /min 的速率升温，直至探测器动作，发出火灾报警信号，同时记录这一动作温度。

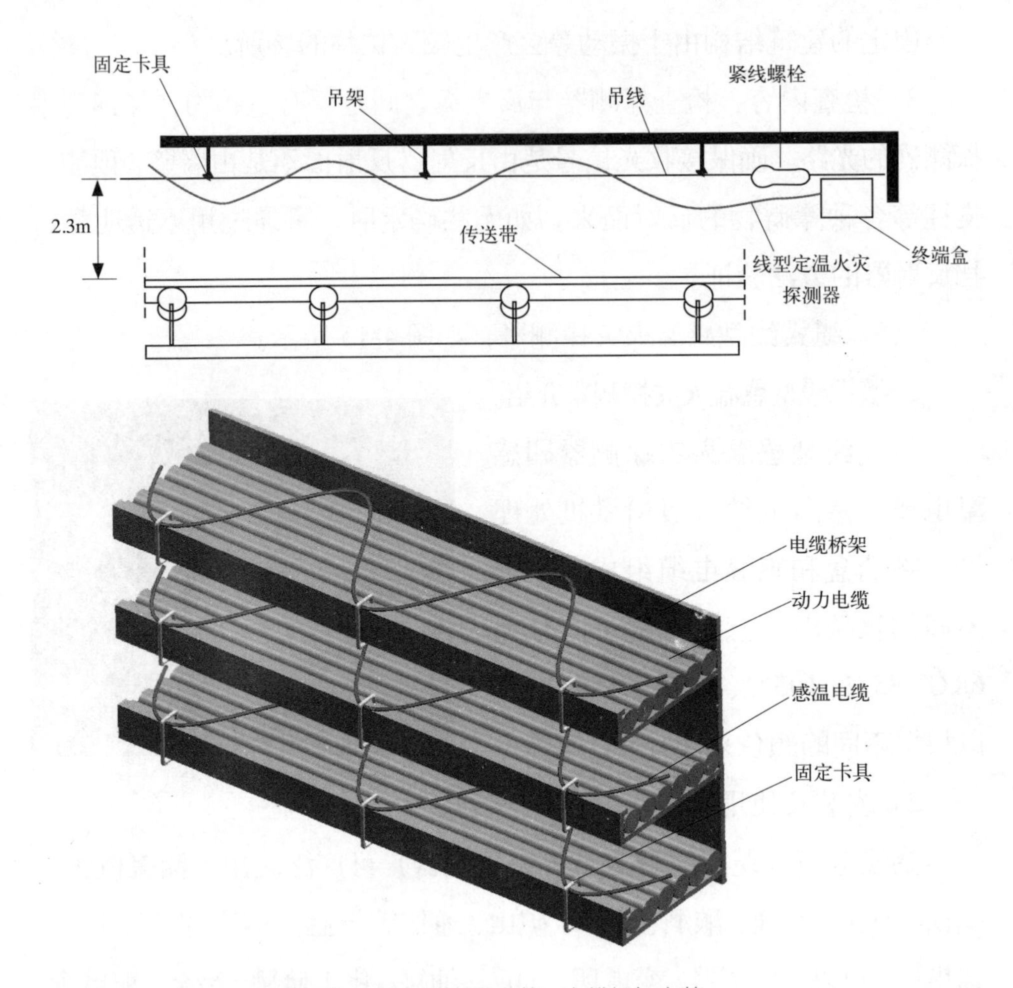

图 4-16　传送带安装、电缆桥架安装

（6）手动报警按钮，如图 4-17 所示。

1）安装位置及方式。

图 4-17　手动报警按钮

设置在疏散通道或出入口处。每个防火分区至少设置一只。当采用壁挂方式安装时，其底边距地高度宜为 1.3 ～ 1.5m，且应有明显的标志。

2）检验方式。

按下手动报警按钮的时候过 3 ～ 5s 手动报警按钮上的火警确认灯会点亮，这个状态灯表示火灾报警控制器已经收到火警信号，并且确认了现场位置。

（7）区域显示器，如图 4-18 所示。

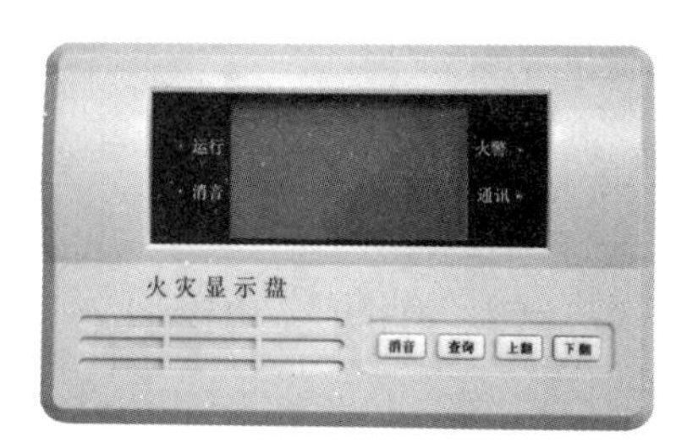

图 4-18　区域显示器

1）工作原理：区域显示器介绍：区域显示器、楼层显示器均为火灾显示盘，产品属于同一类。在火灾自动报警系统设计柜规范中为了便于规范执行，在规范内统称为区域显示器。

2）安装位置：设置在出入口等明显和便于操作的部位。采用壁挂安装时，其底边距地高度宜为 1.3 ～ 1.5m。

3）检查内容：

① 检查区域显示器液晶屏和指示灯是否正常；

② 对区域显示器进行消音、复位及火警信息进行查询；

③ 模拟测试当发生火警信息时，能否及时中文显示火警信息，并且显示地理位置。

（8）声和 / 或光警报器，如图 4-19 所示。

1）工作原理：通过声音和各种光来向人们发出示警信号。

2）检查内容：

① 每个防火分区的安全出口处应设置火灾声光警报器，其位置宜设在各楼层走道靠近楼梯出口处；

（a）声光讯响器

（b）火灾光警报器

图 4-19　声和 / 或光警报器

② 同一建筑中设置多个火灾声警报器时，应能同时启动和停止所有火灾声警报器工作；

③ 光警报器不能影响疏散设施的有效性，不宜与安全出口标志灯具设置在同一面墙上。

（9）消防联动模块。

1）定义：用于消防联动控制器和其所连接的受控设备或部件之间信号传输设备，主要包括输入模块和输入输出模块。

2）功能介绍：

① 输入模块：接收现场装置的报警信号，实现信号向消防联动控制器的传输。适用于水流指示器、信号蝶阀、压力开关、280℃防火阀。

② 输入输出模块：具有动作信号输出的被动型消防设备（如排烟口、送风口、防火阀等）通过本产品连接到总线上，能够将控制器的联动指令传给受控设备，然后再将受控设备的动作反馈信号送回控制器。

3）安装位置：安装于模块箱内部。

4）检查内容：

① 检查消防联动模块是否在控制器上登陆；

② 记录试验消防联动模块地址二次码；

③ 现场启动设备或者模拟设备动作现场观察模块反馈灯是否点亮；

④ 在控制器操作菜单或者总线制手动控制盘上启动模块，现场观察模块启动灯是否点亮，现场受控设备是否动作，设备动作后观察控制器上是否收到反馈信息；

⑤ 测试输入输出模块与受控设备连接线短路或断路，控制器是否能够收到故障信息。

（10）消火栓按钮，如图 4-20 所示。

1）安装位置：安装于消火栓箱旁边或者消火栓箱内，如图 4-21 所示。

2）工作原理：当按下消火栓按钮时，消火栓按钮的动作信号应作为报警信号及启动消火栓泵的联动触发信号，由消防联动控制器联动控制消火栓泵的启动。

3）检查内容：

① 外观检查：根据《消防联动控制系统》GB 16806—2006 第 4.12.2.1 条的规定，要求消火栓按钮外壳的边角应钝化，减少使人受伤的可能性。操作启动零件时不应对操作者产生伤害。

② 功能检查：按下消火栓按钮红色启动灯点亮，消火栓泵启动后消火栓按钮绿色回答指示灯点亮。

③ 联动功能检查：按下消火栓按钮当火灾自动报警联动控制器处于自动状态时，控制器收到消火栓启动信号后，联动消火栓泵。

（11）联动电源，如图 4-22 所示。

1）联动电源：直流不间断电源是为联动控制模块及被控设备供电的装置。直流不间断电源主要由智能电源盘和蓄电池组成，以交流 220V 作为主电源，DC24V 密封铅电池作为备用电源。备用电源应能断开主电源后保证设备工作至少 8h。

2）安装位置：壁挂式安装于现场弱电井内，入柜式安装于消防控制室组入主机柜。

3）工作原理：联动电源除具有向外持续输出电源功能外，还应具有输出过流自动保护、主备电自动切换和备电自动充电及备电过放电

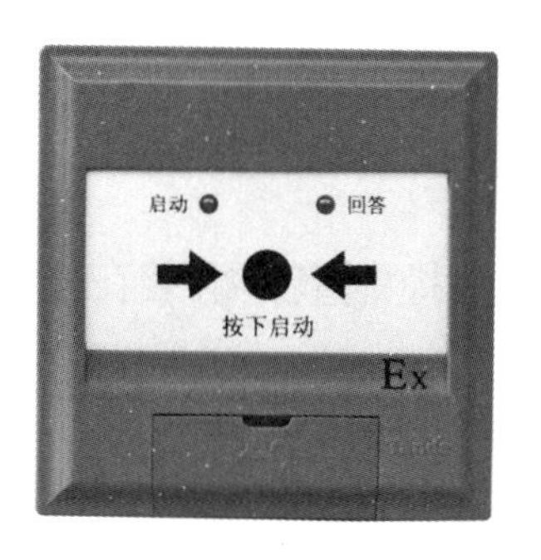

图 4-20　消火栓按钮

图 4-21　消火栓按钮安装位置

(a) 壁挂式

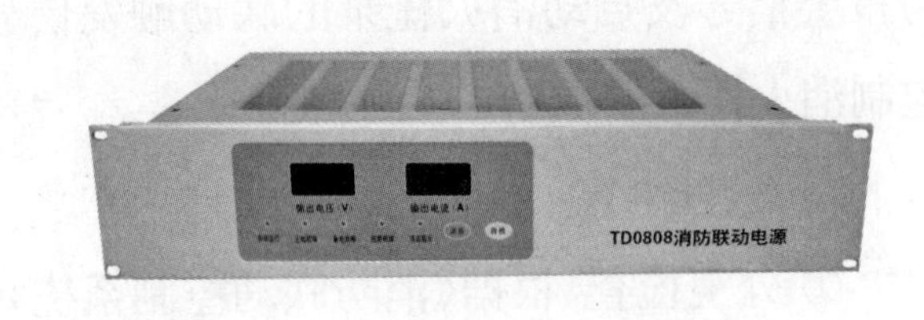

(b) 入柜式

图4-22 联动电源

保护功能。壁挂式安装电源具有总线端子，可以接入消防自动报警控制器。控制器能够远程检测壁挂电源的主、备电、线路故障等。

4）检查内容：

① 观察联动电源输出电压和输出电流是否处于正常区间。

② 对联动电源进行主备电切换。

③ 壁挂型电源安装于现场弱电井内时，检查是否通过总线接入控制器。测试当壁挂电源发生主、备电、线路故障时，火灾控制器能够接收到故障信息。

④ 模拟现场电源线路短路、接地，联动电源能够自我保护，并且线路恢复后电源恢复至正常状态。

(12) 手动控制盘，如图4-23所示。

1）多线制手动控制盘：《火灾自动报警系统设计规范》GB 50116—2013第4.1.4条的规定，消防水泵、防烟和排烟风机的控制设备，除应采用联动控制方式外，还应在消防控制室设置手动直接控制装置。该手动直接控制装置即为多线制手动控制盘。

2）安装位置：多线制控制盘安装于消防控制室，组装在消防自动报警控制器主机柜内。

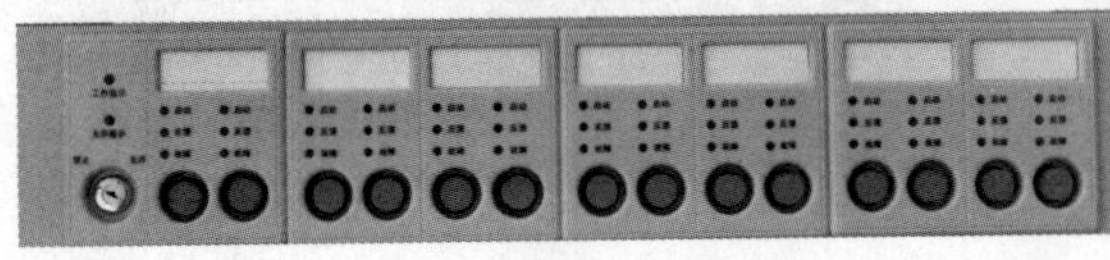
图4-23 手动控制盘

3）检查内容：

① 使多线制手动控

制盘处于手动允许；

② 按下盘面上“自检”键，观察多线盘自检过程中指示灯是否正常；

③ 按下红色按钮远程启动受控设备，观察“启动”指示灯是否点亮；④ 确定受控设备（如排烟机、消防水泵启动后观察“反馈”指示灯是否点亮）；

⑤ 当设备启动时，观察消防联动控制器主机上是否有相应信息显示。

4. 与消防联动控制器连接的各类消防电气控制装置

（1）消防应急广播系统，如图 4-24 所示。

消防应急广播系统在火灾发生时发出应急广播声音，指导建筑内的人员有序疏散。

1）安装问题广播系统组成及用途：

消防应急广播主机（自带话筒）、功率放大器、广播模块、扬声器。

2）安装位置：

① 消防广播主机、功放安装于消防控制室内（多组装于消防控制器机柜）；

② 消防广播模块安装于弱电井模块箱内；

③ 扬声器设置在走道和大厅等公共场所，额定功率不小于 3W，

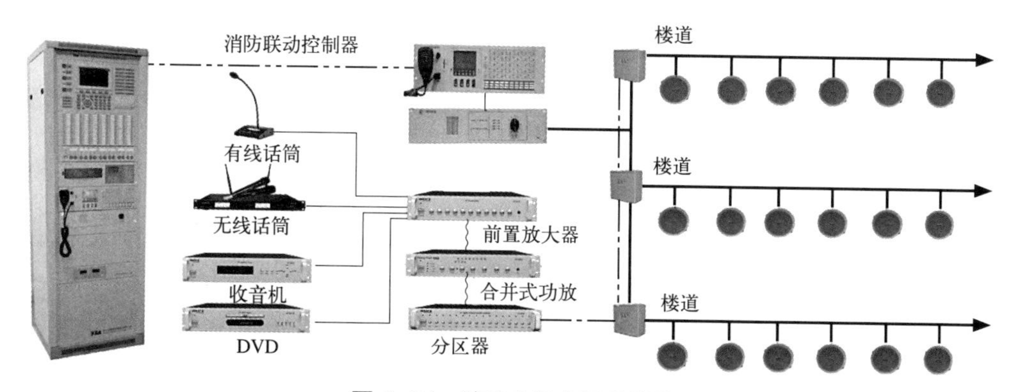

图 4-24　消防应急广播系统图

注：——消防广播定压线；——音频线；—·—背景音乐定压线；
~~~~话筒线；—··— 消防广播主机与控制器联网线。
~~~~

其数量应能保证从一个防火分区内任何部位到最近一个扬声器的直线距离不大于25m，壁挂扬声器的底边距地面高度应大于2.2m。

3）检查内容：

① 根据《火灾自动报警系统设计规范》GB 50116—2013第4.8.9条的规定，消防应急广播的单次语音播放时间宜为10 ~ 30s，应与火灾声警报器分时交替工作，可采取1次火灾声警报器播放、1次或2次消防应急广播播放的交替工作方式循环播放；

② 根据《火灾自动报警系统设计规范》GB50116—2013第4.8.11条的规定，消防广播与普通广播或背景音乐广播合用时，应具有强制切入消防应急广播的功能。

4）消防广播主机功能检查：

① 检查广播主机、功放上电开机后各工作指示灯是否正常；

② 测试广播主机话筒功能。取下话筒，按下话筒旁边按键，测试个人讲话能否在消防控制室监听。

5）消防广播系统通信及联动功能检查：

① 使消防广播主机处于音乐播放状态，在控制器上模拟火警信号，此时广播能够从音乐状态切换至应急状态，功放应该能够从关机状态转至应急状态，音量处于最大且不可调状态；

② 消防报警系统进行整体联动测试，控制器启动现场广播切换模块，消防应急广播通知到现场，并且音量符合规范要求。

（2）气体灭火控制器。

1）气体灭火系统组成，如图4-25所示。

气体灭火控制器专用于气体自动灭火系统（见图4-26）中，融自动探测、自动报警、自动灭火为一体的控制器，气体灭火控制器可以连接感烟、感温火灾探测器，紧急启停按钮，手自动转换开关，气体喷洒指示灯，声光警报器等设备，并且提供驱动电磁阀的接口，用于启动气体灭火设备。

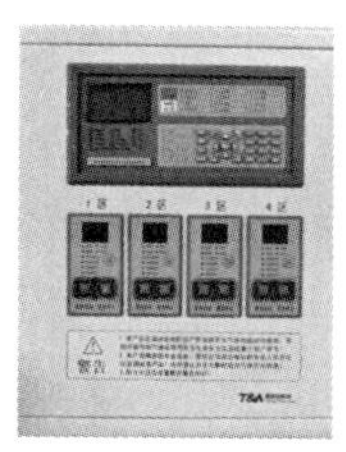
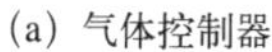

(a) 气体控制器

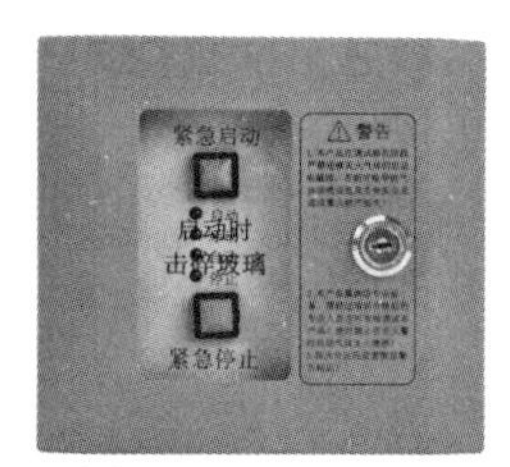

(b) 紧急启停按钮

(c) 放气指示灯

(d) 气体终端模块

(e) 声光讯响器

图 4-25 气体灭火系统组成

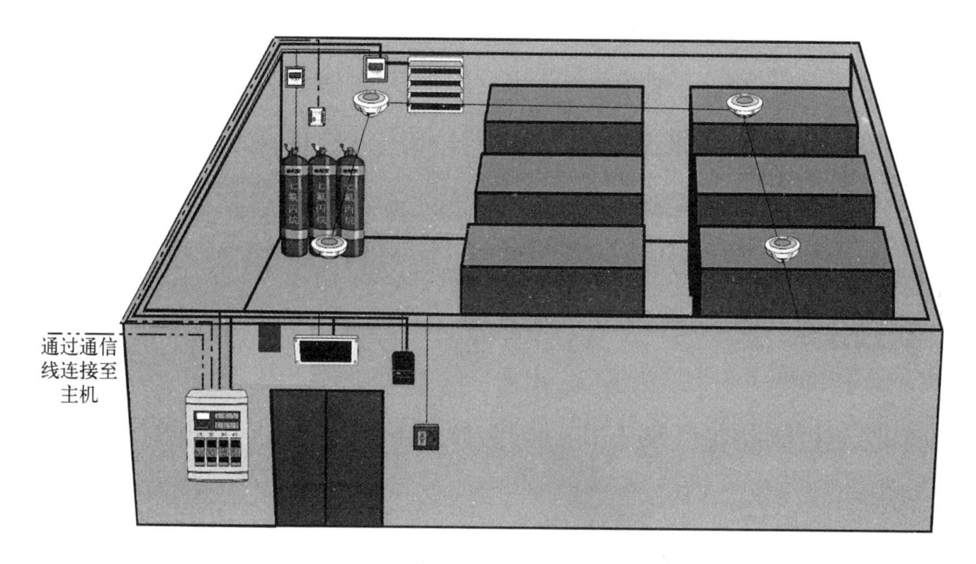

图 4-26 气体自动灭火系统

注：—··— 通信线；—·— 电磁阀启动线；━━ 电源线；—— 总线。

2）安装位置：

① 气体灭火控制器壁挂式安装，距地高度 1.3 ~ 1.5m；

② 表示气体喷洒的火灾声光警报器、放气指示灯安装于灭火防护区出口外上方；

③ 紧急启停按钮安装于保护区疏散出口的门外。

3）检查内容：

① 气体灭火控制器检查：

a. 气体控制器的自检、消音、复位、主备电切换。气体灭火系统外部设备接线及登陆情况。

b. 将气体灭火控制器上控制方式选择键，拨到“手动”位置时，灭火系统处于手动控制状态。当保护区发生火情，可按下紧急启停按钮或控制器上启动按钮，即可按规定程序启动灭火设备释放灭火剂，实施灭火。

c. 将气体灭火控制器上控制方式选择键，拨到“自动”位置时，灭火系统处于自动控制状态，当保护区发生火情，火灾探测器发出火灾信号，报警灭火控制器即发出声、光报警信号，同时发出联动指令，关闭连锁设备，经过一段延时时间，发出灭火指令，打开电磁阀释放启动气体，启动气体通过启动管道打开相应的选择阀和容器阀（瓶头阀），释放灭火剂，实施灭火。

d. 关闭防火区域的送（排）风机及送（排）风阀门。

e. 停止通风和空气调节系统及关闭设置在该防护区域的电动防火阀。

f. 联动控制防护区域开口封闭装置的启动，包括关闭防护区域的门、窗。

② 气体灭火控制器与消防联动控制器之间通信功能检查：气体灭火控制器的工作状态（正常、故障信号及 每个防火区的手自动工作状态）传送至消防联动控制器。

③ 手动控制：将气体灭火控制器上控制方式选择键，拨到“手动”位置时，灭火系统处于手动控制状态。当保护区发生火情，可按下紧急启停按钮或控制器上启动按钮，即可按规定程序启动灭火系统释放灭火剂，实施灭火。在自动控制状态，仍可实现电气手动控制。

④ 自动控制：将气体灭火控制器上控制方式选择键，拨到“自动”

位置时，灭火系统处于自动控制状态，当保护区发生火情，火灾探测器发出火灾信号，报警灭火控制器即发出声、光报警信号，同时发出联动指令，关闭连锁设备，经过一段延时时间，发出灭火指令，打开电磁阀释放启动气体，启动气体通过启动管道打开相应的选择阀和容器阀（瓶头阀），释放灭火剂，实施灭火。气体灭火系统工作流程图详见图 4-27。

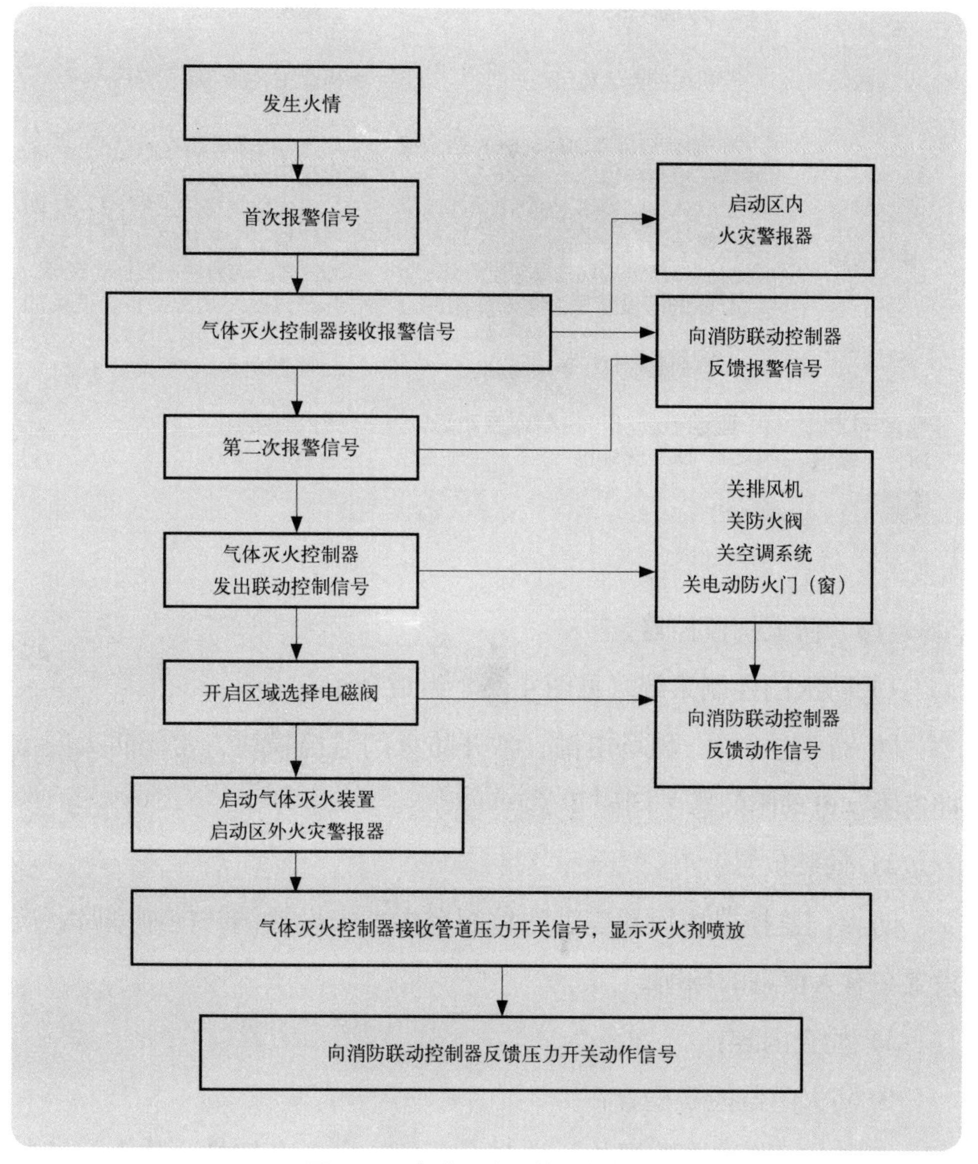

图 4-27　气体灭火系统工作流程图

4) 常见故障原因及处理方法，如表 4-2 所示。

表 4-2　常见故障原因及处理方法

故障现象	原因分析	处理方法
TTL 故障	主板和驱动板之间的通信不正常	检查主板间的连接线
总线短路	1. 检查总线输出是否短路； 2. 驱动板损坏	1. 总线的线间阻值需大于 10K； 2. 更换驱动板
欠压故障	开机后控制装置自动关机	检查主、备电电压是否正常
阀门故障	1. 气体主机的 DC+，DC- 两个接线端子没有接线； 2. 气体终端模块上的 S1、S2 两个接线端子没有短接； 3. 气体终端模块内部保险烧坏； 4. 在分区设置里面将未使用的分区禁止； 5. 驱动板损坏，更换驱动板	1. 气体主机的 DC+，DC- 两个接线端子没有接线； 2. 气体终端模块上的 S1、S2 两个接线端子没有短接； 3. 气体终端模块内部保险烧坏； 4. 在分区设置里面将未使用的分区禁止； 5. 驱动板损坏，更换驱动板
启动之后 DC+，DC- 无输出	驱动板损坏：控制器启动后，DC+，DC- 无输出	更换驱动板

（3）防火门监控器。

1）防火门控制系统（见图 4-28）组成介绍：

防火门监控器、现场电源、常开防火门监控模块、常闭防火门监控模块、电动闭门器、门磁开关。

2）安装位置：

防火门监控器应设置在消防控制室内，未设置消防控制室时，应设置在有人值班的场所。

3）检查内容：

① 防火门监控器检查：

a. 防火门监控器的自检、消音、复位、主备电切换。防火门控制

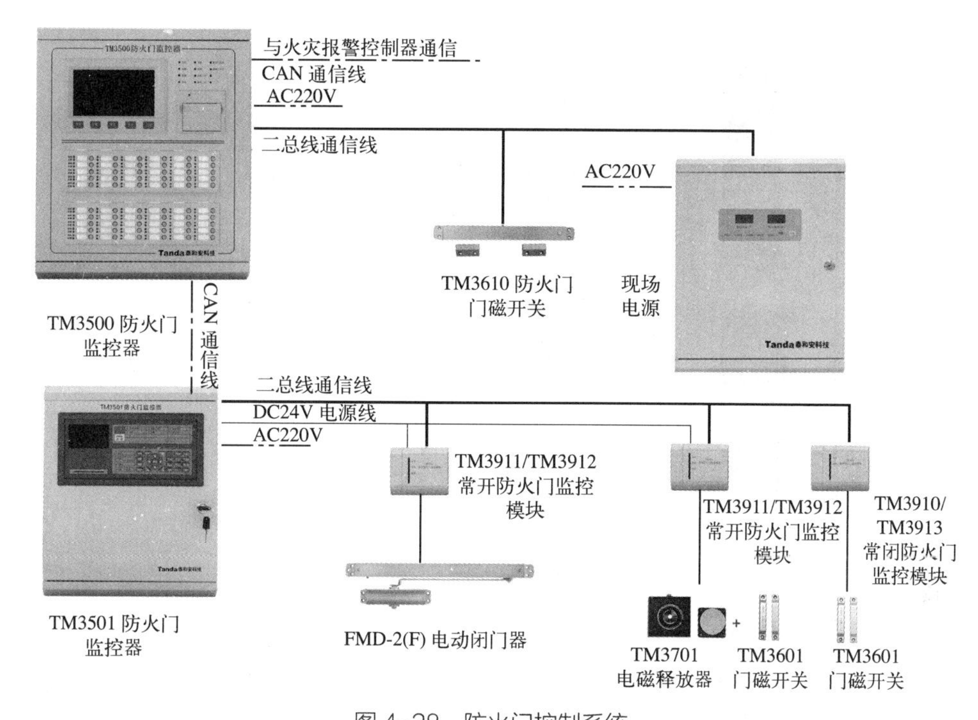

图 4-28 防火门控制系统

注：- - - CAN 通信线； NH-RVSP-2×1.0mm²；——二总线通信线 NH-RVS-2×1.5mm²；——DC24V 电源线 NH-BV-2×2.5mm²。

器外接模块或一体化闭门器和门磁开关的登陆情况。

b. 控制常开式防火门关闭：显示防火门的打开、关闭及故障状态。

② 防火门监控器与消防联动控制器之间通信功能检查：

a. 消防联动控制器显示防火门监控器的工作状态；

b. 常开防火门所在防火分区内的两只独立的火灾探测器或一只火灾探测器与一只手动火灾报警按钮的报警信号后，消防联动控制器发出常开防火门关闭的联动触发信号，防火门监控器收到联动触发信号联动控制防火门关闭。

（4）集中控制型消防应急电源和疏散指示系统，如图 4-29 所示。

1）集中控制型消防应急电源和疏散指示系统组成介绍：

① 应急照明控制器（TS-C-6000/6001G/6001T）：

a. 用于集中监测和控制系统中各应急照明灯具和应急标志灯具设备的工作状态；

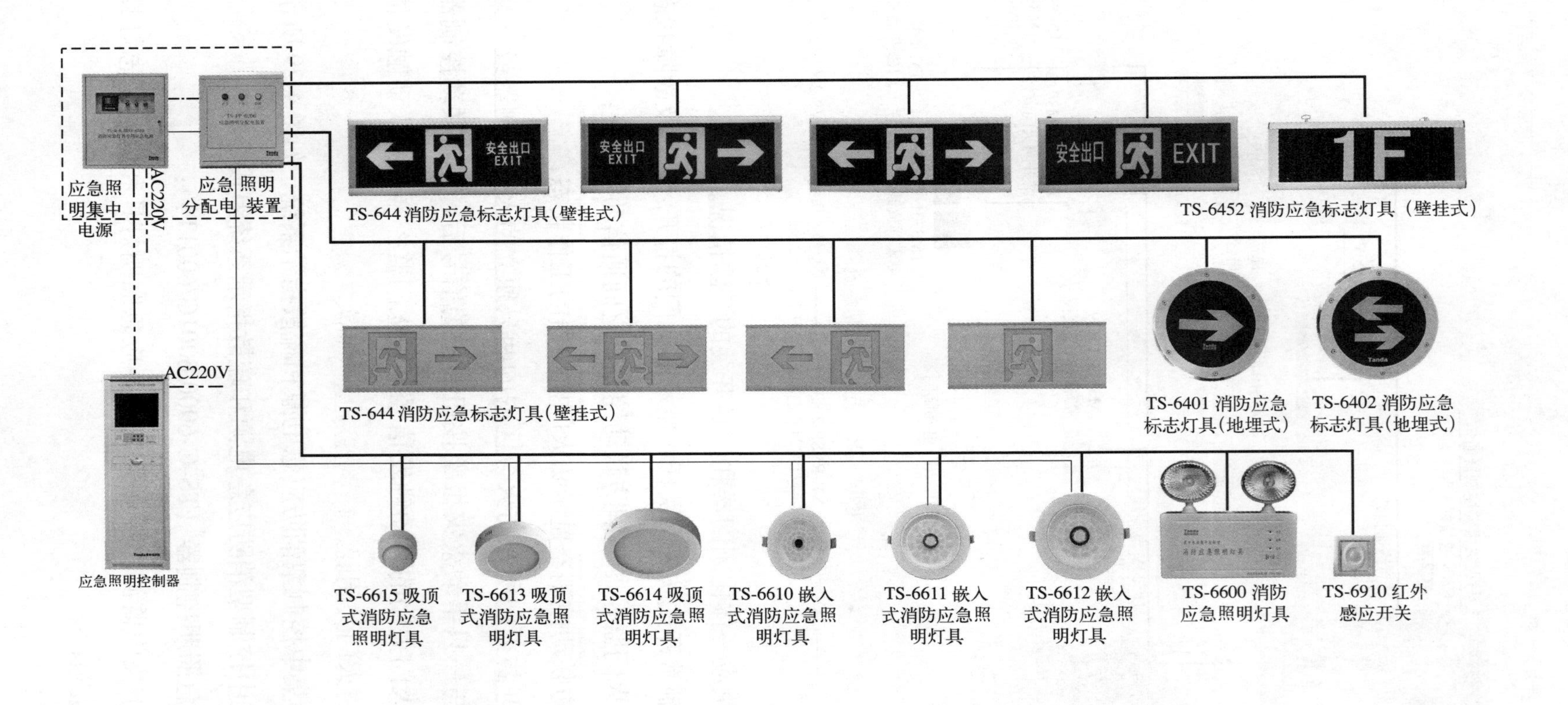

图 4-29　集中控制型消防应急电源和疏散指示系统

注：——无极性二总线线 WDZN-RVS-2 × 2.5mm^2；—— DC36V 电源线 WDZN-BYJ-2 × 2.5mm^2；
–·–CAN 通信总线 WDZN-RVS-2 × 1.5mm^2；–––– AC220V 电源线 NH-BV-3 × 2.5mm^2。

b. 通信线路、供电线路和灯具发生故障时，能发出故障报警信号，并显示故障类型和故障位置；

c. 安装方式为柜式 / 壁挂。最大容量 49152 点。

② 应急照明分配电装置（TS-FP-6200/620）：

a. 接收控制器的控制命令，并向应急灯具下发控制命令；

b. 向控制器实时传输自身及应急灯具的状态信息；

c. 总线具有短路、过流保护功能；

d. 能够自动完成主电工作状态到应急工作状态的转换；

e. 安装方式：壁挂安装。

③ 现场应急照明灯具及应急疏散灯具：

a. 自带编码地址；

b. 采用 36V 安全电压供电；

c. 安装方式包括：地埋、嵌墙、壁挂、吊装。

2）安装位置：

详见集中控制型消防应急电源和疏散指示系统组成介绍。

3）检查内容：

① 应急照明控制器检查：

a. 应急照明控制器的自检、消音、复位、主备电切换；

b. 应急照明控制器对现场应急灯具及疏散指示的登陆信息；

c. 应急照明集中控制器日常对消防应急灯具状态进行监控；

d. 能够完成对消防应急灯具定时巡检。

② 应急照明控制器与消防联动控制器之间通信功能检查：

a. 消防联动控制器显示应急照明控制器的工作状态；

b. 发生火灾时，火灾报警控制器向应急照明集中控制器发出火警信号，应急照明集中控制器按照预设控制各消防应急灯具的工作状态。

（5）防火卷帘控制器。

1）系统组成，如图 4-30 所示。

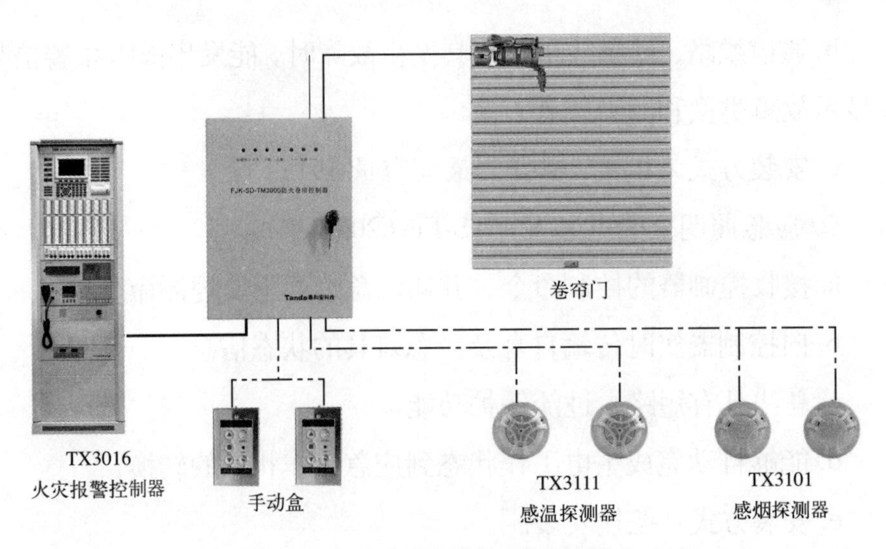

图 4-30 防火卷帘控制系统示意图

注：——无极性二总线 NH-RVS-2×1.5mm²；——ACV 电源线 NH-RVV-300/500V 3×1.5+2.1mm²；
—·—探测器连接线 NH-RVS-2×1.5mm²；－－－手动控制线 NH-AVVR-7×0.12mm²。

2）安装位置：

安装于卷帘门电机附近。

3）检查步骤：

① 卷帘门控制器功能检查：

a. 手动升降功能，半降、全降位置是否符合要求；

b. 模拟接入卷帘门探测器的烟温感探测器报警，卷帘门是否动作。

② 与消防控制器之间的通信功能检查：

a. 接收消防自动报警控制器命令联动卷帘门半降、全降；

b. 帘门控制器下降过程中将中位、下位状态反馈至消防自动报警控制器控制器。

（6）防排烟系统。

1）防排烟系统联动控制介绍：

消防自动报警系统主要是对防排烟系统内的送（排）风机的启动、停止进行控制，关闭和打开相应的阀门和风口，并把设备状态信息反馈至火灾自动报警控制器。

2）联动相关检查内容：

① 加压风机。

控制方式：采用输入输出模块控制和专用线路直接连接至消防控制室多线制手动盘。

自动联动：由加压送风机所在防火分区内的两只独立的火灾探测器或一只火灾探测器与一只手动报警按钮的信号触发加压送风机。

② 加压送风口。

控制方式：采用输入输出模块控制和采集状态信号。

自动联动：由加压送风口所在防火分区内的两只独立的火灾探测器或一只火灾探测器与一只手动报警按钮的信号触发加压送风口。

③ 排烟风机。

控制方式：采用输入输出模块控制和专用线路直接连接至消防控制室多线制手动盘。

自动联动：由所在防火分区内的排烟口、排烟窗或排烟阀开启的动作信号触发。

④ 排烟口、排烟窗或排烟阀。

控制方式：采用输入输出模块控制和采集状态信号。

自动联动：由同一防火分区内的两只独立的火灾探测器的报警信号触发。

⑤ 检查送风口、排烟口、排烟窗或排烟阀开启和关闭信号，防烟、排烟风机启动和停止信号，电动防火阀关闭的动作信号，均应反馈至消防联动控制器。

⑥ 排烟风机入口处的总管上设置的280℃排烟防火阀在关闭后直接联动控制风机停止，排烟防火阀及风机动作信号反馈至消防联动控制器。

3）检查步骤：

① 检查防排烟风机是否采用专用线路连接至消防控制室。

② 现场手动启动防排烟风机，观察输入输出模块和多线制控制盘

上是否有反馈信息。

③ 检查 280℃阀是否采用专线连接至排烟风机控制柜。

④ 手动控制盘（总线制手动盘、多线制控制盘）处于手动允许状态远程启动风机或风口，观察动作后是否有动作反馈至消防联动控制器。

⑤ 消防联动控制器处于自动状态下，模拟消防报警观察在规范设定逻辑关系条件下，防排烟设备是否能够联动和反馈状态信息。

（7）消防泵联动控制。

1）消防泵包括自动喷水灭火系统内喷淋消防泵、雨淋消防泵，消火栓系统内消火栓泵等组成。

2）联动相关检查内容。

① 喷淋消防泵。

连锁控制方式，由湿式报警阀压力开关的动作信号触发，直接控制启动喷淋消防泵，联动不受消防联动控制器处于自动或手动状态。喷淋泵启泵流程，如图 4-31 所示。

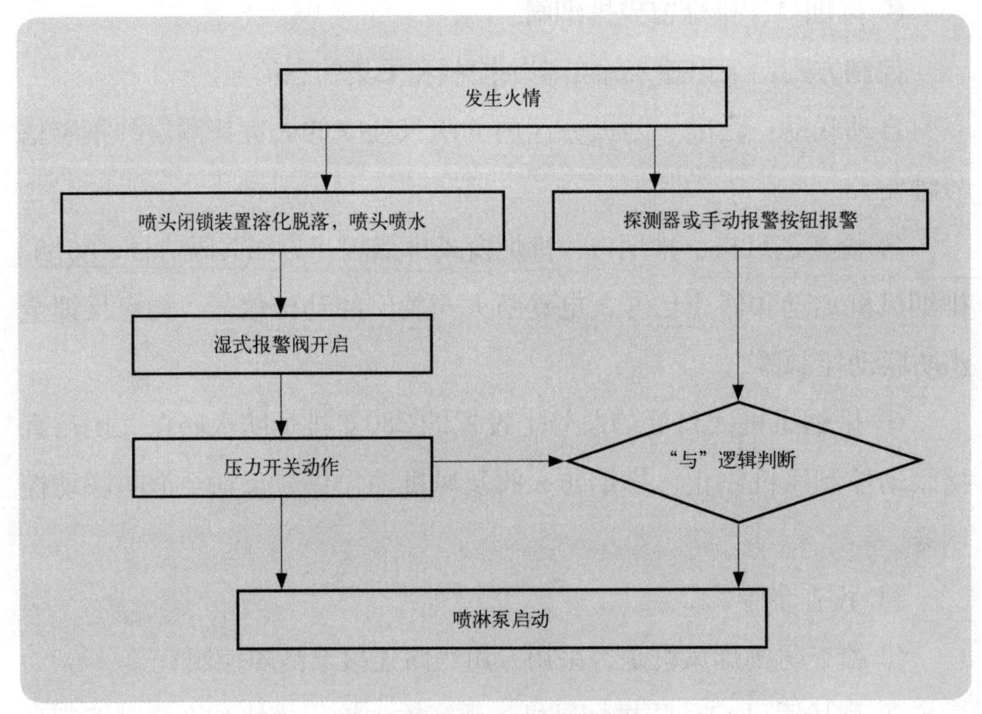

图 4-31　喷淋泵启泵流程图

手动控制方式，在消防监控室远程对喷淋消防泵控制柜进行启动，停止。

水流指示器、信号阀、压力开关、喷淋消防泵的启动和停止的动作信号应反馈至联动控制器。

② 消火栓泵。

连锁控制方式，消火栓系统出水干管上设置的低压压力开关、高位消防水箱出水管上设置的流量开关或报警阀压力开关触发消火栓泵直接启动。

手动控制方式，应将消火栓泵控制箱的启动、停止按钮用专用线路直接连接至消防控制室。消火栓泵的动作信号反馈至消防联动控制器。

消火栓泵启泵流程，如图 4-32 所示。

（8）消防电话系统，如图 4-33 所示。

1）消防电话系统介绍：

根据《火灾自动报警系统设计规范》GB 50116—2013 第 6.7.1 条

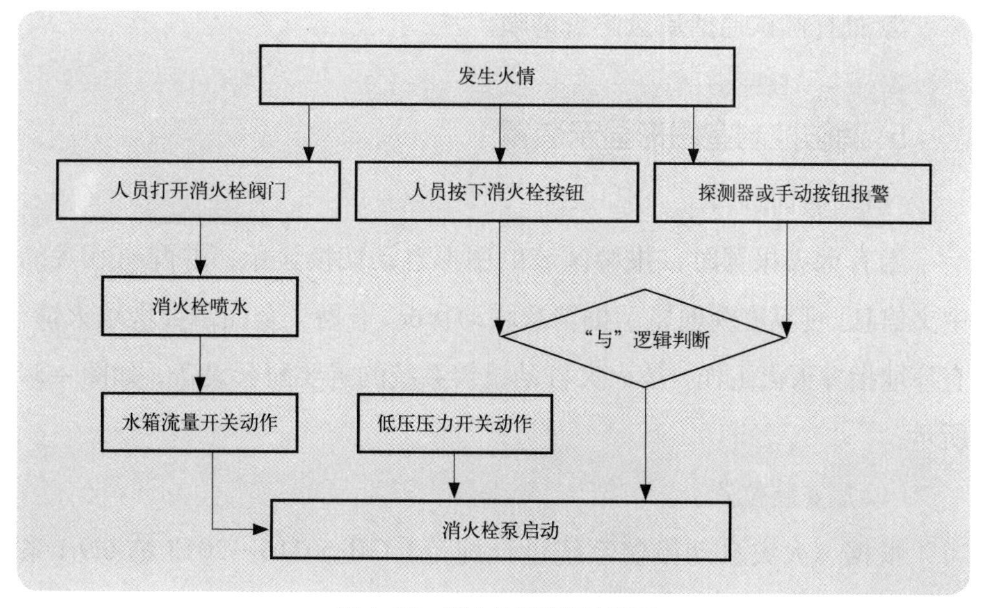

图 4-32 消火栓泵启泵流程图

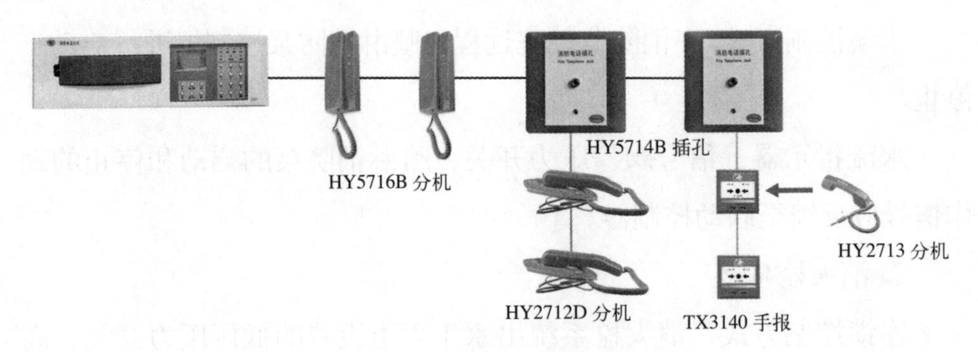

图 4-33　消防电话系统

的规定，消防专用电话网络应为独立的消防通信系统。

2）安装位置：

消防总机设置在消防控制室并且配置手提电话分机，总线电话分机安装于电梯机房、风机房、水泵房、配电房等设备机房，总线消防电话插孔用于连接带电话插孔手动报警按钮、非编插孔。

3）功能用途：

发生火灾时消防通信指挥系统。

4）检查步骤：

① 检查消防电话系统在线分机数量是否与设计数量一致；

② 抽样测试通话质量是否清晰。

5. 消防控制室图形显示装置

（1）名词解释。

当有火灾报警时，报警区域的图形自动切换显示，并配有相关的中文信息，可以直观地显示报警及联动状况，有助于全面掌握现场火情，有序地指挥灭火工作，是火灾自动报警系统的重要配套设备，如图 4-34 所示。

（2）安装位置。

根据《火灾自动报警系统设计规范》GB 50116—2013 第 6.9.1 条的规定，消防控制室图形显示装置应设置在消防控制室内，并应符合

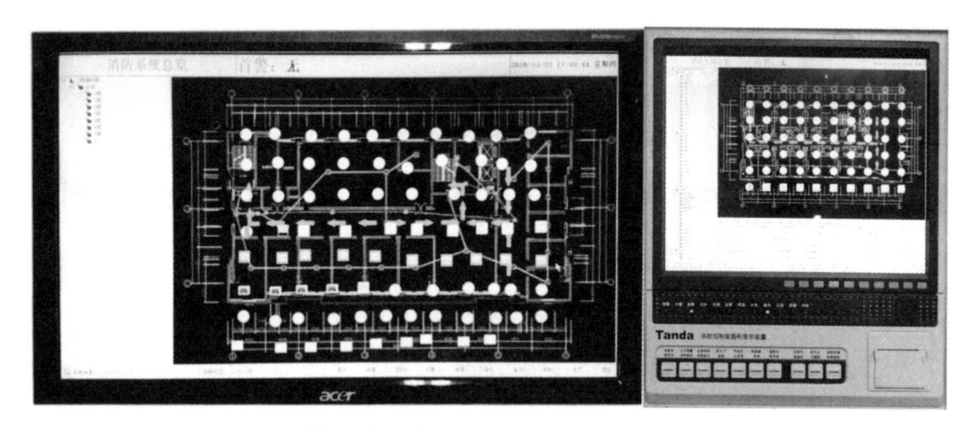

图 4-34　消防控制室图形显示装置

火灾报警控制器的安装设置要求。

（3）检查内容。

1）接通电源后应直接进入操作界面，期间任何中断均不能影响操作界面的弹出和运行；界面关闭时电源应自动关闭，期间任何中断均不能影响界面和电源的关闭。

2）消防控制室外图形显示装置应用红色指示报警、联动状态，黄色指示故障状态，绿色指示正常状态。

3）接收火灾报警控制器和消防联动控制器发出的火灾报警信号和/或联动控制信号，并能在 3s 内进入火灾报警和/或联动状态，显示相应信息。消防控制室图形显示装置在火灾报警信号、反馈信号输入 10s 内显示相应状态信息，其他信号输入 100s 内显示相应状态信息。

6. 火灾报警传输设备

（1）传输设备介绍。

用于将火灾报警控制器的火警、故障、监管报警、屏蔽等信息传送至报警接收站的设备，是消防联动控制系统的组成部分。

（2）安装位置。

设置在消防控制室内；未设置消防控制室时，应设置在火灾报警控制器附件的明显部位。

（3）检查内容及步骤。

1）火警传输设备检查：

① 火灾报警传输设备与火灾报警控制器、消防联动控制器等设备之间，应用专用线路连接；

② 火灾传输设备应保证有足够的操作和检修间距；

③ 火灾报警传输设备应设置在便于操作的明显部位。

2）火警传输设备功能检查：

① 接收联网用户的火灾报警信息，并将信息通过报警传输网络发送给监控中心；

② 接收建筑消防设施运行状态信息，并将信息通过报警传输网络发送给监控中心；

③ 优先发送火灾报警信息和手动报警信息；

④ 检查设备自检和故障报警功能；

⑤ 检查主、备电源转换功能，备用电源连续工作时间不小于 8h。

第二节 火灾预警系统

一、电气火灾监控系统

电气火灾监控系统，如图 4-35 所示。

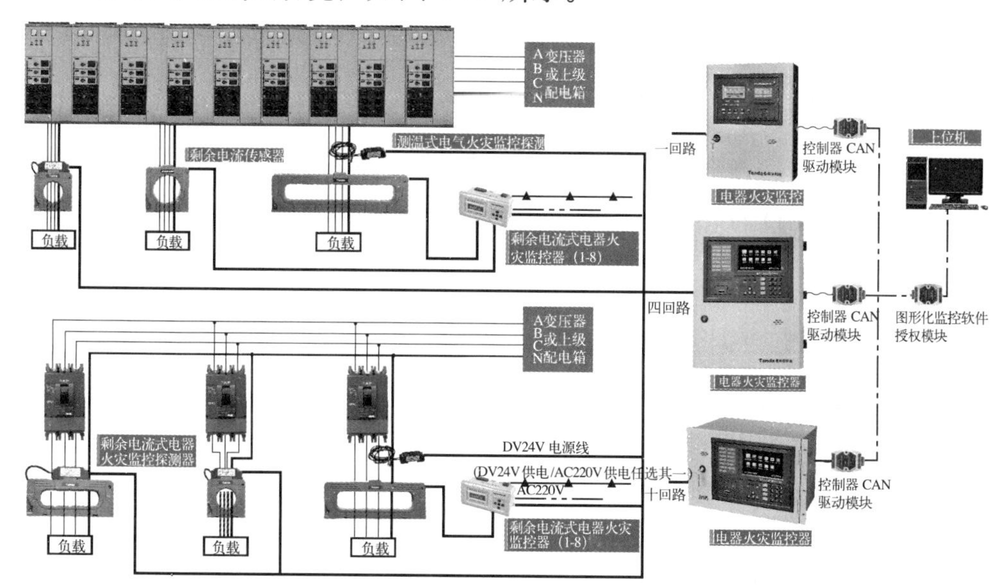

图 4-35　电气火灾监控系统

注：——无极性二总线　NH-RS-2 × 1.5mm²；— - — CAN 通信总线　NH-RS-2 × 1.5mm²；
—▲— DC24V 电源线　NH-BV-2 × 1.5mm²；～～～ 485 通信线　NH-RS-2 × 1.5mm²。

1. 电气火灾监控器

（1）名词解释及安装图例。

电气火灾控制器（见图 4-36），能接收来自电气火灾监控探测器的报警信号，发出声、光报警信号和控制信号，指示报警部位，记录、保存并传送报警信息的装置。

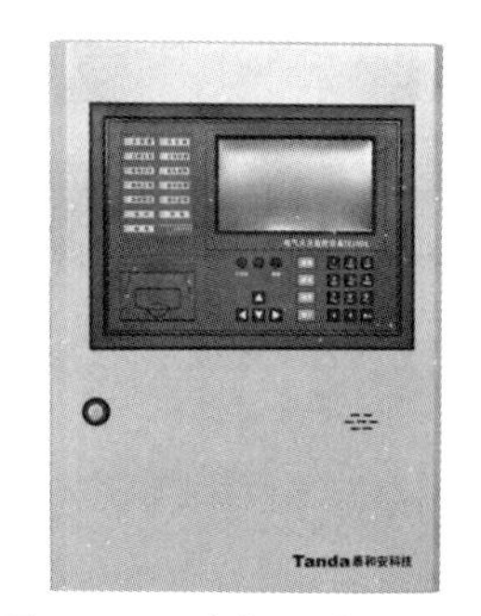

图 4-36　电气火灾监控器

（2）主要安装场所及位置。

电气火灾监控系统可用于具有电气火灾危险的场所。电器火灾监控器安装于消防控制室内，若无消防控制室，则安装于有人值班的地方。电气火灾探测器安装于检测现场，比如配电柜内。

（3）预防性电气火灾监视。

连续监视用电设备泄漏电流的变化、线缆接头温度的变化，为配电设备的预防性维护提供依据，有效预防电气火灾的发生，保障用户财产的安全。

（4）报警和事件管理系统。

在电能质量事件发生、设备状态改变、电网扰动、电气故障时触发并记录报警。系统报警时自动弹出报警画面并进行语音提示，同时可以将报警信息通知相关人员并与消防监控系统联网，数据实时传送消防控制中心。

（5）历史数据管理。

完成历史数据管理，所有实时采样数据、事件顺序记录等均可保存到历史数据库。

2. 剩余电流式电气火灾监控探测器

剩余电流式电气火灾监控探测器是检测被保护线路中的剩余电流值变化，并将测得值向电气火灾监控设备传送相关信息的探测器。探测器分为一体式和分体式，如图 4-37 所示：

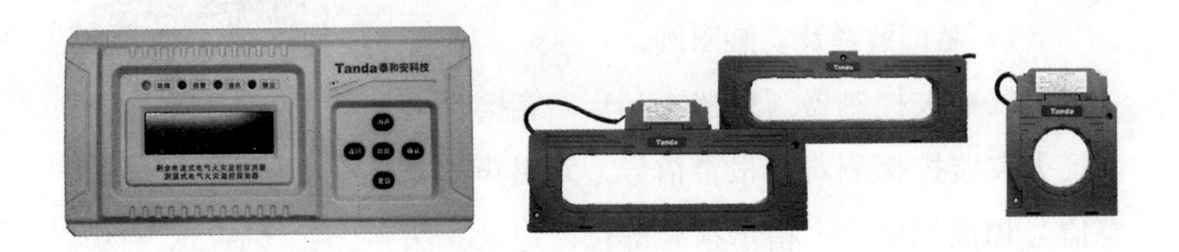

图 4-37　一体式和分体式探测器

测温式电气火灾监控探测器是能探测被保护线路中的温度参数变化的探测器。温度传感器是测量被保护线路中的温度参数变化的传感器，由热敏电阻组成。

3. 常见故障原因及处理方法

表 4-3　常见故障原因及处理方法

故障现象	原因分析	处理方法
探测器显示漏电流为 50mA，一直报警	曾经报过警，一直没有复位	复位
探测器搜索出来多了	分体式探测器上没有“禁用”没有连接传感器的通道	“禁用”没有连接传感器的通道
传感器故障	1. 分体式探测器上没有“禁用”没有连接传感器的通道； 2.XE3151D 的传感器没有连接在 T1 端口上； 3. 一体式探测器的互感器接线错误	1. 在分体式探测器上“禁用”没有连接传感器的通道； 2. 确保 XE3151D 的传感器连接在 T1 端口上； 3. 检查一体式探测器的互感器接线
一个探测器都搜索不到	1. 信号线短路； 2. 信号线断路； 3. 设备损坏	1. 检查信号线是否短路； 2. 检查信号线是否断路； 3. 设备排查（单独接一个探测器到控制器上试试）

二、可燃气体探测系统

可燃气体探测系统，如图 4-38 所示。

1. 系统介绍

可燃气体报警控制器可接收检测探头的信号，实时显示测量值，

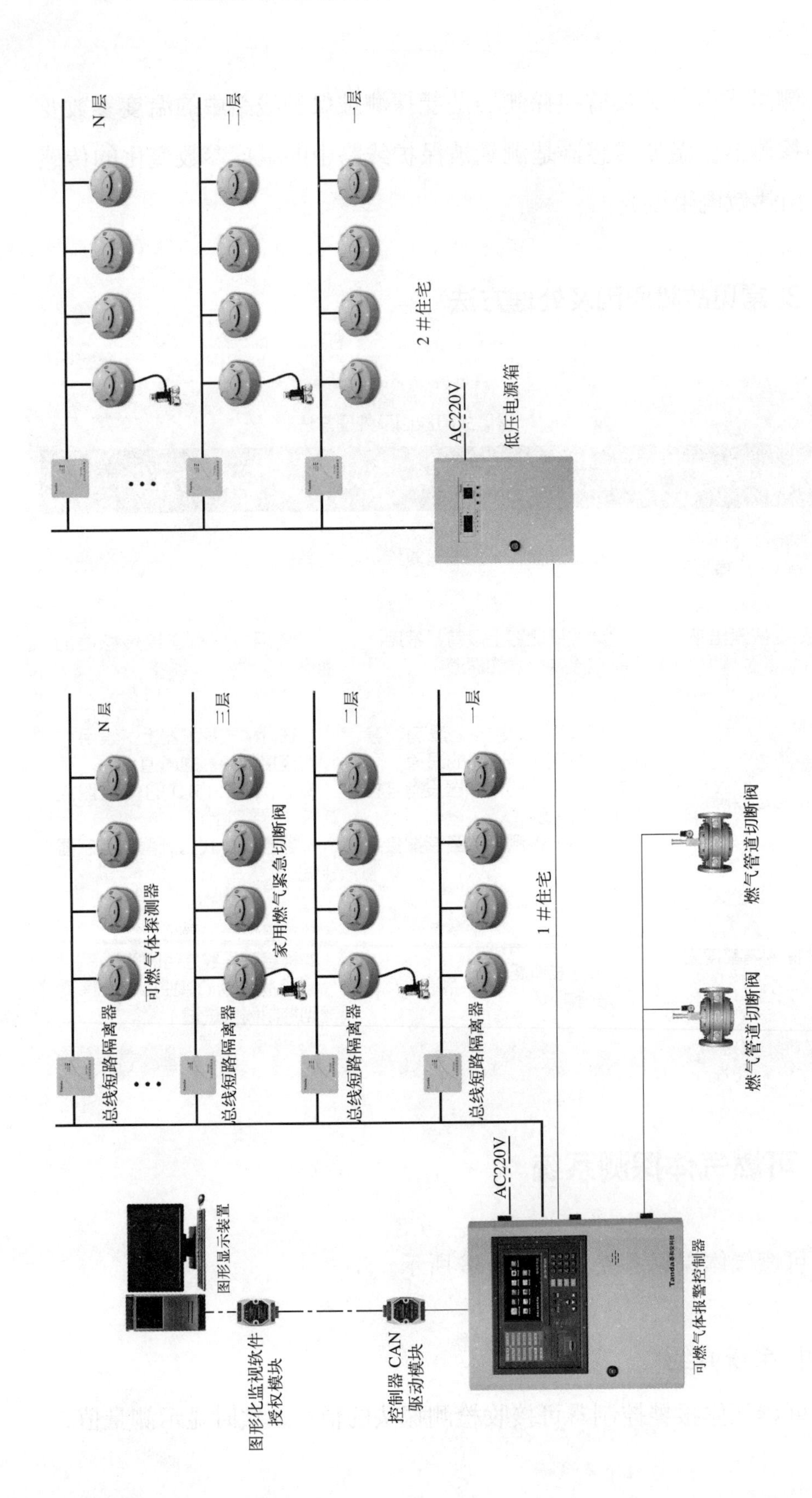

图 4-38 可燃气体探测报警系统

当测量值达到设定的报警值时，控制主机发出声、光报警，同时输出控制信号（开关量接点输出），提示操作人员及时采取安全处理措施，或自动启动事先连接的控制设备，以保障安全生产。

2. 工作原理

探测器以半导体传感器作为气敏原件，在被检测的气体环境中电阻会减小，电阻减小值与气体浓度值成正比。当检测到有目标气体泄漏时，探测器经过识别、分析并将气体浓度转换为数字信号发送给控制器，当被测气体达到或超过报警设定值时，发出声光报警信号，并自动控制连接的电磁阀切断气源，并向集中报警控制系统发送报警信号，若控制器接入有其他联动设备，则同时启动相应联动控设备工作，从而达到预防及避免因燃气泄漏造成的恶性事故发生。

3. 主要安装场所和位置

使用管道燃气的场所或其他散发可燃气体的非防爆场所，如民用住宅建筑，探测器安装在厨房，控制器宜设置在消防控制室或有人值班的场所。

4. 检验方式

模拟燃气泄漏，探测器发出声光报警，控制电磁阀切断气源，发送报警信号给控制系统，控制器报警，并启动联动设备。

5. 常见故障原因及处理方法

常见故障原因及处理方法，如表 4-4 所示。

表 4-4　常见故障原因及处理方法

故障现象	原因分析	处理方法
开机无显示	1. AC220V 电源未正常接入； 2. 主电开关未完全开启； 3. 主电保险管损坏	1. 检查 AC220V 是否接入主机； 2. 重启主电开关； 3. 更换主电保险管
主电故障	1. 主电开关未完全开启； 2. 主电保险管损坏	1. 重启主电开关； 2. 检查主电保险管
备电故障	1. 备用电池未接入； 2. 备用电池欠压； 3. 备电开关未完全开启； 4. 备电保险管损坏	1. 装入备电或禁止备电管理； 2. 电池损坏更换备用电池； 3. 重启备用电池； 4. 更换保险管
通信故障	1. 线路短路或断路； 2. 探测器重码； 3. 未按标准安装布线	1. 检查线路短路 / 断路情况； 2. 将故障探测器拨为其他地址； 3. 检测线路绝缘是否良好

第三节 消防电源监控系统

一、消防电源监控系统组成

消防电源监控系统组成，如图 4-39 所示。

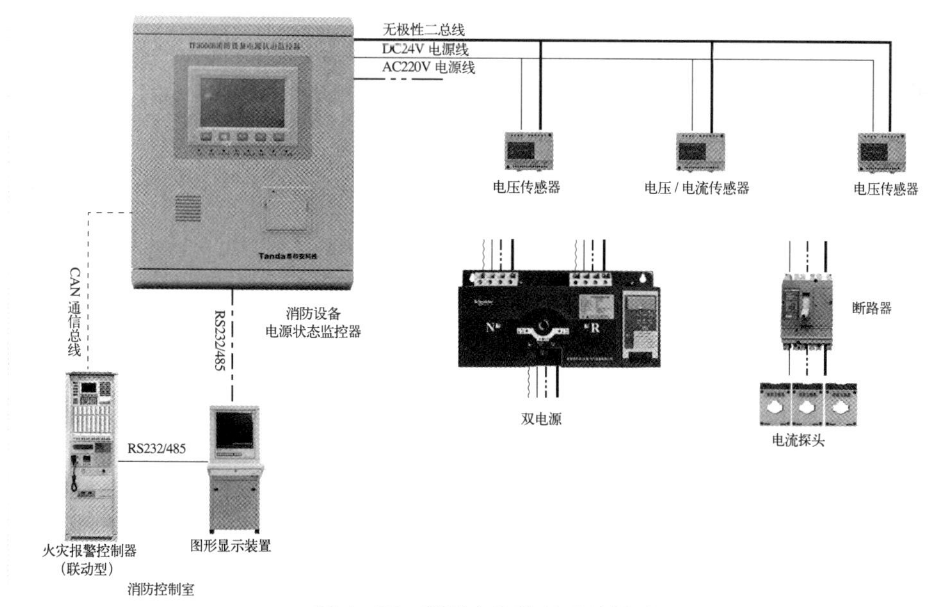

图 4-39　消防电源监控系统组成

注：——无极性二总线　NH-RVS-2 × 1.5mm²；－·－ RS232/485 通信线　NH-RVS-2 × 1.5mm²；
—— DC24V 电源线　NH-BV-2 × 2.5mm²；~~~~ CAN 通信总线　NH-RVS-2 × 1.5mm²。

二、各组件介绍

1. 消防电源监控控制器

（1）消防电源监控器介绍：用于监测消防设备供电电源的工作状态，在电源发生过压、欠压、过流、缺相、错相等故障时发出报警信号及系统自身的运行信息并进行管理和监控的设备。

（2）工作原理：通过消防设备电源状态监控器的 CAN 总线通信方式和直流 24V 集中供电的方式与区域分机、传感器等设备配接组成消防设备电源监控系统。

（3）安装位置：消防控制室。

（4）检查方法：

1）检查自检功能和操作级别，观察主机液晶屏、指示灯、警报声是否正常。

2）进行主机主备电切换，并且观察打印机是否自动打印。

3）通过操作菜单显示设备登陆情况。

4）监控器壁挂安装时，其底边距地面高度宜为 1.3 ～ 1.5m，其靠近门轴的侧面距墙不应小于 0.5m，正面操作距离不应小于 1.2m；落地安装时，其底边宜高出地面 0.1 ～ 0.2m；引入监控器的电缆或导线，电缆芯线和所配导线的端部均应标明编号，并与图纸一致，字迹清晰不易褪色。

2. 传感器

（1）电压信号传感器，如图 4-40 所示。

1）传感器介绍：用于采集消防设备电源工作状态并实时反馈给监控器的设备。

2）工作原理：电压信号传感器采用 DC24V 集中供电，CAN 总线通信方式，以压接方式采集信号，当传感器所在配电箱内的供电系统发生断路、短路、过压、欠压、缺相等故障时通过 CAN 总线及时将报警信息反馈到消防设备电源状态监控器进行处理。

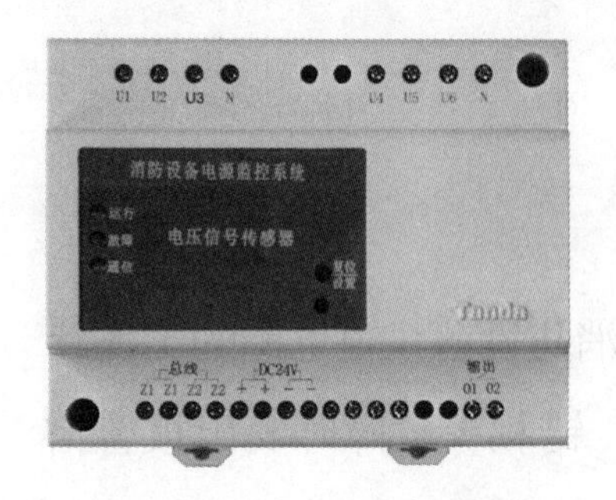

图 4-40　电压信号传感器

3）安装位置：消防设备配电箱内靠近设备电源端，如图 4-41 所示。

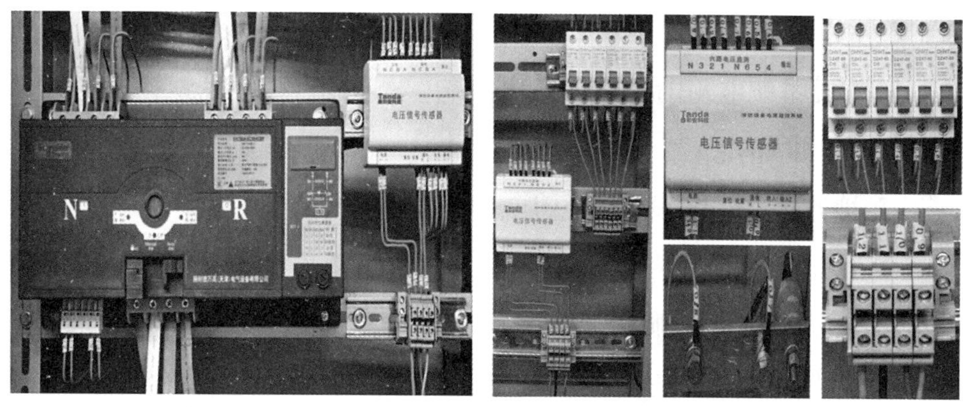

图 4-41 电压信号传感器安装位置

4）检测内容：

①被监控的消防设备电源中断供电时探测器能否探测；

②被监控消防设备电源电压值大于额定电压值的 110% 或小于额定电压值的 85% 时探测器能否探测；

③被监控消防设备电源发生缺相、过载等异常现象，查看监控器显示及报警记录。

（2）电压 / 电流信号传感，如图 4-42 所示。

1）传感器介绍：

用于采集消防设备电源工作状态并实时反馈给监控器的设备。

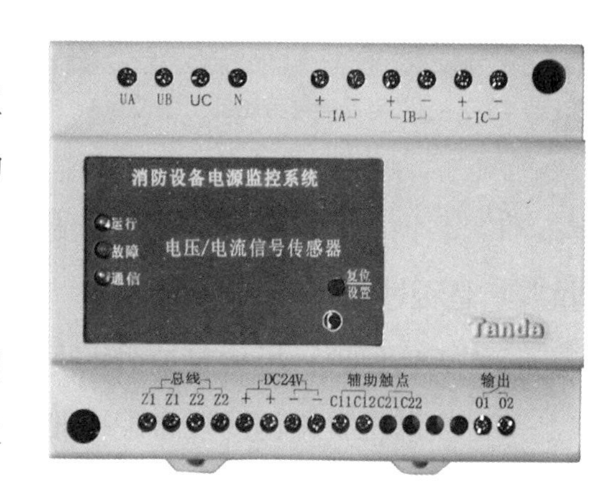

图 4-42 电压 / 电流信号传感器

2）工作原理：

电压 / 电流信号传感器采用 DC24V 集中供电，CAN 总线通信方式，以压接方式采集信号，当传感器所在配电箱内的供电系统发生断路、短路、过压、欠压、缺相以及过流（过载）等故障时通过 CAN 总线及时将报警信息反馈到消防设备电源状态监控器进行处理。

3）安装位置：

消防设备配电箱内靠近设备电源端，如图 4-43 所示。

4）检测内容：

① 被监控的消防设备电源中断供电时探测器能否探测；

② 被监控消防设备电源电压值大于额定电压值的 110% 或小于额定电压值的 85% 时探测器能否探测；

③被监控消防设备电源发生缺相、过载等异常现象，查看监控器显示及报警记录。

（3）电流探头，如图 4-44 所示。

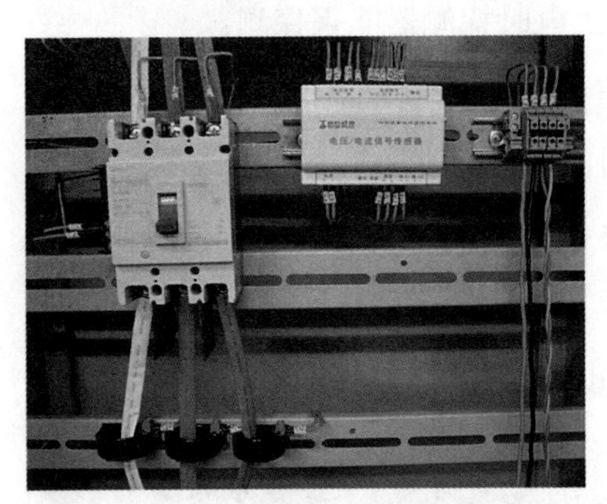

图 4-43　电压 / 电流信号传感器安装位置

图 4-44　电流探头

1）名词介绍：配合电压 / 电流信号传感器使用，通过监测的电流值判断是否过载。

2）工作原理：模拟量信号，两线输出。

3）安装位置：消防设备配电箱内。

4）检测方法：外观检查。

三、常见故障原因及处理方法

常见故障原因及处理方法见表 4-5。

表 4-5 常见故障原因及处理方法

故障现象	原因分析	处理方法
监控器电源指示灯不亮	1. 检查电源 220V 是否加上； 2. 保险断否	如电源已经加上，指示灯仍不亮，则用万用表测试保险管是否通，如果不通应更换保险管
传感器通信灯不闪（表示不能通信）	能通信，则说明通信灯坏；不能通信，是总线开路、短路、接地均会造成不能信；其他系统总线与这条总线混接；传感器到主机之间的连线有断开或松动	总线未连接好；通信线不能短路、断路、开路、不能与其他系统总线连接，在连接前检测总线电阻，电阻值≥ 1kΩ，通信线不能对地短路，总线上不能有直流或交流电压，否则影响通信，严重的可能烧毁设备，要解决以上存在的问题；其他系统总线与这条总线混接，要排除总线混接问题
监控器找不到相应传感器	1. 总线短路、断路、接错或对地短接； 2. 传感器未上电； 3. 传感器未设地址； 4. 总线正负极接反	1. 首先要保证总线畅通； 2. 极性接的正确； 3. 传感器设好地址； 4. 如果仍不能通信，换另一个好的传感器，如果能通信说明总线无问题，更换传感器
监控器无报警声音	报警声音被关闭	进入高级设置，打开监控器报警声音
监控器备电不能启动	1. 电池电量不足； 2. 电池连线松动	1. 如电池电压在直流 10.8V 至 12V 之间，说明电池电量不足，电池应当及时充电； 2. 检查连线是否压紧

第五章

气体灭火系统

一、气体灭火系统的组成

气体灭火系统是指平时灭火剂以液体、液化气体或气体状态存贮于压力容器内，灭火时以气体（包括蒸汽、气雾）状态喷射作为灭火介质的灭火系统。气体灭火系统一般由灭火剂瓶组、启动气体瓶组、单向阀、选择阀、减压装置、驱动装置、集流管、连接管、喷嘴、信号反馈装置、安全泄放装置、控制盘、检漏装置、低泄高封阀、管路管件等部件构成，见图 5-1、图 5-2。

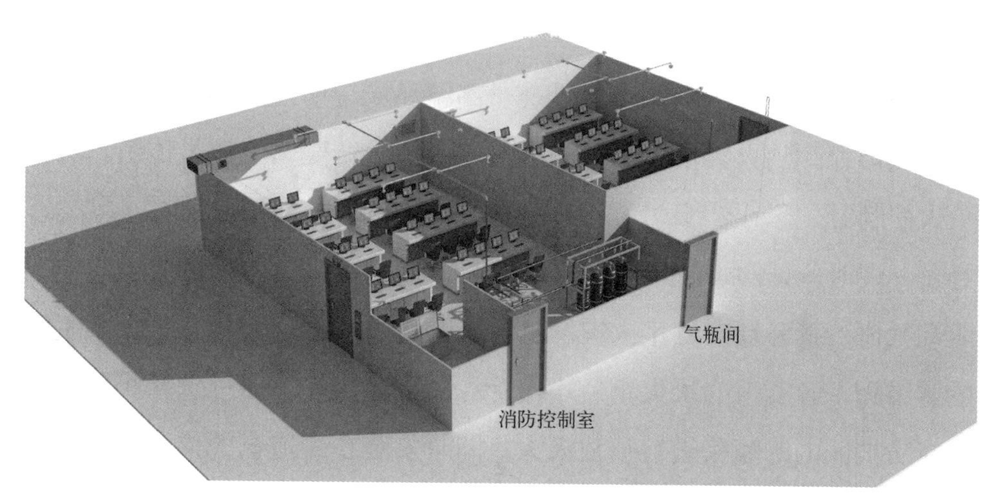

图 5-1 气体灭火系统实物构成图

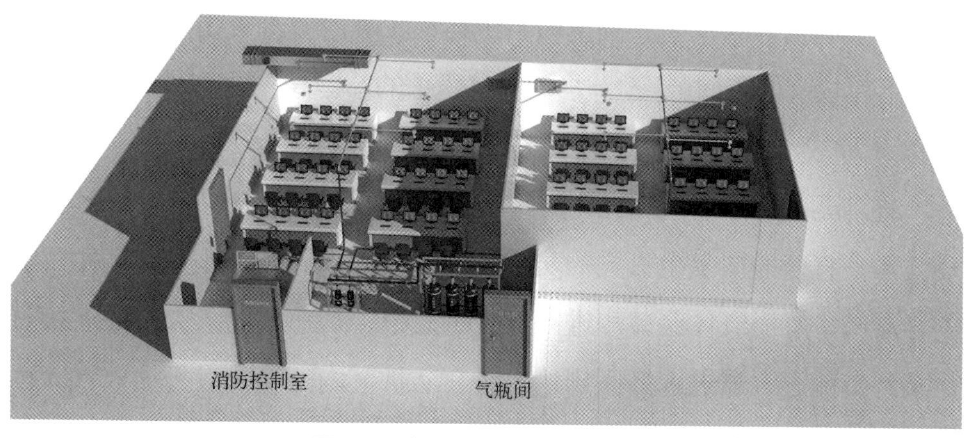

图 5-2 气体灭火系统实物构成图

二、气体灭火系统的工作原理

气体灭火系统主要有自动、手动、机械应急手动和紧急启动/停止四种控制方式，但其工作原理却因其灭火剂种类、灭火方式、结构特点、加压方式和控制方式的不同而各不相同，下面列举部分气体灭火系统分别进行介绍。

1. 系统工作原理

（1）高压二氧化碳灭火系统、内储压式七氟丙烷灭火系统与惰性气体灭火系统。

当防护区发生火灾，产生烟雾、高温和光辐射使感烟、感温、感光等探测器探测到火灾信号，探测器将火灾信号转变为电信号传送到报警灭火控制器，控制器自动发出声光报警并经逻辑判断后，启动联动装置，经过一段时间延时，发出系统启动信号，启动气体瓶组上的容器阀释放驱动气体，打开通向发生火灾的防护区的选择阀，同时打开灭火剂瓶组的容器阀，各瓶组的灭火剂经连接管汇集到集流管，通过选择阀到达安装在防护区内的喷头进行喷放灭火，同时安装在管道上的信号反馈装置动作，将信号传送到控制器，由控制器启动防护区外的释放警示灯和警铃。

另外，通过压力开关监测系统是否正常工作，若启动指令发出，而压力开关的信号未反馈，则说明系统存在故障，值班人员应在听到事故报警后尽快到储瓶间，手动开启储存容器上的容器阀，实施人工启动灭火。

（2）外储压式七氟丙烷灭火系统。

控制器发出系统启动信号，启动驱动气体瓶组上的容器阀释放驱动气体，打开通向发生火灾的防护区的选择阀，同时加压单元气体瓶组的容器阀，加压气体经减压进入灭火剂瓶组，加压后的灭火剂经连接管汇集到集流管，通过选择阀到达安装在防护区内的喷头进行喷放灭火。

气体灭火系统工作原理见图 5-3。

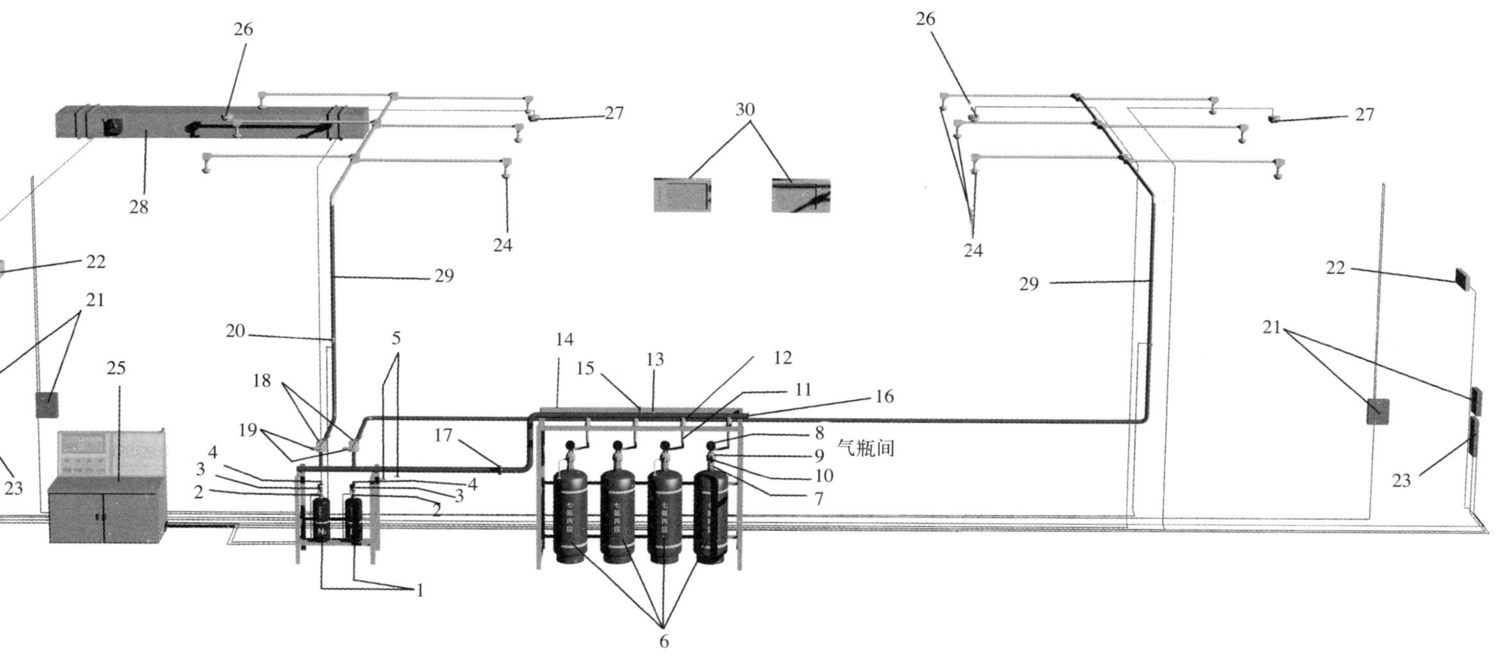

图 5-3　气体灭火系统工作原理图

1—启动瓶；2—压力表；3—电磁启动器；4—手动启动装置；5—气体单向阀；6—灭火剂储气瓶；7—容器阀；8—压力表；9—气动启动器；10—手动启动器；11—高压软管；12—液体单向阀；13—低泄高封阀；14—集流管；15—安全阀；16—焊接堵头；17—连接法兰；18—选择阀；19—手动启动装置；20—自锁压力开关；21—声光报警器；22—喷放指示灯；23—手动控制盒；24—喷嘴；25—火灾自动报警火控制器；26—感温探测器；27—感烟探测器；28—联动设备；29—灭火剂输送管道；30—自动泄压口

2. 气体灭火系统工作流程图，如图 5-4 所示：

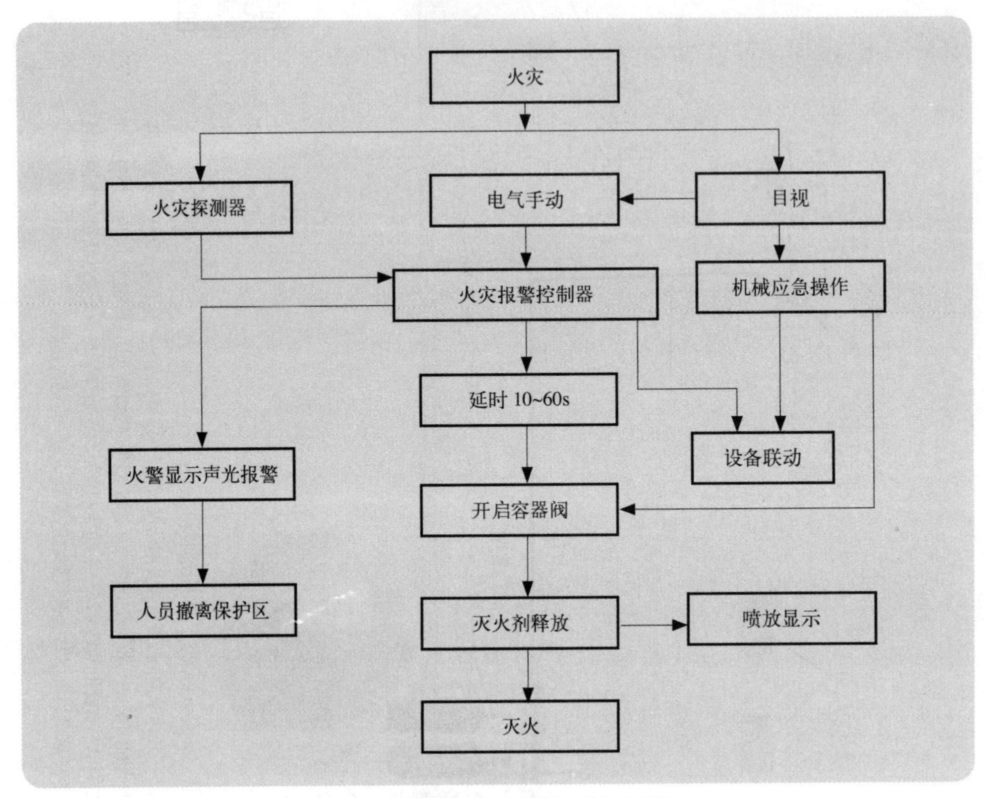

图 5-4　气体灭火系统工作流程图

三、气体灭火系统的适用范围

(1) 《建筑设计防火规范》GB 50016—2014 中规定下列场所应设置自动气体灭火系统：

1）国家、省级或人口超过 100 万的城市广播电视发射塔内的微波机房、分米波房、米波机房、变配电室和不间断电源（UPS）室；

2）国际电信局、大区中心、省中心和一万路以上的地区中心内的长途程控交换房、控制室和信令转接点室；

3）两万线以上的市话汇接局和六万门以上的市话端局内的程控交换机房、控制和信令转接点室；

4）中央及省级公安、防灾和网局级及以上的电力等调度指挥中心内的通信机房控制室；

5）主机房建筑面积不小于 140m^2 的电子信息系统机房内的主机房和基本工作间已记录磁（纸）介质库；

6）中央和省级广播电视中心内建筑面积不小于 120m^2 的音像制品库房。

（2）《气体灭火系统设计规范》GB 50370—2005 中规定：

1）气体灭火系统适用于扑救下列火灾：

① 电气火灾；

② 固体表面火灾；

③ 液体火灾；

④ 灭火前能切断气源的气体火灾。

注：除电缆隧道（夹层、井）及自备发电机房外，K 型和其他型热气溶胶预制灭火系统不得用于其他电气火灾。

2）气体灭火系统不适用于扑救下列火灾：

① 硝化纤维、硝酸钠等氧化剂或含氧化剂的化学制品火灾；

② 钾、镁、钠、钛、锆、铀等活泼金属火灾；

③ 氢化钾、氢化钠等金属氢化物火灾；

④ 过氧化氢、联胺等能自行分解的化学物质火灾；

⑤ 可燃固体物质的深位火灾。

四、气体灭火系统的检查

对系统的防护区和保护对象、储存装置间、阀启动装置、选择阀及压力信号器、单向阀、泄压装置、喷嘴、预制灭火装置、操作与控制、系统防误喷、误报等进行检查，并应符合设计和规范要求。

1. 系统防护区和保护对象

（1）防护区和保护对象的位置、用途及保护区内可燃物的种类应与设计要求一致。

（2）防护区的划分、几何尺寸、开口、通风、环境温度、防护区围护结构的耐压、耐火极限及门、窗可自行关闭装置是否符合设计要求。

（3）防护区下列安全设施的设置应符合设计要求：

1）防护区的疏散通道、疏散指示标志和应急照明装置；

2）防护区内和入口处的声光报警装置、气体喷放指示灯和入口处的安全标志；

3）无窗或固定窗扇的地上防护区和地下防护区的排气装置；

4）门窗设有密封条的防护区的泄压装置；

5）专用的空气呼吸器；

6）泄压口设置设在外墙上，距地面 2/3 以上。

2. 储存装置间

（1）储存装置间的位置、通道、耐火等级、应急照明装置、火灾报警控制装置及地下储存装置间机械排风装置应符合设计要求。

（2）储存装置间门外侧中央贴有"气体灭火储瓶间"的标牌。

（3）管网灭火系统的储存装置宜设在专用储瓶间内，其位置应符合设计文件要求。如设计无要求，储瓶间宜靠近防护区。

（4）储存装置间内设应急照明，其照度应达到正常工作照度。

1）灭火剂贮存容器：

① 外观质量：无变形、缺陷；手动操作装置有铅封；

② 同一系统规格要一致，高度差小于或等于 10mm；

③ 贮存容器上的压力表符合图纸设计要求；

④ 管道颜色：外表面涂红色油漆；

⑤ 设备编号：标明设计规定的灭火剂名称和编号；

⑥ 贮存容器的记录：永久，包括编号、充装量、充装压力、充装日期（见图 5-5）；

⑦ 到贮存容器必须固定在支架上（见图 5-6），并做防腐处理；操作面距墙或操作面之间的距离不宜小于 1.0m，且不小于贮存容器外径的 1.5 倍；

⑧ 充装压力：不小于相应温度下的贮存压力，不大于该贮存压力 5%。

图 5-5　贮存容器记录

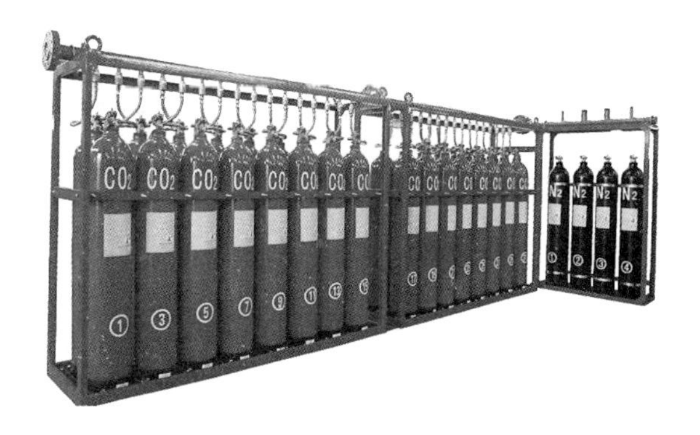

图 5-6　贮存容器固定支架

2）贮瓶间温度：–10~50℃，贮瓶间相对湿度：≤ 85%RH，贮瓶间照明灯光照度：≥ 150 lx。

3. 阀驱动装置

（1）阀驱动装置的数量、型号、规格和标志，安装位置，气动驱动装置中驱动气瓶的介质名称和充装压力，以及气动驱动装置管道的规格、布置和连接方式符合设计要求。

（2）电磁驱动装置驱动器的电气连接线应沿支、框架或墙面固定。

（3）除必要外露部分外，拉索采用经内外防腐处理的钢管防护；转弯处采用专用导向滑轮；拉索末端拉手设在专用的保护盒内；拉索套管和保护盒要固定牢靠，如图 5-7 所示。

（4）气体驱动装置应无碰撞变形及机械性损伤，手启有完整铅封，标明驱动介质名称和对应防护区名称的编号。

（5）驱动气瓶的瓶头阀上应设有带安全销（加有铅封）的紧急手动启动装置；驱动气瓶的支、框架或箱体应固定牢靠，并做防腐处理，多个驱动装置集中安装时其高度相差不宜超过 10mm；压力表的正面朝向操作面，多个驱动装置集中安装时其压力表高度相差不宜超过 10mm。

4. 选择阀及压力信号器

（1）选择阀的安装位置靠近储存容器，安装高度宜为 1.5 ~ 1.7m。选择阀操作手柄应安装在便于操作的一面，当安装高度超过 1.7m 时应采取便于操作的措施。

（2）选择阀上应设置标明防护区或保护对象名称或编号的永久性标志牌，并应便于观察，如图 5-8 所示。

图 5-7　某驱动瓶拉索安装

图 5-8　某选择阀永久性标志

（3）选择阀上应标有灭火剂流动方向的指示箭头，箭头方向应与介质流动方向一致。

（4）压力信号器接线可靠，功能正常。

5. 单向阀

（1）单向阀的安装方向应与介质流动方面一致；铭牌清晰、牢固，方向正确，如图 5-9 所示。

（2）七氟丙烷、三氟甲烷、高压二氧化碳灭火系统在容器阀和集流管之间的管道上应设液流单向阀，方向与灭火剂输送方向一致。

（3）气流单向阀在气动管路中的位置、方向必须完全符合设计文件的要求。

6. 泄压装置

（1）在储存容器的容器阀和组合分配系统的集流管上，应设安全泄压装置；且泄压方向不应朝向操作面，如图 5-10 所示。

（2）低压二氧化碳灭火系统储存容器上至少应设置 2 套安全泄压装置，低压二氧化碳灭火系统的安全阀应通过专用泄压管接到室外，其泄压动作压力应为 2.38±0.12MPa。

（3）泄压口设置设在外墙上，距地面 2/3 以上。

7. 喷嘴

（1）安装在吊顶下的不带装饰罩的喷嘴，其连接管端螺纹不应露

图 5-9　单向阀

图 5-10　集流管上的泄压装置

出吊顶，安装在吊顶下的带装罩喷嘴，其装饰罩应紧贴吊顶，如图 5-11 所示；设置在有粉尘、油雾等防护区的喷头，应有防护装置。

图 5-11　带装饰罩的喷嘴安装

(2) 喷头的安装间距应符合设计文件，喷头的布置应满足喷放后气体灭火剂在防护区内均匀分布的要求。当保护对象属可燃液体时，喷头射流方向不应朝向液体表面。

(3) 喷头的最大保护高度不宜大于 6.5m，最小保护高度不应小于 300mm。

8. 预制灭火装置

(1) 现场选用产品的数量、规格、型号符合设计文件要求。防护区的面积不宜大于 500m^2，且容积不宜大于 1600m^3，且一个防护区设置的预制灭火系统，其装置数量不宜超过 10 台。

（2）同一防护区设置多台装置时，其相互间的距离不得大于 10m。

（3）防护区内设置的预制灭火系统的充压压力不应大于 2.5MPa。

（4）同一防护区内的预制灭火系统装置多于 1 台时，必须能同时启动，其动作响应时差不得大于 2s。

（5）预制灭火系统、柜式气体灭火装置喷口前 2.0m 内不得有阻碍气体释放的障碍物。

9. 操作与控制

（1）管网灭火系统应设自动控制、手动控制和机械应急操作三种启动方式；预制灭火系统应设自动控制和手动控制两种启动方式。

（2）灭火设计浓度或实际使用浓度大于无毒性反应浓度的防护区，应设手动与自动控制的转换装置。

（3）手动启动、停止按钮应安装在防护区入口便于操作的部位，安装高度为中心点距地（楼）面 1.5m，手动启动、停止按钮处应有防止误操作的警示显示与措施。

（4）机械应急操作装置应设在储瓶间内或防护区疏散出口门外便于操作的地方，并应设置防止误操作的警示显示与措施。

10. 系统防误喷、误报

当气体灭火系统进行局部或全面检测时，为了避免测试过程中设备误动作造成人身伤亡及经济损失，这就要求现场必须做好防止误喷或误报发生的各项措施：

（1）在测试前，操作员需将报警系统的启动命令信号线与气体灭火系统之间进行断开处理，避免误报造成人员恐慌和影响办公区域工作人员正常办公。

（2）以气体作为驱动的气体灭火系统，在测试前，操作员需完成以下工作：

图 5-12　驱动气体管道断开

1）将驱动气体管道拆掉，使驱动气体释放的驱动管道处于断开状态，如图 5-12 所示。

2）将驱动气体释放电磁阀电源回路拆除，使其处于断开状态，如图 5-13 所示。

3）检查线路绝缘情况，严禁线路接地或短路，如图 5-14 所示。

4）检查所有驱动气体释放的驱动管道及电源回路是否处于断开状态，应必须处于断开状态。

图 5-13　释放电磁阀电源回路拆除

图 5-14　检查线路绝缘

11. 系统管道压力、气密性检查

《气体灭火系统施工及验收规范》GB 50263—2007 第 5.5.4 条规定：灭火剂输送管道安装完毕后，应进行强度试验（见图 5-15）和气压严密性试验（见图 5-16），并合格。

（1）进行水压强度试验时，应按工作压力的 1.5 倍进行水压或气

图 5-15　强度试验现场

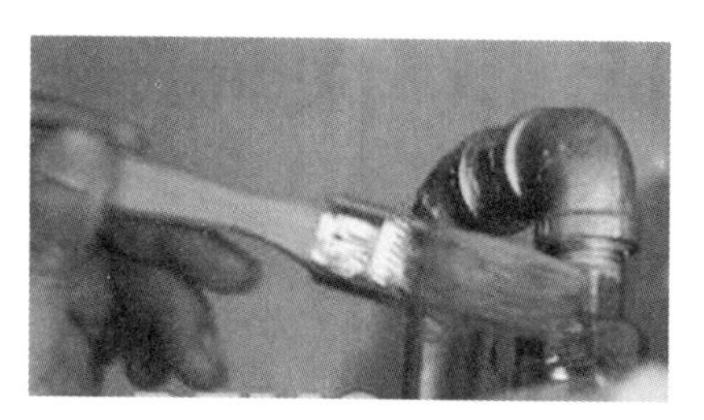

图 5-16　用涂刷肥皂水的方法进行气密性试验

压强度试验，试验时，先将压力慢慢升至规定压力值，保压 5min，检查管道各连接处应无明显滴漏，目测管道应无变形。

（2）当水压强度试验条件不具备时，可采用气压强度试验代替，当压力升至试验压力的 50 % 时，如未发现异状或泄漏，继续按试验压力的 10 % 逐级升压，每级稳压 3 min，直至试验压力。保压检查管道各处无变形，无泄漏为合格。

（3）灭火剂输送管道经水压强度试验合格后还应进行气密性试验，经气压强度试验合格且在试验后未拆卸过的管道可不进行气密性试验。将压力升至试验压力，关断气源后，3min 内压力降不超过试验压力的 10%。

（4）灭火剂输送管道在水压强度试验合格后，或气密性试验前，应进行吹扫（见图 5-17）。吹扫管道可采用压缩空气或氮气，吹扫时，管道末端的气体流速不应小于 20 m/s，采用白布检查，直至无铁锈、尘土、水渍及其他异物出现。

图 5-17　管道吹扫现场

五、气体灭火系统常见故障及处理方法

气体灭火系统常见故障及处理方法见表 5-1。

表 5-1 气体灭火系统常见故障及处理方法

故障现象	故障分析	故障处理
控制柜故障指示闪烁	通信接口断路	检查通信线路连接
控制主机死机	计算机系统故障	联系维修
超压报警（超压报警指示灯亮）	电源未接通	接通电源或开启平衡阀缓慢泄压
	制冷机组故障	联系维修
低液位报警（低液位报警指示灯亮）	连接球阀泄漏	联系维修
	控制器输入线路端子脱落	连接好控制线路
	液位计故障	联系维修
制冷机组通电不工作	电源未接通	接通电源
	压缩机过载保护器断路	检查过载原因并更换
	压缩机烧坏	联系维修
制冷系统不制冷	制冷剂泄漏	漏点检修，补充制冷剂
	系统管路堵塞或冰堵脏堵	检修处理
控制面板无显示或显示字符不全	电源断路	接通电源
	排线接触不良	检查接线端子
	控制器故障	联系维修
	蓄电池容量不足	检查更换蓄电池
灭火剂瓶组压力下降	压力表接头泄漏	肥皂水检查漏点；联系更换相应零部件
	灭火剂容器阀泄漏	
	安全泄放装置膜片损坏	
	压力表失效	
驱动气体瓶组压力下降	压力低于绿区，压力表接头泄漏	肥皂水检查漏点；联系更换相应零部件
	驱动气体容器阀泄漏	
	压力表失效	
电磁启动器动作不正常	电磁启动器阀针阻力过大	更换阀针或重新装配
	启动电流低于额定工作电流	检查控制器输出电流
	启动器线圈损坏	联系维修

第六章

泡沫灭火系统

第一节 低、中、高倍数泡沫灭火系统

一、泡沫灭火系统的组成

泡沫灭火系统主要由供水设施、供泡沫液设施（泡沫液泵、泡沫液储存装置、比例混合装置等）、泡沫产生装置、泡沫喷射装置、泡沫消火栓、供水和供泡沫液管网及阀门、火灾探测及联动控制装置等组成。

泡沫灭火系统按泡沫混合液的发泡倍数不同，可分为低倍数泡沫灭火系统（发泡倍数为 1 ～ 20）、中倍数泡沫灭火系统（发泡倍数为 21 ～ 200）、高倍数泡沫灭火系统（发泡倍数高于 200）；按系统固定方式及组成形式不同可分为固定式系统、半固定式系统和移动式系统；按泡沫覆盖应用方式不同可分为全淹没系统和局部应用系统。泡沫灭火系统的分类如图 6-1 所示。

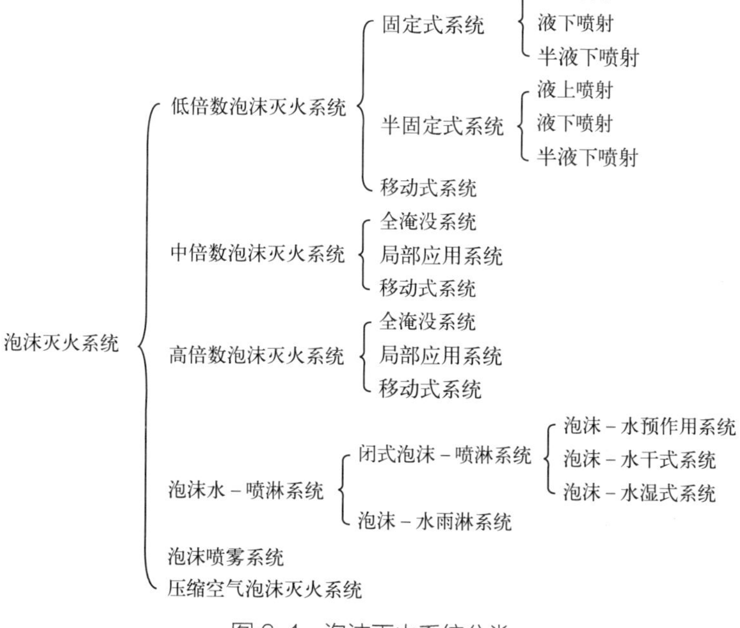

图 6-1　泡沫灭火系统分类

二、泡沫灭火系统的工作原理

泡沫灭火系统是采用空气泡沫作为灭火介质以扑灭火灾的，空气泡沫是通过比例混合器将泡沫液与水按预设比例混合形成泡沫混合液，再经泡沫产生装置与空气作用发泡而产生的，空气泡沫通过适宜的喷射装置以覆盖或包裹的方式作用在燃烧物表面或充满整个防护区域形成灭火所需的泡沫层，空气泡沫层具有冷却、窒息和阻隔燃烧挥发物的作用。

1. 低倍数液上喷射泡沫灭火系统（固定式、半固定式）

该系统工作方式是将泡沫从液面上喷入被保护储罐内，如图 6-2 所示。

2. 低倍数液下喷射泡沫灭火系统（固定式、半固定式）

该系统工作方式是将泡沫从液面下喷入被保护储罐内，如图 6-3 所示。

3. 低倍数半液下喷射泡沫灭火系统（固定式、半固定式）

该系统工作方式是将泡沫从储罐底部注入，并通过软管浮升到燃烧液体表面进行喷放，如图 6-4 所示。

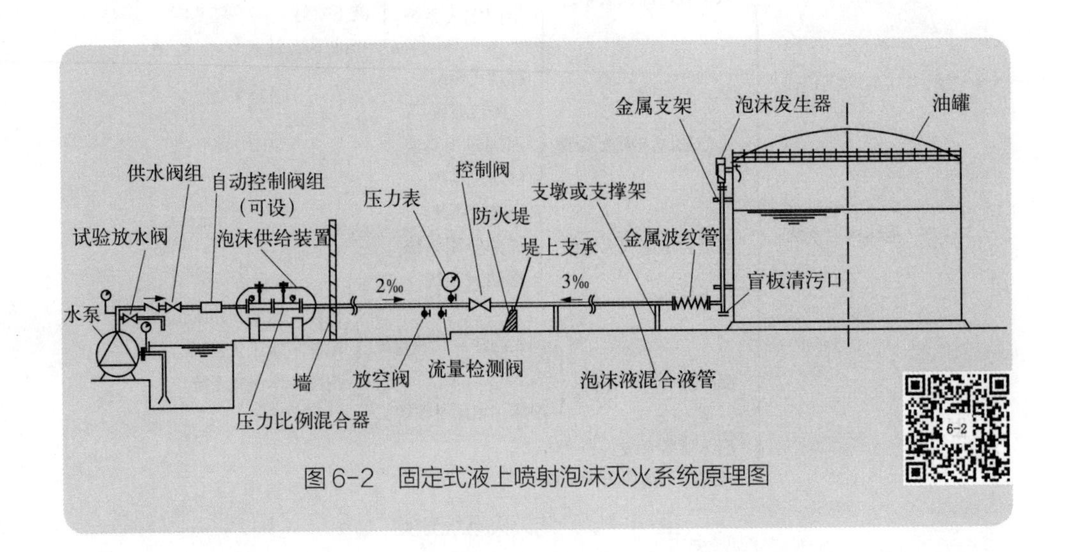

图 6-2 固定式液上喷射泡沫灭火系统原理图

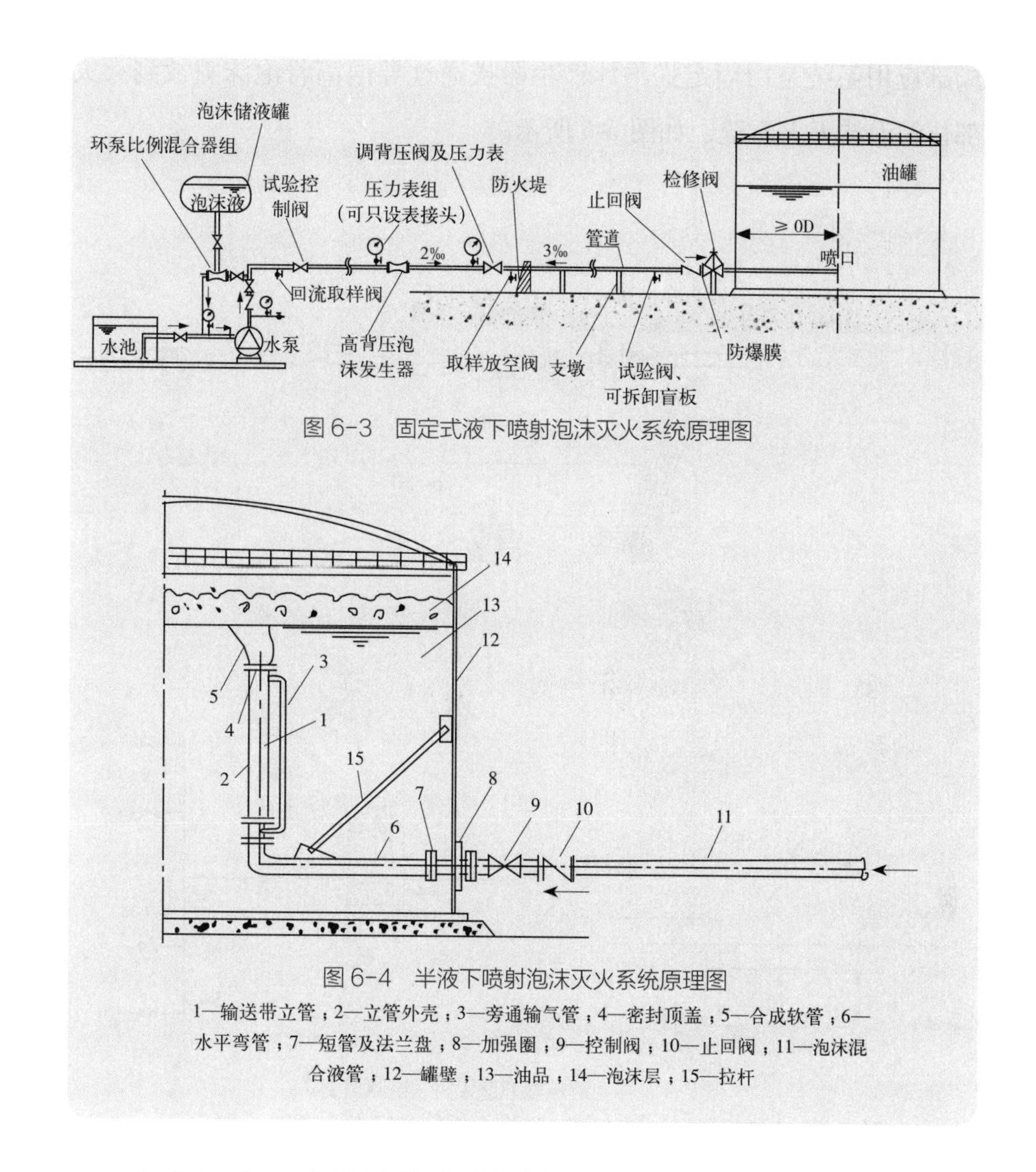

图 6-3　固定式液下喷射泡沫灭火系统原理图

图 6-4　半液下喷射泡沫灭火系统原理图

1—输送带立管；2—立管外壳；3—旁通输气管；4—密封顶盖；5—合成软管；6—水平弯管；7—短管及法兰盘；8—加强圈；9—控制阀；10—止回阀；11—泡沫混合液管；12—罐壁；13—油品；14—泡沫层；15—拉杆

4. 低、中、高倍数移动式泡沫灭火系统

该系统由消防车、机动消防泵或有压水源，泡沫比例混合器，泡沫枪、泡沫炮或移动式泡沫产生器，用水带等连接组成，如图 6-5 所示。

5. 中、高倍数泡沫灭火系统（全淹没、局部应用）

全淹没系统是由固定式泡沫产生器将泡沫喷放到封闭或被围挡的防护区内，并在规定的时间内达到一定泡沫淹没深度的泡沫灭火系统；

局部应用系统是由固定式泡沫产生器或通过导泡筒将泡沫喷放到火灾部位的泡沫灭火系统，如图 6-6 所示。

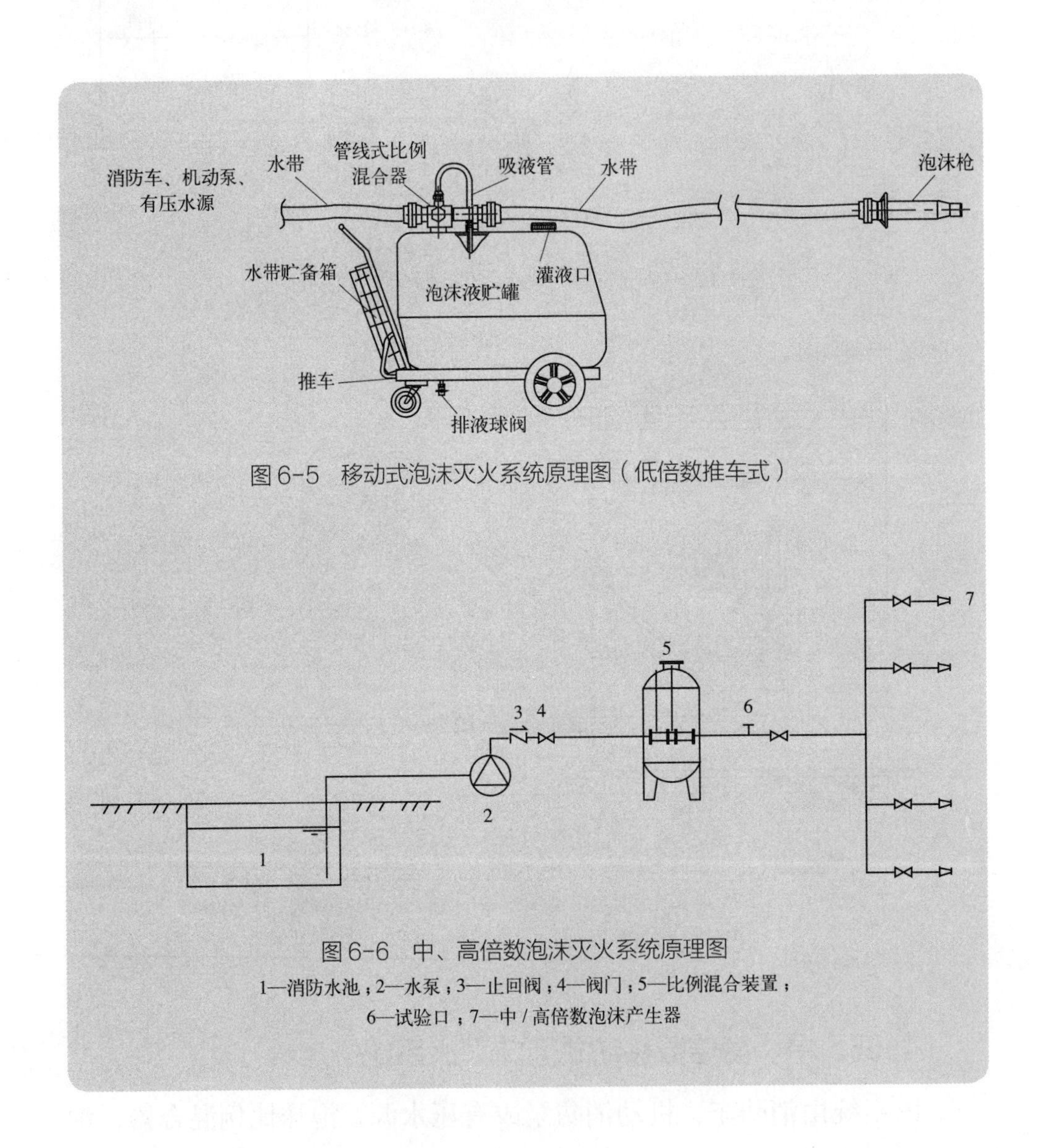

图 6-5 移动式泡沫灭火系统原理图（低倍数推车式）

图 6-6 中、高倍数泡沫灭火系统原理图

1—消防水池；2—水泵；3—止回阀；4—阀门；5—比例混合装置；6—试验口；7—中 / 高倍数泡沫产生器

6. 泡沫 - 水喷淋系统

泡沫 - 水喷淋系统是由喷头、报警阀组、水流报警装置（水流指示器或压力开关）等组件，以及管道、泡沫液与水供给设施组成，并能在发生火灾时按预定时间与供给强度向防护区依次喷洒泡沫与水的

自动灭火系统，包括开式和闭式系统，闭式系统又包括泡沫－水预作用系统、泡沫－水干式系统和泡沫－水湿式系统。泡沫－水喷淋系统原理图（见图6-7），图中各主要系统部件应根据开式和闭式自动喷水灭火系统的设置要求在适用时进行配置。

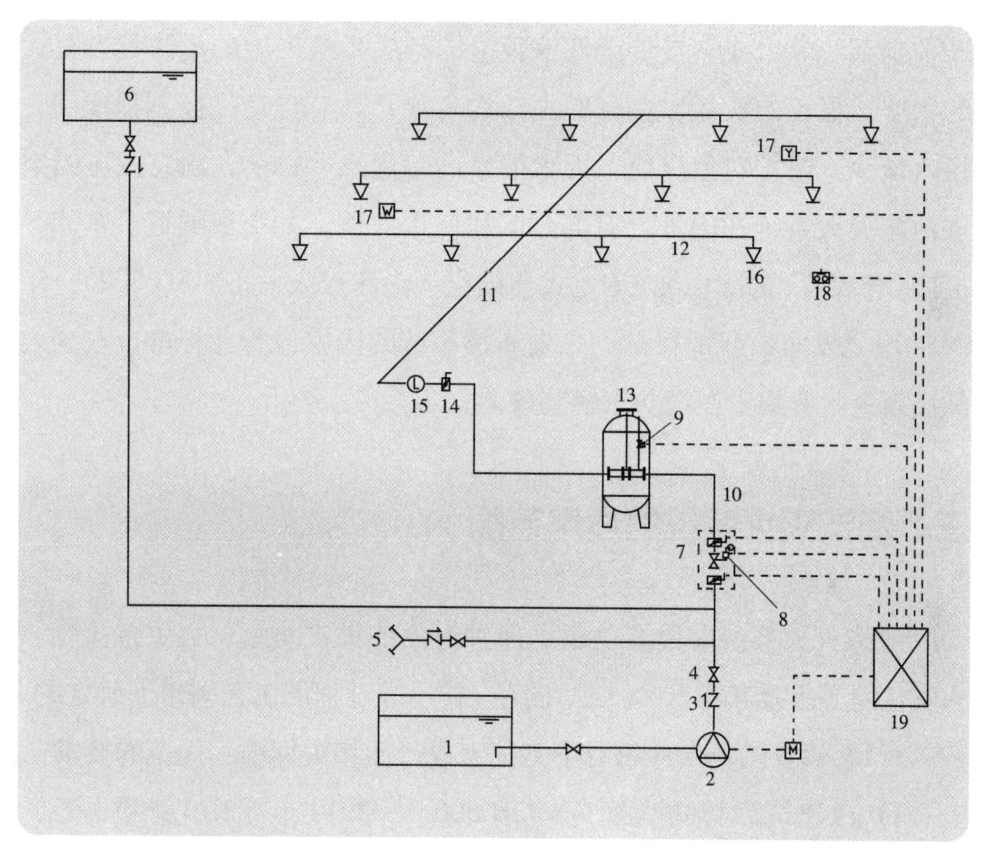

图6-7 泡沫－水喷淋系统原理图

1—消防水池；2—水泵；3—止回阀；4—闸阀；5—水泵接合器；6—消防水箱；7—报警阀组；8—压力开关；9—电磁阀；10—配水干管；11—配水管；12—配水支管；13—比例混合装置；14—信号蝶阀；15—水流指示器；16—洒水喷头；17—火灾探测器；18—手动火灾报警按钮；19—火灾报警及联动控制器

7. 泡沫喷雾系统

泡沫喷雾系统是采用泡沫喷雾喷头，在发生火灾时按预定时间与供给强度向被保护设备或防护区喷洒泡沫的自动灭火系统，其工作原理与泡沫－水喷淋系统类似。

8. 压缩空气泡沫灭火系统

压缩空气泡沫灭火系统是将压缩空气按一定比例注入泡沫混合液中，以压缩空气泡沫的形式在管网内输送，并通过专用喷洒装置向保护对象或保护区施放泡沫灭火。系统主要由供水装置、供泡沫液装置、供气装置、输送设备、控制阀组、喷洒装置、火灾报警系统及消防联动控制系统等组成，较传统低倍数泡沫产生系统产生的泡沫具有更大的密度、更小的粒径和良好的泡沫均匀度，具有自动化控制程度高、用水量少、保护对象广泛、灭火效率高等优点。目前，固定式压缩空气泡沫灭火系统在国外已有部分工程应用实例，如交通隧道、车库、机库、仓库等，国际标准《固定式压缩空气泡沫灭火设备》ISO 7076—5：2014 现已发布，我国目前尚未发布该系统的国家或行业标准，在国内的应用也主要集中在消防车辆装备上。

三、泡沫灭火系统的适用范围

泡沫灭火系统的设置是根据保护对象的火灾类型、火灾危险性、火灾危险等级及其生产、加工、储存、转运等过程的工艺需求而确定的。

（1）设置的场所应符合下列国家或行业相关标准、规范的要求：

1）《建筑设计防火规范》GB 50016—2014 第 8.3.10 条甲、乙、丙类液体储罐的灭火系统设置；

2）《泡沫灭火系统设计规范》GB 50151—2010 第 4 章低倍数泡沫灭火系统、第 5 章中倍数泡沫灭火系统、第 6 章高倍数泡沫灭火系统、第 7 章泡沫－水喷淋系统与泡沫喷雾系统；

3）《石油天然气工程设计防火规范》GB 50183—2004 第 8.4 节油罐区消防设施；

4）《石油化工企业设计防火规范》GB 50160—2008 第 8.7 节低倍数泡沫灭火系统；

5）《石油储备库设计规范》GB 50737—2011 第 8 章消防设施；

6）《石油库设计规范》GB 50074—2014 第 12 章消防设施；

7）《火力发电厂与变电站设计防火规范》GB 50229—2006 第 7.8 节泡沫灭火系统；

8）《钢铁冶金企业设计防火规范》GB 50414—2007 第 8.3 节自动灭火系统的设置场所；

9）《飞机库设计防火规范》GB 50284—2008 第 9 章消防给水和灭火设施；

10）《汽车库、修车库、停车场设计防火规范》GB 50067—2014 第 7.3 节其他灭火设施；

11）《酒厂设计防火规范》GB 50694—2011 第 7.2 节灭火系统和消防冷却水系统；

12）交通隧道、水力水电工程等泡沫灭火系统的设置场所应符合现行国家标准规范要求。

（2）含有下列物质的场所，不应选用泡沫灭火系统：

1）硝化纤维、炸药等在无空气环境中仍能迅速氧化的化学物质和强氧化剂；

2）钾、钠、烷基铝、五氧化二磷等遇水发生危险化学反应的活泼金属和化学物质。

（3）下列场所不宜选用闭式泡沫－水喷淋系统：

1）流淌面积较大，作用面积超过 465m^2 的甲、乙、丙类液体场所；

2）靠泡沫混合液或水稀释不能有效灭火的水溶性液体场所；

3）净空高度大于 9m 的场所；

4）火灾水平方向蔓延较快的场所不宜选用泡沫－水干式系统；

5）初始火灾为液体流淌火灾的甲、乙、丙类液体桶装库、泵房不宜选用泡沫－水湿式系统；

6）含有甲、乙、丙类液体敞口容器的场所。

四、泡沫灭火系统的检查

凡列入国家3C强制性认证产品目录的消防产品，若在泡沫灭火系统中使用时，应查看其是否具有3C证书，检查铭牌、标志，查看规格型号是否与证书一致。

1. 泡沫液及系统组件

（1）组件选用。

泡沫液、泡沫消防水泵、泡沫混合液泵、泡沫液泵、泡沫比例混合器（装置）、压力容器、泡沫产生装置、火灾探测与启动控制装置、控制阀门及管道等系统组件，必须符合设计要求及用途。

（2）系统主要组件的外观、涂色要求检查。

1）泡沫混合液泵、泡沫液泵、泡沫液储罐、泡沫液管道、泡沫混合液管道、泡沫管道、泡沫产生器、管道过滤器，宜涂红色。

2）泡沫消防水泵、给水管道，宜涂绿色。

3）当管道较多，泡沫系统管理与工艺管道涂色有矛盾时，可涂相应的色带或色环。

4）隐蔽管道可不涂色。

5）检查系统中的设置的手动机构、转动部件等，应无卡阻现象。

（3）用于保护甲、乙、丙类可燃液体的泡沫液的选择与储存。

1）用于防护非水溶性可燃液体储罐的低倍数泡沫液：

① 当采用液上喷射系统时，应选用蛋白、氟蛋白、成膜氟蛋白或水成膜泡沫液。

② 当采用液下喷射系统时，应选用氟蛋白、成膜氟蛋白或水成膜泡沫液。

③ 当选用水成膜泡沫液时，其抗烧水平不应低于国家标准《泡沫灭火剂》GB 15308—2006规定的C级。

2）用于防护非水溶性可燃液体的泡沫－水喷淋系统、泡沫枪系统、泡沫系统泡沫液的泡沫液：

① 当采用吸气型泡沫产生装置时，可选用蛋白、氟蛋白、水成膜或成膜氟蛋白泡沫液。

② 当采用非吸气型喷射装置时，应选用水成膜或成膜氟蛋白泡沫液。

3）用于防护水溶性可燃液体和其他对普通泡沫有破坏作用的可燃液体时，泡沫液必须选用抗溶泡沫液。

（4）泡沫液是泡沫灭火系统发挥灭火效能的关键材料，泡沫液的正确选择和质量控制是系统检查的重点。对于泡沫液的进场，通常情况下应取样留存，如果泡沫液的使用及储存量较大，应根据《泡沫灭火系统施工及验收规范》GB 50281—2006 第 4.2.2 条的要求进行取样检验。

（5）泡沫消防泵的选择与布置。

1）泡沫消防水泵、泡沫混合液泵应选择特性曲线平缓的离心泵，且其工作压力和流量应满足系统设计要求。当采用水力驱动式平衡式比例混合装置时，应将其消耗的水流量计入泡沫消防水泵的额定流量内；当采用环泵式比例混合器时，泡沫混合液泵的额定流量应为系统设计流量的 1.1 倍；泵出口管道上，应设置压力表、单向阀和带控制阀的回流管。

2）泡沫液泵的工作压力和流量应满足系统最大设计要求，并应与所选比例混合装置的工作压力范围和流量范围相匹配，同时应保证在设计流量范围内泡沫液供给压力大于最大水压力；泡沫液泵的结构形式、密封或填充类型应适宜输送所选的泡沫液，其材料应耐泡沫液腐蚀且不影响泡沫液的性能；泡沫液泵应能耐受时长不低于 10min 的空载运行；除水力驱动型泵外，泡沫液泵应按国家标准《泡沫灭火系统设计规范》GB 50151—2010 对泡沫消防泵的相关规定设置动力源与备用泵，备用泵的规格型号应与工作泵相同；工作泵故障时，应能自动与手动切换到备用泵，动力源宜与系统泡沫消防泵的动力源一致。

（6）泡沫比例混合器（装置）。

1）泡沫比例混合器（装置）的选择（见图6-8）。

① 泡沫比例混合器（装置）的进口工作压力与流量，应在标定的工作压力与流量范围内。

② 对于单罐容量不小于20000m^{3}的非水溶性液体、单罐容量不小于5000m^{3}的水溶性液体固定顶储罐及按固定顶储罐对待的内浮顶储罐、单罐容量不小于50000m^{3}的浮顶储罐和外浮顶储罐，宜选择计量注入式比例混合装置或平衡式比例混合装置。

③ 当所用泡沫液的密度低于1.12g/mL时，不应选择无囊的压力式比例混合装置。

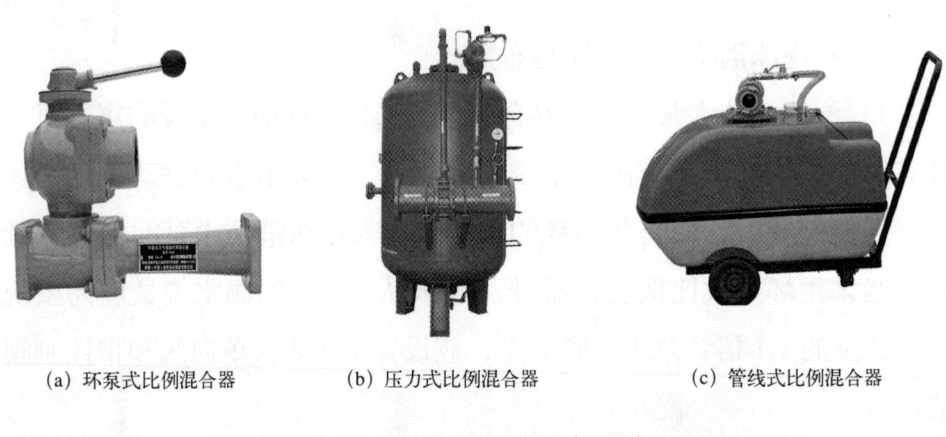

(a) 环泵式比例混合器　(b) 压力式比例混合器　(c) 管线式比例混合器

图6-8　泡沫比例混合器（装置）

2）与泡沫液或泡沫混合液接触的部件，应采用耐腐蚀材料制作。

3）当采用环泵式比例混合器时，其出口背压宜为零或负压；当进口压力为0.7～0.9MPa时，其出口背压可为0.02～0.03MPa；吸液口不应高于泡沫液储罐最低液面1m；比例混合器的出口背压大于零时，吸液管上应设有防止水倒流入泡沫液储罐的措施；环泵式比例混合器应设置不少于一个的备用量。

4）当采用压力比例混合装置时，其单罐容积不应大于 $10m^3$；对于无囊式压力比例混合装置，当单罐容积大于 $5m^3$ 且储罐内无分隔设施时，宜设置一台小容积压力比例混合装置，其容积应大于 $0.5m^3$，并能保证系统按最大设计流量连续提供 3min 的泡沫混合液。

5）当采用平衡式比例混合装置时（见图 6-9），平衡阀的泡沫液进口压力应大于水进口压力，且其压差应满足产品使用要求；比例混合器的泡沫液进口管道上应设单向阀；泡沫液管道上应设冲洗及放空设施。

6）当采用计量注入式比例混合装置时，泡沫液注入点的泡沫液流

图 6-9 平衡式比例混合装置

压力应大于水流压力，且其压差应满足产品使用要求；流量计的进口前和出口后直管段的长度应不小于管径的 10 倍；泡沫液进口管道上应设单向阀；泡沫液管道上应设冲洗及放空设施。

7）全淹没高倍数泡沫灭火系统或局部应用高倍数、中倍数泡沫灭火系统的比例混合装置选择：

① 采用集中控制方式保护多个防护区时，应选用平衡式比例混合装置。

② 当只保护一个防护区时，宜选用平衡式比例混合装置或囊式压力比例混合装置。

（7）泡沫液储罐。

1）泡沫液储罐宜采用耐腐蚀材料制作，且与泡沫液直接接触的内壁或衬里不应对泡沫液的性能产生不利影响。

2）常压泡沫液储罐。

① 储罐内应留有泡沫液热膨胀空间和泡沫液沉降损失部分所占空间。

② 储罐出液口的设置应保障泡沫液泵进口为正压，且应设置在沉降层以上。

③ 储罐上应设置出液口、液位计、进料孔、排渣孔、人口、取样口、呼吸阀或通气管。

3）泡沫液储罐上应有标明泡沫液种类、型号、出厂与灌装日期及储量的标志；不同种类、不同牌号的泡沫液不得混存。

（8）泡沫产生装置（见图6-10）。

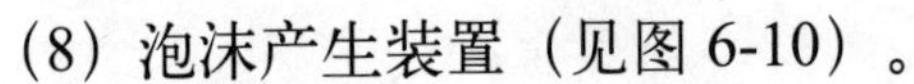

(a) 横式低倍数泡沫产生器

(b) 立式低倍数泡沫产生器

(c) 中倍数泡沫产生器

(d) 高倍数泡沫产生器

图6-10　泡沫产生装置

1）低倍数泡沫产生器。

① 固定顶储罐、按固定顶储罐防护的内浮顶罐，宜选用立式泡沫产生器。

② 泡沫产生器进口的工作压力，应为其额定值 ±0.1MPa。

③ 泡沫产生器的空气吸入口及露天的泡沫喷射口，应设置防止异物进入的金属网。

④ 横式泡沫产生器的出口前应有设置长度不小于 1m 的泡沫管。

⑤ 外浮顶储罐上的泡沫产生器不应设置密封玻璃。

2）高背压泡沫产生器。

① 进口工作压力应在标定的工作压力范围内。

② 出口工作压力应大于泡沫管道的阻力和罐内液体静压力之和。

③ 泡沫的发泡倍数不应小于 2 倍，且不应大于 4 倍。

3）泡沫喷头（见图 6-11）的工作压力应在标定的工作压力范围内，且不应小于其额定压力的 0.8 倍；非吸气型喷头应符合相应标准的规定，其产生的泡沫倍数不应低于 2 倍。

图 6-11 泡沫喷头

4）高倍数泡沫产生器。

① 设置在防护区内并利用热烟气发泡时，应选用水力驱动式泡沫产生器；

② 固定设置在防护区内的泡沫产生器，必须采用不锈钢材料制作的发泡网；

③ 与泡沫液或泡沫混合液接触的部件，应采用耐腐蚀材料。

（9）控制阀门和管道。

1）系统中所用的控制阀门应有明显的启闭标志。

2）当泡沫消防泵出口管道口径大于 300mm 时，宜采用电动、气动或液动阀门。

3）高倍数泡沫产生器与其管道过滤器的连接管、每台高倍数泡沫产生器连接的泡沫液管道应采用不锈钢管，其他固定泡沫管道与泡沫混合液管道应采用钢管。

4）采用钢管的管道外壁应进行防腐处理，其法兰连接处应采用石棉橡胶垫片；防火堤或防护区内的法兰垫片应采用不燃材料或难燃材料。

5）泡沫－水喷淋系统的报警阀组、水流指示器、压力开关、末端试水装置的设置，应符合国家标准《自动喷水灭火系统设计规范》GB 50084—2001 的规定。

6）在寒冷季节有冰冻的地区，应检查管道的防冻措施。

7）检查管道的防雷击和防静电措施。

8）检查系统管道、阀门的强度试验、严密性试验记录。

2. 泡沫消防泵站及供水

（1）泡沫消防泵站与泡沫站。

1）泡沫消防泵站的设置。

① 泡沫消防泵站宜与消防水泵房合建，并应符合相关国家标准对消防水泵房或消防泵房的规范要求。

② 采用环泵比例混合流程及含有泡沫储存设施的泡沫消防泵站，不应与生活水泵房合建，且不应合用供水、储水设施；当与生产水泵合用供水、储水设施时，应进行泡沫污染后果的评估。

③ 泡沫消防泵站与被保护甲、乙、丙类液体储罐或装置的距离不宜小于 30m，且固定式泡沫灭火系统的设计应满足在泡沫消防水泵或泡沫混合液泵启动后，将泡沫混合液或泡沫输送到最远保护对象的时间不大于 5min。

④ 当泡沫消防泵站与被保护甲、乙、丙类液体储罐或装置的距离在 30 ~ 50m 范围内时，泡沫消防泵站的门、窗不宜朝向保护对象。

⑤ 泡沫消防泵站内应设置水池（罐）水位指示装置。泡沫消防泵

站应设置与本单位消防站或消防保卫部门直接联络的通信设备。

2）泡沫消防水泵、泡沫混合液泵。

① 应采用自灌引水启动。

② 一组泡沫消防泵的吸水管不应少于两条；当其中一条损坏时，其余的吸水管应能通过全部用水量。

3）备用泡沫消防水泵或泡沫混合液泵。

① 系统应设置工作能力不小于最大一台工作泵的备用泡沫消防水泵或泡沫混合液泵。

② 用于防护符合下列条件之一的储罐的系统，可不设置备用泵。

③ 非水溶性液体总储量小于 $5000m^3$，且单罐容量小于 $1000m^3$。

④ 水溶性液体总储量小于 $1000m^3$，且单罐容量小于 $500m^3$。

4）泡沫消防泵站的动力源，可采用下述之一的动力源：

① 一级电力负荷的电源；

② 二级电力负荷的电源，同时设置作备用动力的柴油机；

③ 全部采用柴油机；

④ 不设置备用泵的泡沫站，可不设置备用动力。

5）泡沫站。

当泡沫比例混合装置设置在泡沫消防泵站内，且固定式泡沫灭火系统的泡沫消防泵启动后，泡沫混合液或泡沫到达最远保护对象的时间大于 5min 时，应设置泡沫站，且泡沫站的设置应符合下列要求：

① 严禁将独立泡沫站设置在防火堤内、围堰内、泡沫灭火系统保护区或其他火灾及爆炸危险区域内。

② 当泡沫站靠近防火堤设置时，与各可燃液体储罐罐壁的间距应大于 20m，且应具备远程控制功能。

③ 当泡沫站设置在室内时，该建筑的耐火等级不应低于二级。

（2）系统供水。

1）泡沫灭火系统水源的水质应与泡沫液的要求相适宜；水源的温

度宜为 4 ～ 35℃；当水中含有堵塞比例混合装置、泡沫产生装置或泡沫喷射装置的固体颗粒时，应设置相应的管道过滤器。

2）配置泡沫混合液用水不得含有影响泡沫性能的物质。

3）泡沫灭火系统水源的水量应满足系统最大设计流量和供给时间的要求。

4）泡沫灭火系统供水压力应满足在相应设计流量范围内系统各组件的工作压力要求，且应有防止系统超压的措施。

5）建（构）筑物内设置的泡沫－水喷淋系统，宜设水泵接合器，且宜设在比例混合器的进口侧。水泵结合器的数量应按系统的设计流量确定，每个水泵接合器的流量宜按 10 ～ 15L/s 计算。

3. 低倍数泡沫灭火系统

（1）系统选型符合性检查：用于保护可燃液体储罐的固定式、半固定式或移动式泡沫灭火系统，其选择应符合国家和行业现行标准的规定。

（2）储罐区低倍数泡沫灭火系统的选择：

1）对于非水溶性可燃液体固定顶储罐，应选用液上喷射、液下喷射或半液下喷射系统。

2）对于水溶性可燃液体和其他对普通泡沫有破坏作用的可燃液体固定顶储罐，应选用液上喷射系统或半液下喷射系统。

3）对于外浮顶和内浮顶储罐，应选用液上喷射系统。

4）非水溶性液体的外浮顶储罐、内浮顶储罐和直径大于 18m 的固定顶储罐，水溶性液体的立式储罐，不得选用泡沫炮作为主要灭火设施。

5）高度大于 7m 或直径大于 9m 的固定顶储罐，不得选用泡沫枪作为主要灭火设施。

（3）泡沫液用量检查。

储罐区的泡沫灭火系统扑救一次火灾的泡沫混合液设计用量，应按罐内用量、该罐辅助泡沫枪用量、管道剩余量三者之和最大的储罐确定。

（4）设置固定式泡沫灭火系统的储罐区，应在其防火堤外设置用于扑救液体流散火灾的辅助泡沫枪，其数量及其泡沫混合液连续供给时间不应小于表 6-1 的规定。每支辅助泡沫枪的泡沫混合液流量不应小于 240L/min。

表 6-1 泡沫枪数量及其泡沫混合液连续供给时间

储罐直径（m）	配备泡沫枪数（支）	连续供给时间（min）
≤ 10	1	10
＞ 10，且≤ 20	1	20
＞ 20，且≤ 30	2	20
＞ 30，且≤ 40	2	30
＞ 40	3	30

（5）其他组件。

1）当储罐区固定式泡沫灭火系统的泡沫混合液流量大于或等于 100L/s 时，系统的泵、比例混合装置及其管道上的控制阀、干管控制阀宜具备遥控操纵功能。

2）在固定式泡沫灭火系统的泡沫混合液主管道上，应留出泡沫混合液流量检测仪器的安装位置；在泡沫混合液管道上，应设置试验检测口；在防火堤外侧最不利和最有利水力条件处的管道上，宜设置供检测泡沫产生器工作压力的压力表接口。

3）储罐区的固定式泡沫灭火系统与消防冷却水系统合用一组消防给水泵时，应有保障泡沫混合液供给强度满足设计要求的措施，且不得以火灾时临时调整的方式来保障。

(6) 采用固定式泡沫灭火系统的储罐区，宜沿防火堤外侧均匀布置泡沫消火栓，泡沫消火栓的间距不应大于 60m；储罐区固定式泡沫灭火系统宜具备半固定系统功能。

(7) 固定式泡沫灭火系统的设计应满足在泡沫消防水泵或泡沫混合液泵启动后，将泡沫混合液或泡沫输送到最远保护对象的时间不大于 5min。

(8) 保护固定顶储罐的系统设计检查。

1) 固定顶储罐的保护面积，应按其横截面积计算确定。

2) 泡沫混合液供给强度及连续供给时间应符合下列规定：

① 非水溶性液体储罐液上喷射泡沫灭火系统，其泡沫混合液供给强度及连续供给时间不应小于表 6-2 的规定。

表 6-2 泡沫混合液供给强度和连续供给时间

系统形式	泡沫种类	供给强度 [L/(min · m^2)]	连续供给时间 (min)	
			甲、乙类液体	丙类液体
固定、半固定系统	蛋白	6.0	40	30
	氟蛋白、水成膜、成膜氟蛋白	5.0	45	30
移动式系统	蛋白、氟蛋白	8.0	60	45
	水成膜、成膜氟蛋白	6.5	60	45

注：如果采用大于本表规定的混合液供给强度，混合液连续供给时间可按相应的比例缩短，但不得小于本表规定时间的 80%。沸点低于 45℃的非水溶性类液体，设置泡沫灭火系统的适用性及其泡沫混合液供给强度，应由试验确定。

② 非水溶性液体储罐液下或半液下喷射泡沫灭火系统，其泡沫混合液供给强度不应小于 5.0 L/（min · m^2）、连续供给时间不应小于 40min。

需要注意的是：沸点低于 45℃的非水溶性液体、储存温度超过

50℃或黏度大于 40mm²/s 的非水溶性液体，液下喷射系统的适用性及其泡沫混合液供给强度，应由试验确定。

③ 水溶性液体和其他对普通泡沫有破坏作用的甲、乙、丙类液体储罐液上或半液下喷射泡沫灭火系统，其泡沫混合液供给强度和连续供给时间不应小于表 6-3 的规定。

表 6-3 泡沫混合液供给强度和连续供给时间

液体类型	供给强度 [L/（min · m²）]	连续供给时间（min）
丙酮、异丙醇、甲基异丁醇	12	30
甲醇、乙醇、正丁醇、丁酮、丙烯腈、醋酸乙酯、醋酸丁酯	12	25
含氧添加剂含量体积比大于 10% 的汽油	6	40

注：本表未列出的水溶性液体，其泡沫混合液供给强度和连续供给时间根据《泡沫灭火系统设计规范》GB 50151—2010 附录 A 水溶性液体泡沫混合液供给强度试验方法试验确定。

3）液上喷射泡沫灭火系统泡沫产生器的的型号及数量，应根据有关固定顶储罐的上述要求计算所需的泡沫混合液流量确定，且设置数量不应小于表 6-4 的规定。

表 6-4 泡沫产生器设置数量

储罐直径（m）	泡沫产生器设置数量（个）
≤ 10	1
>10，且≤ 25	2
>25，且≤ 30	3
>30，且≤ 35	4

注：对于直径大于 35m 且小于 50m 的储罐，其横截面积每增加 300 ㎡，应至少增加 1 个泡沫产生器。当一个储罐所需的泡沫产生器数量超过 1 个时，宜选用同规格的泡沫产生器，且应沿罐周均匀布置。对于水溶性液体储罐，应设置泡沫缓冲装置。

4）液下喷射高背压泡沫产生器应设置在防火堤外，设置数量及型号应根据有关固定顶储罐的上述要求计算所需的泡沫混合液流量确定。当一个储罐所需的高背压产生器数量大于1个时，宜并联使用。在高背压泡沫产生器的进口侧应设置检测压力表接口，在其出口侧应设置压力表、背压调节阀和泡沫取样口。

5）液下喷射泡沫喷射口的设置，应保证泡沫进入甲、乙类液体的速度不应大于3m/s；泡沫进入丙类液体的速度不应大于6m/s。泡沫喷射口宜采用向上斜的口型，其斜口角度宜为45°，泡沫喷射管的长度不得小于喷射管直径的20倍。当设有一个喷射口时，喷射口宜设在储罐中心；当设有一个以上喷射口时，应沿罐周均匀设置，且各喷射口的流量宜相等。泡沫喷射口应安装在高于储罐积水层0.3m的位置，泡沫喷射口的设置数量不应小于表6-5的要求。

表6-5 泡沫喷射口设置数量

储罐直径（m）	喷射口数量（个）
≤23	1
>23，且≤33	2
>33，且≤40	3

注：对于直径大于40m的储罐，其横截面积每增加400㎡应至少增加一个泡沫喷射口。

6）储罐上液上喷射泡沫灭火系统的泡沫混合液管道设置应符合下列要求：

① 每个泡沫产生器应用独立的混合液管道引至防火堤外；

② 除立管外，其他泡沫混合液管道不得设置在罐壁上；

③ 连接泡沫产生器的泡沫混合液立管应用管卡固定在罐壁上，其间距不宜大于 3m；

④ 泡沫混合液的立管下端应设锈渣清扫口。

7）防火堤内泡沫混合液或泡沫管道的设置应符合下列要求：

① 地上泡沫混合液或泡沫水平管道应敷设在管墩或管架上，与罐壁上的泡沫混合液立管之间宜用金属软管连接；

② 埋地泡沫混合液管道或泡沫管道距离地面的深度应大于 0.3m，与罐壁上的泡沫混合液立管之间应用金属软管或金属转向接头连接；

③ 泡沫混合液或泡沫管道应有 3‰放空坡度；

④ 在液下喷射泡沫灭火系统靠近储罐的泡沫管线上，应设置供系统试验的带可拆卸盲板的支管；

⑤ 液下喷射系统的泡沫管道上应设钢质控制阀和逆止阀，并应设置不影响泡沫灭火系统正常运行的防油品渗漏设施。

8）防火堤外泡沫混合液或泡沫管道的设置应符合下列要求：

① 固定式液上喷射系统中的每个泡沫产生器，应在防火堤外设置独立的控制阀。

② 半固定式液上喷射系统中的每个泡沫产生器，应在防火堤外距地面 0.7m 处设置带闷盖的管牙接口；半固定式液下喷射系统的泡沫管道应引至防火堤外，并应设置相应的高背压泡沫产生器快装接口。

③ 泡沫混合液管道或泡沫管道上应设置放空阀，且其管道应有 2‰的坡度坡向放空阀。

（9）保护外浮顶储罐的系统检查。

1）钢制单盘式与双盘式外浮顶储罐的保护面积，可按罐壁与泡沫堰板间的环形面积确定。

2）非水溶性液体的泡沫混合液供给强度不应小于 12.5L/（min·m^2），连续供给时间不应小于 30min，单个泡沫产生器的最大保护周长应符合表 6-6 的规定。

表 6-6　单个泡沫产生器的最大保护周长

泡沫喷射口设置部位	堰板高度（m）		保护周长（m）
罐壁顶部、密封或挡雨板上方	软密封	≥ 0.9	24
	机械密封	< 0.6	12
		≥ 0.6	24
金属挡雨板下部	< 0.6		18
	≥ 0.6		24

注：当采用从金属挡雨板下部喷射泡沫的方式时，挡雨板必须采用不含任何可燃材料的金属板。

3）外浮顶储罐泡沫堰板的设计应符合下列要求：

① 当泡沫喷射口设置在罐壁顶部、密封或挡雨板上方时，泡沫堰板应高出密封 0.2m；

② 当泡沫喷射口设置在金属挡雨板下部时，泡沫堰板高度不应小于 0.3m；

③ 当泡沫喷射口设置在罐壁顶部时，泡沫堰板与罐壁的间距不应小于 0.6m；

④ 当泡沫喷射口设置在浮顶上时，泡沫堰板与罐壁的间距不宜小于 0.6m；

⑤ 在泡沫堰板的最低部位应设置排水孔，其开孔面积宜按每 $1m^2$ 环形面积 $280mm^2$ 确定，排水孔高度不宜大于 9mm。

4）泡沫产生器与泡沫喷射口的设置应符合下列要求：

① 泡沫产生器的型号和数量应按外浮顶储罐有关非水溶性液体的泡沫混合液的计算方法确定；

② 泡沫喷射口设置在储罐的罐壁顶部时，应配置泡沫导流罩；

③ 泡沫喷射口设置在浮顶上时，其喷射口应采用两个出口直管段的长度均不小于其直径 5 倍的水平 T 型管，且设置在密封或挡雨板上

方的泡沫喷射口在伸入泡沫堰板后应向下倾斜 30° ～ 60° 。

5）当泡沫产生器与泡沫喷射口设置罐壁顶部时，储罐上泡沫混合液管道的设置应符合下列要求：

① 可每两个泡沫产生器合用一根泡沫混合液立道；

② 当三个或三个以上泡沫产生器一组在泡沫混合液立管下端合用一根管道时，宜在每个泡沫混合液立管上设常开控制阀；

③ 每根泡沫混合液管道应引至防火堤外，且半固定式泡沫灭火系统的每根泡沫混合液管道所需的混合液流量不应大于 1 辆消防车的供给量；

④ 连接泡沫产生器的泡沫混合液立管应用管卡固定在罐壁上，其间距不宜大于 3m，泡沫混合液的立管下端应设锈渣清扫口。

6）当泡沫产生器与泡沫喷射口设置在浮顶上，且泡沫混合液管道从储罐内通过时，应符合下列要求：

① 连接储罐底部水平管道与浮顶泡沫混合液分配的管道，应采用具有重复扭转运动轨迹的耐压、耐候性不锈钢复合软管；

② 管道不得与浮顶支承相碰撞，且应避开搅拌器；

③ 软管与储罐底部的伴热管的距离应大于 0.5m。

7）防火堤内的泡沫混合液管道设置应符合固定顶储罐的防火堤内有关泡沫混合液或泡沫管道的设置要求。

8）防火堤外泡沫混合液管道的设置应符合下列要求：

① 固定式泡沫灭火系统的每组泡沫产生器应在防火堤外设置独立的控制阀；

② 半固定式泡沫灭火系统的每组泡沫产生器应在防火堤外距地面 0.7m 处设置带闷盖的管牙接口；

③ 泡沫混合液管道上应设置放空阀，且其管道应有 2‰的坡度坡向放空阀。

9）储罐梯子平台上管牙接口或二分水器的设置应符合下列要求：

① 对于直径不大于 45m 的储罐，储罐梯子平台上应设置带闷盖的管牙接口。对于直径大于45m的储罐，储罐梯子平台上应设置二分水器。

② 管牙接口或二分水器应由管道接至防火堤外，且管道的管径应满足所配泡沫枪的压力、流量要求。

③ 在防火堤外的连接管道上应设置管牙接口，管牙接口距地面高度宜为 0.7m。

④ 当与固定式泡沫灭火系统连通时，应在防火堤外设置控制阀。

（10）保护内浮顶储罐的系统检查。

1）钢制单盘式、双盘式与敞口隔舱式内浮顶储罐的保护面积，应按罐壁与泡沫堰板间的环形面积确定；其他内浮顶储罐应按固定顶储罐对待。

2）钢制单盘式、双盘式与敞口隔舱式内浮顶储罐的泡沫堰板设置、单个泡沫产生器保护周长及泡沫混合液供给强度与连续供给时间，应符合下列要求：

① 泡沫堰板距离罐壁不应小于 0.55m，其高度不应小于 0.5m；

② 单个泡沫产生器保护周长不应大于 24m；

③ 非水溶性液体的泡沫混合液供给强度不应小于 12.5 $L/(min \cdot m^2)$；

④ 水溶性液体的泡沫混合液供给强度不应小于表 6-3 要求的 1.5 倍；

⑤ 泡沫混合液的连续供给时间不应小于 30min。

3）按固定顶储罐对待的内浮顶储罐，其泡沫混合液供给强度和连续供给时间及泡沫产生器的设置应符合下列要求：

① 对于非水溶性液体，其泡沫混合液供给强度及连续供给时间不应小于表 6-2 的要求；

② 水溶性液体，当设有泡沫缓冲装置时，其泡沫混合液供给强度及连续供给时间不应小于表 6-3 的要求；

③ 水溶性液体，当未设泡沫缓冲装置时，泡沫混合液供给强度不

应小于表 6-3 的要求，但泡沫混合液连续供给时间不应小于表 6-3 要求的 1.5 倍；

④ 泡沫产生器的型号及数量，应根据固定顶储罐所需泡沫混合液的流量确定，且设置数量不应小于表 6-4 的要求，且不应小于 2 个。当一个储罐所需的泡沫产生器数量超过 1 个时，宜选用同规格的泡沫产生器，且应沿罐周均匀布置。

4）按固定顶储罐对待的内浮顶储罐，其泡沫混合液管道的设置，在罐上时，应符合有关固定顶储罐上液上喷射泡沫灭火系统泡沫混合液管道的设置要求；在防火堤内、外时，泡沫混合液或泡沫管道的设置应符合有关固定顶储罐防护堤内、外的相关要求。钢制单盘式、双盘式与敞口隔舱内浮顶储罐，其泡沫混合液管道应符合固定顶储罐防火堤内泡沫混合液或泡沫管道的设置要求，外浮顶储罐有关泡沫产生器与泡沫喷射口设置在罐壁顶部时的泡沫混合液管道的设置要求和防火堤外泡沫混合液管道的设置要求。

（11）其他场所。

1) 甲、乙、丙类液体槽车装卸栈台设置的泡沫枪、泡沫炮系统检查：

① 应能保护泵、计量仪器、车辆及与装卸产品有关的各种设备；

② 火车装卸栈台的泡沫混合液量不应小于 30L/s；

③ 汽车装卸栈台泡沫混合液量不应小于 8L/s；

④ 泡沫混合液连续供给时间不应小于 30min。

2）设有围堰的非水溶性液体流淌火灾场所的泡沫枪、泡沫炮系统检查：

① 保护面积应按围堰包围的地面面积与其中不燃结构占据的面积之差计算。

② 泡沫混合液供给强度与连续供给时间不应小于表 6-7 的要求。

表 6-7 泡沫混合液供给强度与连续供给时间

泡沫液种类	供给强度 [L/(min·m²)]	连续供给时间（min）	
		甲、乙类液体	丙类液体
蛋白、氟蛋白	6.5	40	30
水成膜、成膜氟蛋白	6.5	30	20

3）甲、乙、丙类液体泄漏导致室外流淌火灾场所设置的泡沫枪、泡沫炮系统检查：

① 应根据保护场所的具体情况确定最大流淌面积。

② 泡沫混合液供给强度和连续供给时间不应小于表 6-8 要求。

表 6-8 泡沫混合液供给强度和连续供给时间

泡沫液种类	供给强度 [L/(min·m²)]	连续供给时间（min）	液体种类
蛋白、氟蛋白	6.5	15	非水溶性液体
水成膜、成膜氟蛋白	5.0	15	
抗溶泡沫	12	15	水溶性液体

4）公路隧道内泡沫消火栓箱的设置检查：

① 设置间距不应大于 50m；

② 应配置带开关的吸气型泡沫枪，其泡沫混合液流量不应小于 30L/min，射程不应小于 6m；

③ 泡沫混合液连续供给时间不应小于 20min，且宜配备水成膜泡沫液；

④ 软管长度不应小于 25m。

4. 中倍数泡沫灭火系统

（1）全淹没系统。

1）可用于小型封闭空间场所与设有阻止泡沫流失的固定围墙或其他围挡设施的小场所。

2）全淹没中倍数泡沫灭火系统的设计参数宜由试验确定，也可采用高倍数泡沫灭火系统的设计参数。

（2）局部应用系统。

1）可用于四周不完全封闭的A类火灾场所、限定位置的流散B类火灾场所和固定位置面积不大于100m^{2}的流淌B类火灾场所。

2）对于A类火灾场所，系统覆盖保护对象的时间不应大于2min；覆盖保护对象最高点的厚度宜由试验确定，也可按高倍数泡沫灭火系统中局部应用系统的要求（覆盖保护对象最高点的厚度不应小于0.6m）确定。泡沫混合液连续供给时间不应小于12min。

（3）移动式系统。

可用于发生火灾的部位难以确定或人员难以接近的较小火灾场所、流淌的B类火灾场所和不大于100m^{2}的流淌B类火灾场所。

5. 高倍数泡沫灭火系统

高倍数泡沫灭火系统包括全淹没式、局部应用式和移动式三种系统。其中，全淹没式高倍数泡沫灭火系统要求在规定的时间内达到规定的淹没深度，并将淹没体积保持到规定的时间。

（1）系统的基本要求的检查。

系统的选型应根据防护区的总体布局、火灾的危害程度、火灾的种类和扑救条件等因素，经综合技术经济比较后确定。

1）全淹没系统或固定式局部应用系统应设置火灾自动报警系统，并应符合下列要求：

① 全淹没系统应同时具备自动、手动、应急机械手动启动功能。

② 自动控制的固定式局部应用系统应同时具备手动和应急机械手动启动功能。手动控制的固定式局部应用系统尚应具备应急机械手动启动功能。

③ 消防控制中心（室）和防护区应设置声光报警装置。

④ 消防自动控制设备宜与防护区内的门窗的关闭装置、排气口的开启装置以及生产、照明电源的切断装置等联动。

2）当系统以集中控制方式保护两个或两个以上的防护区时，其中一个防护区发生火灾不应危及其他防护区；泡沫液和水的储备量应按最大一个防护区的用量确定，手动与应急机械控制装置应有标明其所控制区域的标记。

3）高倍数泡沫产生器的设置应符合下列要求：

① 高度应在泡沫淹没深度以上；

② 宜接近保护对象，但其位置应免受爆炸或火焰损坏；

③ 应使防护区形成比较均匀的泡沫覆盖层；

④ 应便于检查、测试及维修；

⑤ 当泡沫产生器在室外或坑道应用时，应采取防止风对泡沫产生器发泡和泡沫分布影响的措施。

4）固定安装的高倍数泡沫产生器前应设置管道过滤器、压力表和手动阀门。

5）固定安装的泡沫液桶（罐）和比例混合器不应设置在防护区内。

6）系统干式水平管道最低点应设排液阀，且坡向排液阀的管道坡度不宜小于3‰。

7）系统管道上的控制阀门应设置在防护区以外，自动控制阀门应具有手动启闭功能。

（2）全淹没系统。

1）全淹没系统可用于封闭空间场所和设有阻止泡沫流失的固定围墙或其他围挡设施的场所。

2）全淹没系统的防护区应为封闭或设置灭火所需的固定围挡的区域，且应符合下列要求：

① 泡沫的围挡应为不燃结构，且应在系统设计灭火时间内具备围挡泡沫的能力。

② 在保证人员撤离的前提下，门、窗等位于设计淹没深度以下的开口，应在泡沫喷放前或泡沫喷放的同时关闭；对于不能自动关闭的开口，全淹没系统应对其泡沫损失进行相应补偿。

③ 利用防护区外部空气发泡的封闭空间，应设置排气口，其位置应避免燃烧产物或其他有害气物回流到高倍数泡沫产生器进气口。

④ 在泡沫淹没深度以下的墙上设置窗口时，宜在窗口部位设置网孔基本尺寸不大于 3.15mm 的钢丝网或钢丝纱窗。

⑤ 排气口在灭火系统工作时应自动、手动开启，其排气速度不宜超过 5m/s。

⑥ 防护区内应设置排水设施。

3）泡沫淹没深度的确定应符合下列要求：

① 当用于扑救 A 类火灾时，泡沫淹没深度不应小于最高保护对象高度的 1.1 倍，且应高于最高保护对象最高点以上 0.6m；

② 当用于扑救 B 类火灾时，汽油、煤油、柴油或苯类火灾的泡沫淹没深度应高于起火部位 2m；其他 B 类火灾的泡沫淹没深度应由试验确定。

4）淹没体积应按下式计算：

$$V=S\times H-V_g \tag{6-1}$$

式中：V ——淹没体积（m^3）；

S ——防护区地面面积（m^2）；

H ——泡沫淹没深度（m）；

V_g——固定的机器设备等不燃物体所占的体积（m^3）。

5）高倍数泡沫的淹没时间不应大于表 6-9 的要求，系统自接到火灾信号至开始喷放泡沫的延时不宜大于 1min。

表 6-9　泡沫的淹没时间（min）

可　燃　物	高倍数泡沫灭火系统单独使用	高倍数泡沫灭火系统与自动喷水灭火系统联合使用
闪点不超过 40℃的非水溶性液体	2	3
闪点超过 40℃的非水溶性液体	3	4
发泡橡胶、发泡塑料、成卷的织物或皱纹纸等低密度可燃物	3	4
成卷的纸、压制牛皮纸、涂料纸、纸板箱、纤维圆筒、橡胶轮胎等高密度可燃物	5	7

注：水溶性液体的淹没时间应由试验确定。

6）泡沫液和水的连续供给时间：当用于扑救 A 类火灾时，不应小于 25min；当用于扑救 B 类火灾时，不应小于 15min。

7）对于 A 类火灾，其泡沫淹没体积的保持时间：单独使用高倍数泡沫灭火系统时，应小于 60min；与自动喷水灭火系统联合使用时，应小于 30min。

（3）局部应用系统。

1）局部应用系统可用于下列场所四周不完全封闭的 A 类火灾与 B 类火灾场所和天然气液化站与接收站的集液池或储罐围堰区。

2）系统的保护范围应包括火灾蔓延的所有区域。

3）当用于扑救 A 类火灾或 B 类火灾时，泡沫供给速率应符合下列要求：

① 覆盖 A 类火灾保护对象最高点的厚度不应小于 0.6m；

② 对于汽油、煤油、柴油或苯，覆盖起火部位的厚度不应小于 2m；其他 B 类火灾的泡沫覆盖厚度应由试验确定；

③ 达到规定覆盖厚度的时间不应大于 2min。

4）当用于扑救 A 类和 B 类火灾时，其泡沫液和水连续供给时间不应小于 12min。

5）当设置在液化天然气集液池或储罐围堰区时，应符合下列要求：

① 应选择固定式系统，并应设置导泡筒；

② 宜采用发泡倍数为 300 ～ 500 倍的高倍数泡沫产生器；

③ 泡沫混合液供给强度应根据阻止形成蒸汽云和降低热辐射强度试验确定，并应取两项试验的较大值；当缺乏实验数据时，泡沫混合液供给强度不宜小于 7.2L/(min·m^2)；

④ 泡沫连续供给时间应根据所需的控制时间确定，且不宜小于 40min；当同时设置了移动式系统时，固定系统中的泡沫供给时间可按达到稳定控火时间确定；

⑤ 保护场所应有适合设置导泡筒的位置；

⑥ 系统设计尚应符合国家标准《石油天然气工程设计防火规范》GB 50183 的规定。

6. 泡沫 – 水喷淋灭火系统

（1）系统的基本要求检查。

1）泡沫 – 水喷淋系统可用于具有非水溶性液体泄漏火灾危险的室内场所，存放量不超过 25L/m^2 或超过 25L/m^2 但有缓冲物的水溶性液体室内场所。

2）泡沫 – 水喷淋系统的泡沫混合液连续供给时间不应小于 10min，泡沫混合液和水的连续供给时间之和不应小于 60min。

3）泡沫 – 水喷淋系统应设系统试验接口，其口径应满足系统最大流量和最小流量的要求，闭式泡沫 – 水喷淋系统的最小流量不应小于 8L/s。

4）泡沫 – 水雨淋系统和泡沫 – 水预作用系统的控制应同时具备自动、手动和应急机械手动启动功能，系统启动后泡沫液供给装置应同时启动。

5）泡沫液管线超过 15m 时，泡沫液应充满管线。

（2）闭式泡沫 – 水喷淋系统的选型检查。

1）下列场所不宜选用闭式泡沫 – 水喷淋系统：

① 流淌面积大于 465m^2 的甲、乙、丙类液体场所。

② 泄漏面积较大的水溶性液体场所。

③ 净空高度大于 9m 的场所。

2）泡沫 – 水干式系统不宜用于火灾水平方向蔓延较快的场所。

3）管道平时充水的泡沫 – 水湿式系统不宜用于下列场所。

① 初始火灾为液体流淌的甲、乙、丙类液体桶装库、泵房等场所。

② 含有甲、乙、丙类液体敞口容器的场所。

（3）系统设置要求检查。

1）泡沫 - 水雨淋系统：

① 系统保护面积应按保护场所内的水平面面称或水平面投影面积确定。

② 保护水溶性液体的系统，其泡沫混合液供给强度和连续供给时间由试验确定。

③ 保护非水溶性液体的系统，其泡沫混合液供给强度和连续供给时间不应小于表 6-10 的规定。

表 6-10　泡沫液供给强度和连续供给时间

泡沫液种类	喷头设置高度（m）	泡沫混合液供给强度 [L/(min·m^2)]
蛋白、氟蛋白	≤ 10	8
	＞ 10	10
水成膜、成膜氟蛋白	≤ 10	6.5
	＞ 10	8

④ 系统应选用气型泡沫－水喷头。

⑤ 自雨淋阀开启至系统各喷头达到设计喷洒流量的时间不得超过60s。

⑥ 喷头布置应根据系统设计的供给强度、保护面积、喷头特性由计算确定，但任意四个相邻喷头组成的四边形保护面积内的平均供给强度不应小于规范的规定。

2）闭式泡沫－水喷淋系统：

① 系统的供给强度不应小于 6.5 L/(min·m^2)。

② 系统输送的泡沫混合液在 8L/s 至最大设计流量范围内均应达到额定混合比。

③ 应选用闭式喷头。设在顶板下的喷头的公称动作温度应为121 ～ 149℃；设在中间层面的喷头的公称动作温度应为 57 ～ 79℃；保护场所环境温度，其公称动作温度应比环境最高温度高出 30℃。

④ 每只喷头的保护面积不大于 12m^2，相邻喷头的最大间距不大于3.6 m，任意四个相邻喷头组成的四边形保护面积内的平均供给强度不应小于规范规定，且不宜大于规定供给强度的 1.2 倍。

⑤ 泡沫－水湿式系统：系统平时充水时，在 8L/s 的流量下，自系统启动至喷泡沫的时间不应大于 2min；系统平时充泡沫预混液时，其环境温度宜为 5 ～ 40℃，且管道、管件、附件应耐泡沫预混液的腐蚀，不影响泡沫预混液的性能。

⑥ 泡沫－水预作用系统和泡沫－水干式系统，管道的充水时间不应大于 1min。泡沫 - 水预作用系统中每个报警阀控制的喷头数不应多于800 只，泡沫－水干式系统中每个报警阀控制的喷头数不应多于 500 只。

⑦ 用于扑救 A 类火灾的要求以及国家标准《泡沫灭火系统设计规范》GB 50151—2010 未作规定的，应符合国家标准《自动喷水灭火系统设计规范》GB 50084—2001 的规定。

⑧ 系统作用面积按 465m^2 计，当防护区面积小于 465m^2 时，可按

实际面积计算；当有试验值时，可按试验值计算。

7. 泡沫喷射装置

泡沫喷射装置（见图 6-12）要根据应用场所和使用条件按消防设计文件和相关标准规范检查。

8. 泡沫消火栓、栓箱

检查泡沫消火栓、栓箱(见图 6-13)的规格、型号,使用场所设置要求、标志铭牌，安装及设置位置应符合消防设计文件及标准规范要求。

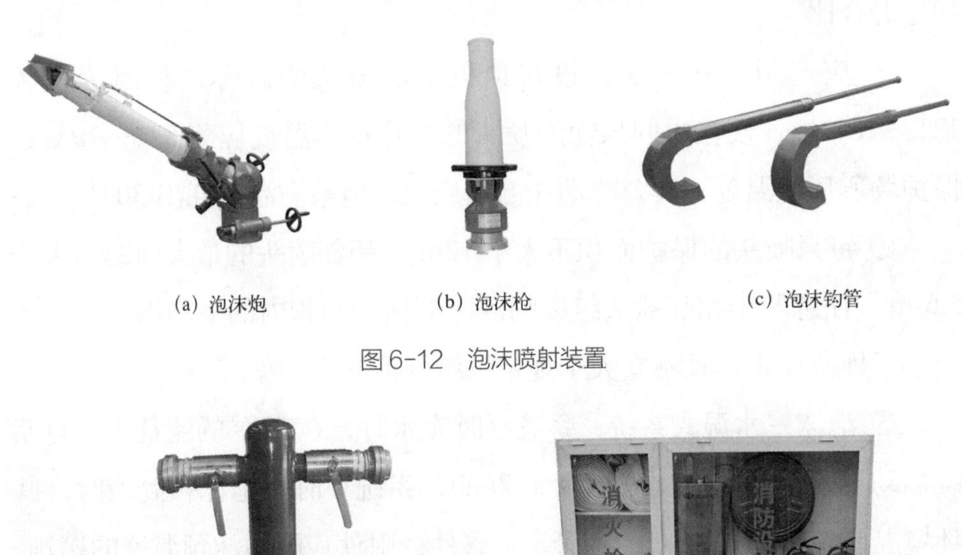

(a) 泡沫炮　(b) 泡沫枪　(c) 泡沫钩管

图 6-12　泡沫喷射装置

(a) 泡沫消火栓　(b) 泡沫消火栓箱

图 6-13　泡沫消火栓、栓箱

9. 泡沫灭火系统功能验收

（1）低、中倍数泡沫灭火系统喷泡沫试验。

1）泡沫灭火系统设计为自动灭火系统时，应以自动控制方式进行试验。

2）试验喷射泡沫的时间不应小于 1min。

3）喷射泡沫后，采用专用检测工具检测空气泡沫的混合比和发泡倍数。

4）系统测试时的响应时间应符合消防设计文件和标准规范的要求。

（2）高倍数泡沫灭火系统喷泡沫试验。

1）以手动或自动控制方式对保护对象进行喷泡沫试验。

2）试验喷射泡沫时间不小于 30s。

3）喷射泡沫后，采用专用检测工具检测混合比。

4）测试泡沫供给速度是否符合消防设计文件和标准规范要求。

5）系统测试时的响应时间应符合消防设计文件和标准规范要求。

五、泡沫灭火系统常见故障及处理方法

泡沫灭火系统常见故障及处理方法见表 6-11。系统供水设施、供水和供泡沫液管网及阀门、火灾探测及联动控制装置请参考本书的相关内容。

表 6-11　泡沫灭火系统常见故障及处理方法

常见故障	故障原因	处理方法
囊式压力式比例混合装置不出泡沫液	1. 胶囊破裂； 2. 无泡沫液	1. 更换胶囊； 2. 检查连接胶囊的相关阀门是否存在泄漏
平衡阀无法正常工作	1. 阀内隔膜破损； 2. 阀瓣处卡阻	1. 检查隔膜有无明显变形、破裂； 2. 检查阀瓣处有无异物
混合比不符合要求	1. 比例混合器选用不当； 2. 比例混合器故障	1. 检查比例混合器设定比例值是否与要求一致； 2. 检查比例混合器有无异物
泡沫产生装置无法正常发泡	1. 泡沫液选用不当； 2. 装置内机构故障； 3. 泡沫液过期	1. 检查使用泡沫液是否符合设计文件要求； 2. 检查发泡机构（吸气装置）； 3. 检查泡沫液有效期

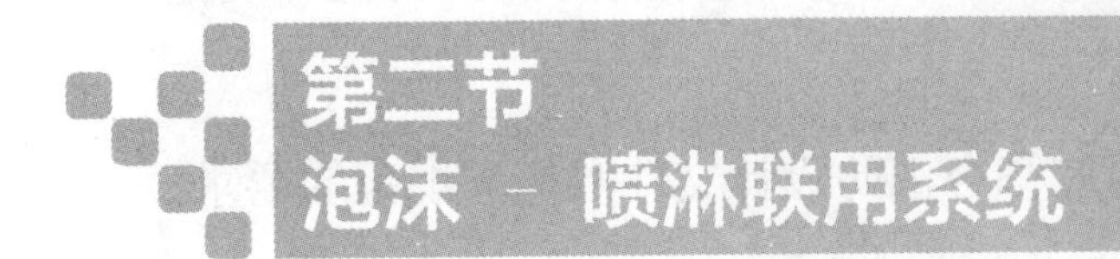

第二节 泡沫－喷淋联用系统

一、泡沫－喷淋联用系统的组成

在喷淋系统基础上加装泡沫混合供给装置就组成了泡沫－喷淋联用系统。喷淋系统的所有组件，在泡沫－喷淋联用系统中都同样具备，且作用相同。所以，不同种类的喷淋系统增加了泡沫混合供给装置后，就组成了不同种类的泡沫－喷淋系统，见图 6-14。

泡沫－喷淋联用系统的泡沫混合供给装置，是泡沫比例混合器和泡沫液储罐的组合装置。常用的比例混合器大多为压力式比例混合器，

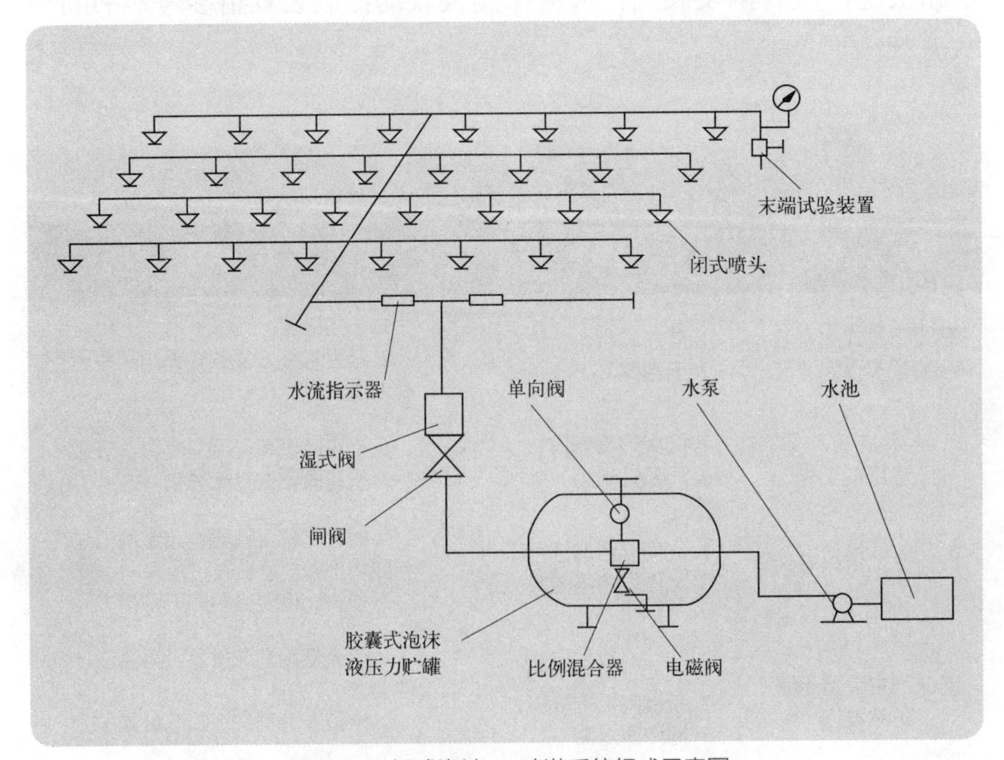

图 6-14　闭式泡沫－喷淋系统组成示意图

如图 6-15 所示。

将图 6-14 的胶囊式泡沫液压力储罐、比例混合器、电磁阀和单向阀等组合装置换成图 6-15；或者说将图 6-15 按进出水方向安装在喷淋系统的供水干管上，就组成了完整的泡沫 – 喷淋系统。

图 6-15　泡沫比例混合供给装置实物图

二、泡沫 – 喷淋联用系统的工作原理

无论基础系统是哪种自动喷淋系统，对于泡沫 – 喷淋联用系统来说都只是一个水源提供系统。当压力水由比例混合器前端进入泡沫液罐后，压力水对胶囊内的泡沫液就会产生挤压作用；同时比例混合器与胶囊内的泡沫液通过管道联通，在压力水穿过比例混合器时，会对胶囊内的泡沫液产生吸附作用。这一压一吸，使泡沫液从罐内流进了供水管内。所以比例混合器前端流进的是水，而后端流出是泡沫混合

液。混合液将一直流经喷头喷出。

三、泡沫 - 喷淋联用系统的适用范围

泡沫 – 喷淋联用系统是比自动喷水系统更高级的灭火系统，可适用于 A 类、B 类和 C 类火灾的扑救。

（1）《泡沫灭火系统设计规范》GB 50151—2010 规定，泡沫 – 喷淋系统使用于下列场所：

1）具有非水溶性液体泄漏火灾危险的室内场所。

2）存放量不超过 25L/m^2 或超过 25L/m^2 但有缓冲物的水溶性液体室内场所。缓冲物的作用是防止液体流淌。

（2）《汽车库、修车库、停车场设计防火规范》GB 50067—2014 规定，下列汽车库、修车库宜采用泡沫 - 水喷淋系统：

1）Ⅰ类地下、半地下汽车库。

2）Ⅰ类修车库。

3）停车数大于 100 辆的室内无车道且无人员停留的机械式汽车库。

四、泡沫 - 喷淋联用系统的检查

1. 泡沫液的检查

（1）泡沫液的种类。闭式泡沫 – 喷淋系统如果使用普通喷淋喷头，则只能使用水成膜泡沫液或水成膜氟蛋白泡沫液；当保护区有水溶性可燃液体时，应选用水成膜抗溶泡沫液或水成膜抗溶氟蛋白泡沫液。对于使用吸气型专用泡沫喷头的泡沫 – 水雨淋和泡沫喷雾系统，则可根据现场火灾特点，选用普通蛋白泡沫或普通氟蛋白泡沫液，见图 6-16、图 6-17。

（2）泡沫液储量。泡沫液的储量必须要满足 10min 灭火用量要

求。对于汽车库、修车库来说，如果场所面积大于 465m^2，要按不小于 465m^2 的作用面积计算。即泡沫液用量为 1.2 ～ 1.5m^3。

（3）泡沫液的保质期。泡沫液的储存环境温度应为 0 ～ 45℃。泡沫液的储存期限一般为 5 年。如果说明书上说明了储存期限超过 5 年的，5 年后应当每年进行取样送检。储存期间，不能将不同基料或不同工艺制成的泡沫液混合。

图 6-16　吸气式泡沫喷头

图 6-17　普通闭式喷头

2. 压力式泡沫罐的检查

（1）外观。压力泡沫罐外观应无机械损伤、无锈蚀，铭牌完好清晰。管外壁四周应有不小于 0.7m 的检查维修操作距离。底部固定基座应牢固。当罐上部的操作阀门高度超过 1.8m 时，应设置专用的操作凳或操作台。

（2）压力泡沫罐的附件。压力泡沫罐的附件主要有：灌装用的进液口、排放用的排液口、安全阀、自动排气阀、液位指示计以及压力水进口管路和泡沫液出口管路等。压力水进口管路和泡沫液进口管路上都有控制阀。这个控制阀是自动或手动开启泡沫比例混合管路的关键阀门。而且这两条管路上都必须有手动阀和自动阀。其中一种阀损坏，另一种阀完全能开启管路。

（3）泡沫罐的容积。泡沫罐的容积通常为泡沫液使用量的150% ~ 200%。也就是说，一个普通汽车库的泡沫－喷淋系统，每个湿式阀所带的泡沫罐的容积应当是 2 ~ $3m^3$。

3. 比例混合器的检查

与泡沫液罐组装在一起的比例混合器都是压力比例混合器。比例混合器安装是有方向的，其水流方向必须在比例混合器上有永久性箭头标志，严防装反。同时比例混合器标定的压力、流量范围和混合比，都必须符合设计和泡沫液本身的要求。压力比例混合器所配泡沫罐的容积最大不得超过 $10m^3$。比例混合器与泡沫罐管路的连接应当紧密牢固。整套装置安装时不得拆卸。安装位置要防撞击且便于检查和维修。

4. 流量计的检查

按照《泡沫灭火系统施工验收规范》GB 50151—2010 的要求，在比例混合器的出口管段上和连接比例混合器的泡沫液进口管段上，应当安装流量计。流量计的口径要与所测试的管道口径一致、安装方向要箭头标注方向一致，流量计两端直管段的长度要不小于管段直径的10 倍。流量计的电池要注意更换或者使用时才安上电池，流量计安装完毕后要进行调试。

5. 系统测试装置的检查

《泡沫灭火系统设计规范》GB 50151—2010 规定，所有泡沫－喷淋系统都应当设置系统测试装置，且测试装置接口要分别满足系统最大和最小流量要求。测试装置位置必须是在比例混合器后的混合液供给干管上。测试装置的组成与其他喷淋系统相同。

6. 喷头的检查

泡沫－喷淋系统喷头设置安装有一些特殊要求。如安装最大高度不得大于 9m，一个喷头的最大保护面积不得大于 12m^2，同时一根支管上的喷头间距和支管之间的间距都不得大于 3.6m，喷头距边墙的距离不得大于 1.8m，其他要求与普通喷淋系统的喷头相同。喷淋－水雨淋系统和泡沫喷雾系统的喷头设置，也与单纯的雨淋系统和喷雾系统相同。

五、泡沫－喷淋联用系统常见故障及处理方法

泡沫－喷淋联用系统常见故障及处理方法见表 6-12。

表 6-12 泡沫－喷淋联用系统常见故障及处理方法

常见缺陷或故障	原因分析	处理方法
按照普通喷淋系统设计消防水池和供水设施	忽略了《泡沫灭火系统设计规范》GB 50151—2010	按照《泡沫灭火系统设计规范》GB 50151—2010 更正消防用水量、水泵流量和管网管径
泡沫液储量达不到标准要求	未对 10min 泡沫液用量进行核算，或混淆了泡沫罐容量与泡沫液实际储量的差别	重新核算，更换泡沫罐
泡沫液种类选择错误	对泡沫液的适用范围缺乏了解	更换泡沫液
泡沫液过期或失效	泡沫液存放过久或储存条件不符合要求	更换泡沫液
系统没有流量测试装置或系统测试装置	设计人员一般不考虑施工、验收规范的要求	增设流量测试装置或系统测试装置
打开系统测试装置，系统只出水未出泡沫	泡沫液罐上出液管上的电磁阀或球阀没开启	检查手动阀和电磁阀

续表 6-12

常见缺陷或故障	原因分析	处理方法
开启测试装置，见混合液发泡倍数不够	用普通闭式喷头或直流水枪出混合液，发泡倍数一般为 2 倍。达不到就是泡沫液的问题	核对泡沫液类型和保质期
开启测试装置，系统不能自动出泡沫	泡沫罐上的进出液管电磁阀没有自动打开	控制信号为到模块；或模块故障；或电磁阀故障，分别检查排除
泡沫液罐上进出液管上的阀门都开了，还是不出泡沫	泡沫液罐内空气太多	开启泡沫液罐上的排气阀排气，排完气再关闭
打开泡沫罐底部的排水阀，见排出的水中有泡沫液	泡沫罐内的胶囊破裂	更换泡沫液罐或胶囊
泡沫液储罐上的液位计显示有很多泡沫，实际上喷一会儿就没有泡沫了	罐内本身就没有泡沫了，只是注水太多，把泡沫液位挤高了	重新灌装泡沫液

第七章

防排烟系统

一、防排烟系统的分类和组成

1. 系统分类

防排烟系统按照其控烟机理，分为防烟系统和排烟系统。防烟系统是指采用机械加压送风或自然通风的方式，防止烟气进入前室、楼梯间、避难层（间）等空间的系统，包括机械加压送风的防烟系统和可开启外窗的自然排烟设施；排烟系统是指采用机械排烟或自然排烟的方式，将房间、走道等空间的烟气排至建筑物外的系统，包括机械排烟系统和可开启外窗的自然排烟设施。

2. 系统组成

防烟排烟系统由风口、风阀、排烟窗和风机、风道（管）以及相应的控制系统组成。

（1）防烟系统。

1）机械加压送风系统。

① 组成。机械加压送风系统包括加压送风机、加压送风管道（井）、加压送风口等。当防烟楼梯间加压送风而前室不送风时，楼梯间与前室的隔墙上还可能设有余压阀。如图 7-1 所示。

② 系统组件及功能。

加压送风机：在机械加压送风系统中用于对有关区域进行送风加压、防止烟气侵入的固定式电动装置。可采用轴流风机或中、低压离心风机。

加压送风管道（井）：应采用不燃材料制作。

加压送风口：用作机械加压送风系统的风口，具有赶烟、防烟的作用。分为常闭式、常开式和自垂百叶式。常闭式采用手动和电动开启，常用于前室或合用前室。常开式即普通的固定叶片式百叶风口；自垂百叶式平时靠百叶重力自行关闭，加压时自行开启；常开式和自垂百叶式常用于防烟楼梯间。

余压阀：为防止正压值过大导致疏散门难以推开，在防烟楼梯间与前室、前室与走道之间设置的控制压力差的阀门。

系统组件如图 7-2 所示。

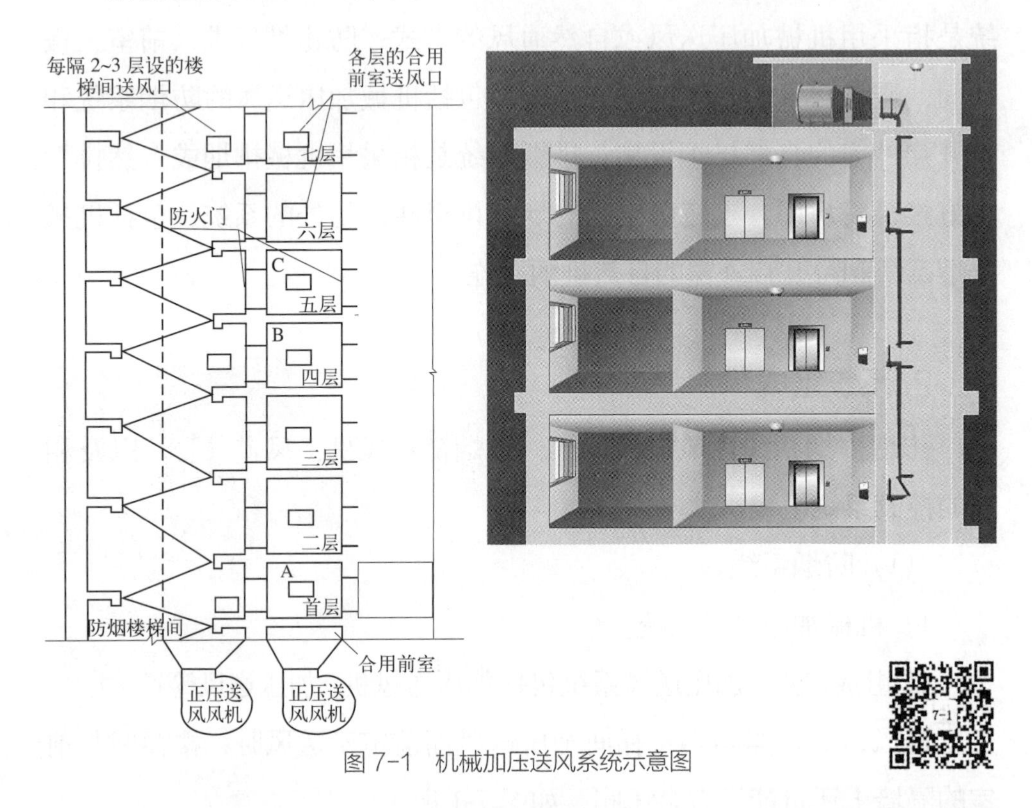

图 7-1　机械加压送风系统示意图

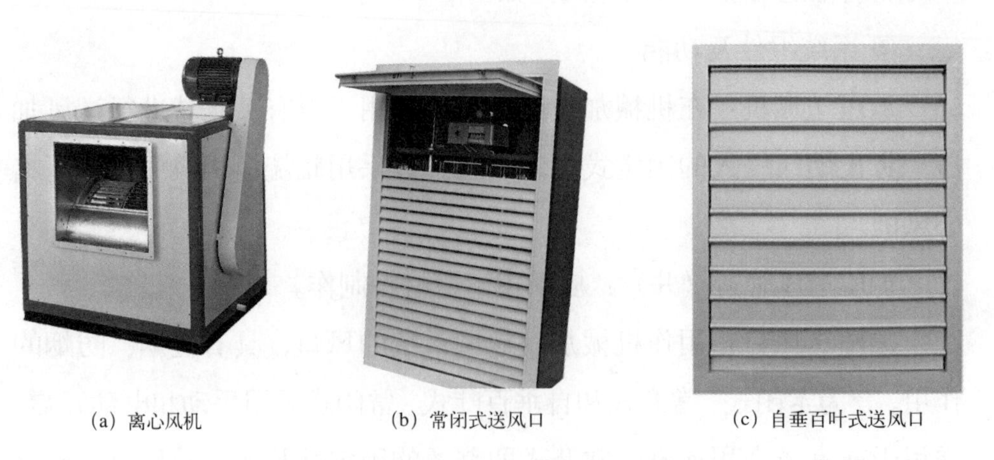

(a) 离心风机　　(b) 常闭式送风口　　(c) 自垂百叶式送风口

图 7-2　机械加压送风系统部分实物图

2）可开启外窗的自然排烟设施。通常指位于防烟楼梯间及其前室、消防电梯前室或合用前室外墙上的洞口或便于人工开启的普通外窗。如图 7-3 所示。

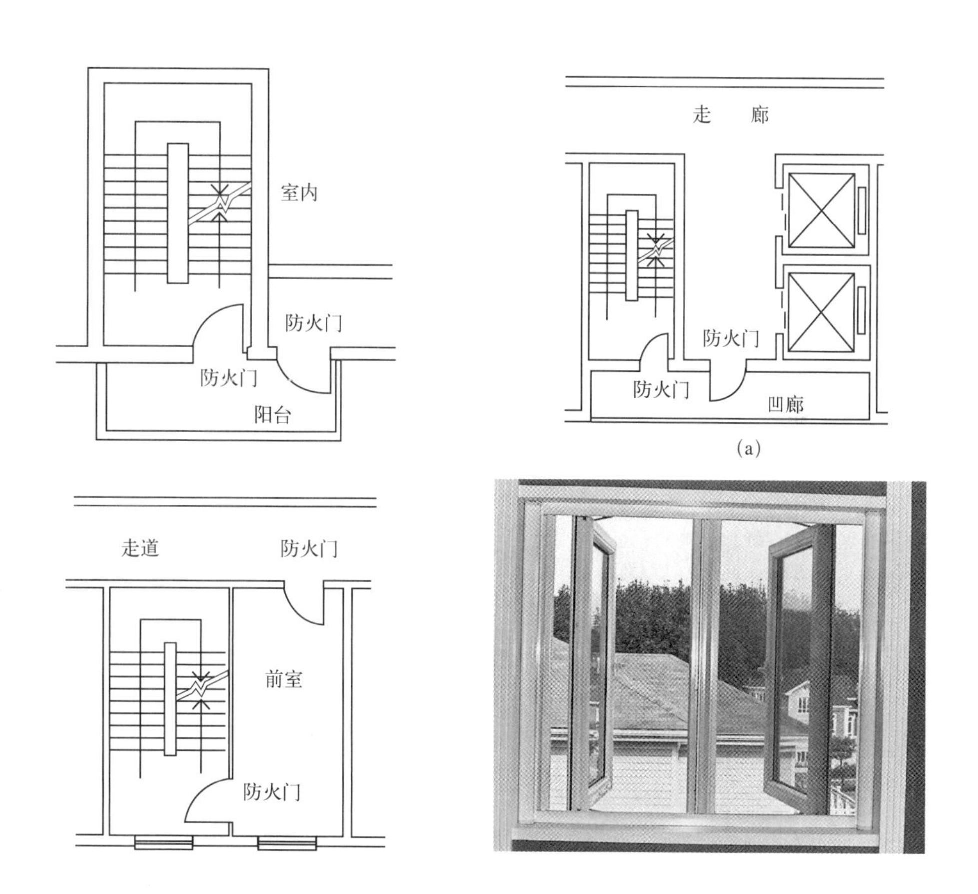

图 7-3　可开启外窗的自然排烟设施（含阳台、凹廊）示意图

（2）排烟系统。

1）机械排烟系统。

① 组成。机械排烟系统包括排烟风机、排烟管道（井）、排烟防火阀、排烟口、挡烟垂壁等。机械排烟系统可以设置为专用排烟系统，也可以与符合排烟要求的排风系统合用。如图 7-4、图 7-5 所示。

②系统组件及功能。

排烟风机：在机械排烟系统中用于排出烟气的固定式电动装置。

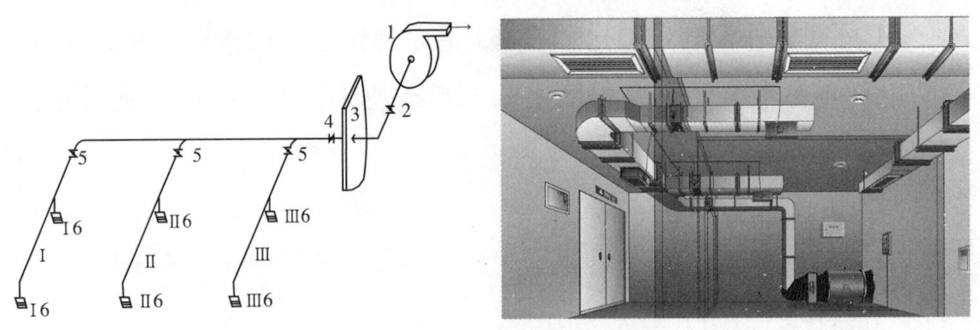

图 7-4　专用机械排烟系统示意图

1—排烟风机；2—排烟防火阀（280℃）；3—排烟风机房隔墙；4—排烟防火阀；
5—排烟防火阀（280℃）；6—排烟口（带阀）

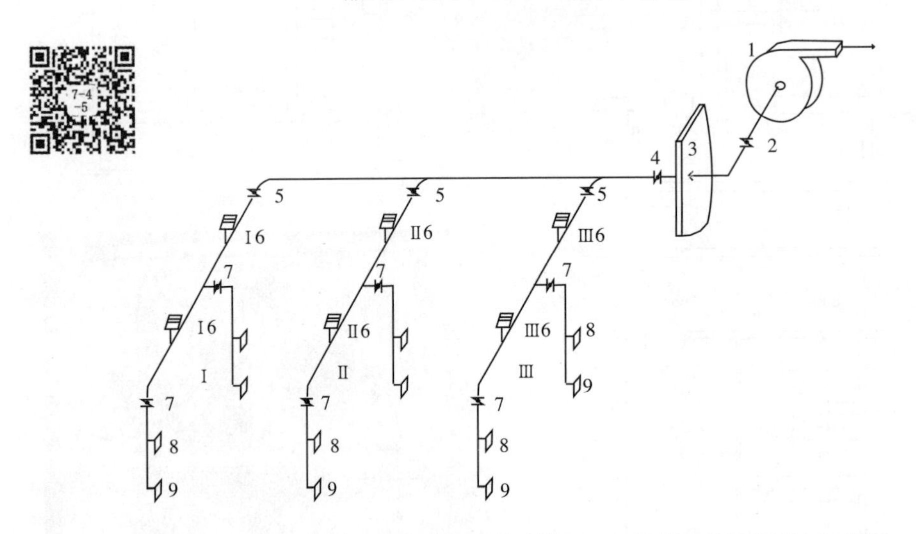

图 7-5　与排风系统合用的排烟系统（排风口与排烟口分开设置）示意图

1—排烟风机；2—排烟防火阀 (280℃)；3—风机房隔墙；4—排烟防火阀；
5—排烟防火阀 (280℃)；6—排烟口（带阀）；7—防火阀 (70℃)；8—上排风口；9—下排风口

可采用离心风机或排烟专用的轴流风机。排烟风机应能在 280℃的条件下连续工作不少于 30min。

排烟管（井）道：排烟管道及其框架、固定材料、密封垫片必须采用不燃材料制作。

排烟防火阀：安装在机械排烟系统的管道上，平时呈开启状态，火灾时当排烟管道内温度达到 280℃时关闭，并在一定时间内能满足漏烟量和耐火完整性要求，起隔烟阻火作用的阀门。

排烟口：安装在机械排烟系统的风管（风井）上作为烟气吸入口，

平时呈关闭状态并满足允许漏风量要求，火灾或需要排烟时手动或电动打开，起排烟作用的阀门，外加带有装饰口或进行过装饰处理的阀门称为排烟口。排烟口主要有板式排烟口和多叶式排烟口。

挡烟垂壁：用不燃烧材料（如金属板材、防火玻璃、无机纤维织物、不燃无机复合板等）制成，垂直安装在建筑顶棚、横梁或吊顶下，能在火灾时形成一定的蓄烟空间的挡烟分隔设施。可分为固定式或活动式。

系统组件如图 7-6 所示。

（a）轴流排烟风机

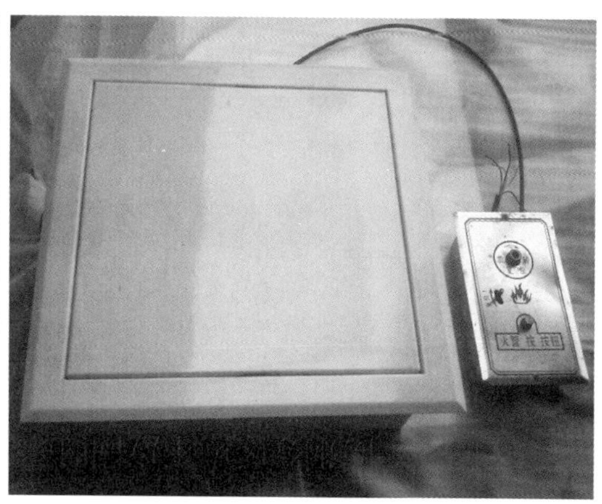

（b）板式排烟口

（c）排烟防火阀

（d）挡烟垂壁

图 7-6　机械排烟系统部分实物图

2）可开启外窗的自然排烟设施。自然排烟设施一般采用可开启的外窗，按开启形式可分为单开式、对开式、百叶式、滑轨式；按设置部位和形式可分为外墙窗（悬窗、平开窗、百叶窗和侧拉窗等，除了上悬窗外，其他窗都可以作为排烟使用）、顶开窗（滑轨式、转轴式）、高侧窗等；按开启方式可分为常见的便于人工开启的普通外窗，以及专门为高大空间自然排烟而设置的自动排烟窗。自动排烟窗平时作为自然通风设施，根据气候条件及通风换气的需要开启或关闭。发生火灾时，消防控制中心发出联动控制信号后开启，同时具有远程控制和现场手动控制功能。如图 7-7 所示。

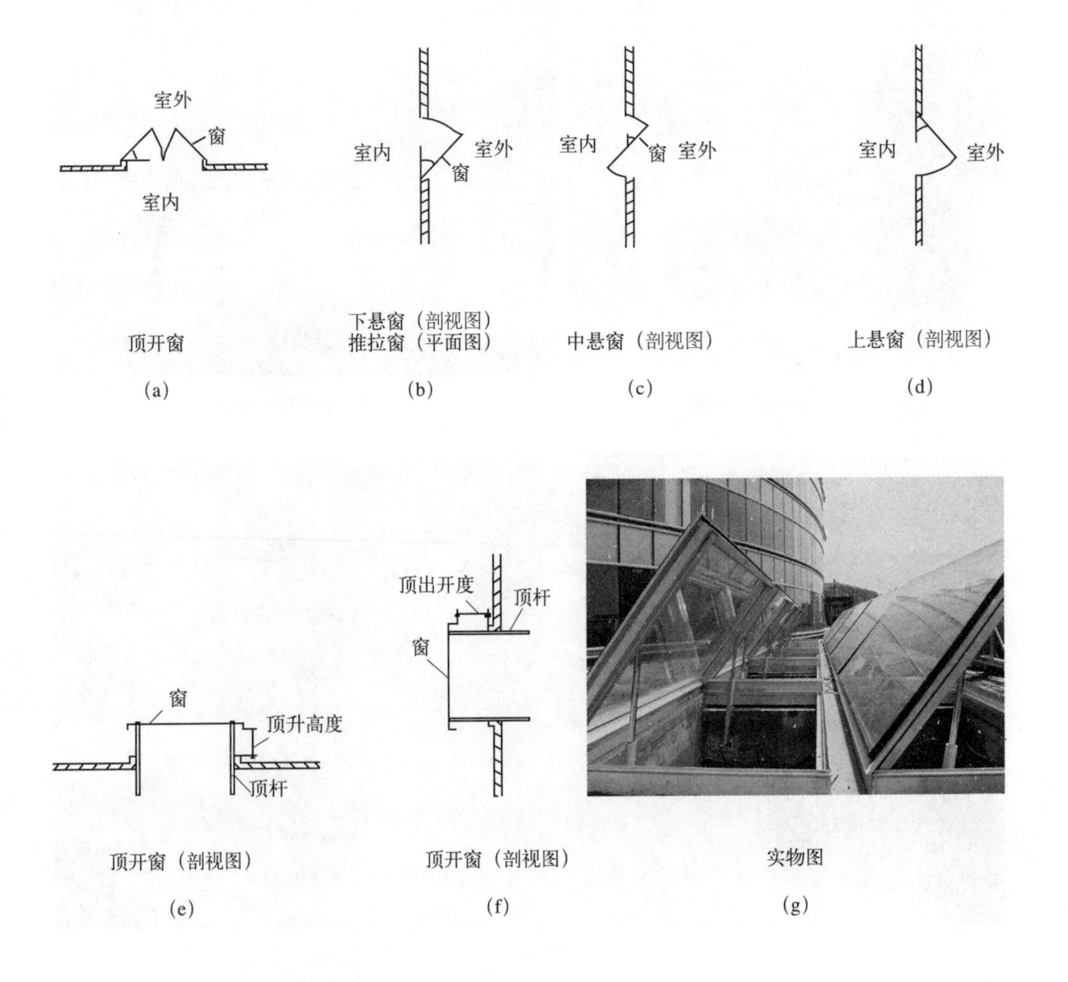

图 7-7　可开启外窗的自然排烟设施示意图

二、防排烟系统工作原理及流程

1. 系统工作原理

（1）自然排烟设施的工作原理。自然排烟是充分利用建筑物的构造，在自然力的作用下，即利用火灾产生的热烟气流的浮力和外部风力作用通过建筑物房间、走道、前室或楼梯间的开口把烟气排至室外的排烟方式，其实质是使室内外空气对流进行排烟，在自然排烟中，必须有冷空气的进口和热烟气的排出口。

（2）机械加压送风系统。机械加压送风系统是通过送风机所产生的气体流动和压力差来控制烟气的流动，即在建筑内发生火灾时，对着火区以外的有关区域进行送风加压，使其保持一定正压，以防止烟气侵入的防烟方式。加压送风时应使防烟楼梯间压力＞前室压力＞走道压力＞房间压力，确保有一个安全可靠、畅通无阻的疏散通道和环境，并保证各部分之间的压差不要过大，避免造成开门困难影响疏散。

（3）机械排烟系统。机械排烟系统是通过排烟机造成的负压，将房间、走道等空间的烟气吸进风道排至建筑物外。根据空气流动的原理，在排出某一区域空气的同时，也需要有另一部分的空气与之补充。机械排烟系统应设置补风系统，以形成理想的气流组织，迅速排除烟气，补风系统可采用机械送风方式和自然进风方式。

2. 系统工作流程

如图 7-8 所示。

（1）防排烟系统的联动控制。

1）加压送风口所在防火分区内的两只独立的火灾探测器或一只火灾探测器与一只手动火灾报警按钮报警，消防控制室内的联动控制器联动控制相关层前室等需要加压送风场所的加压送风口开启和加压送风机启动。

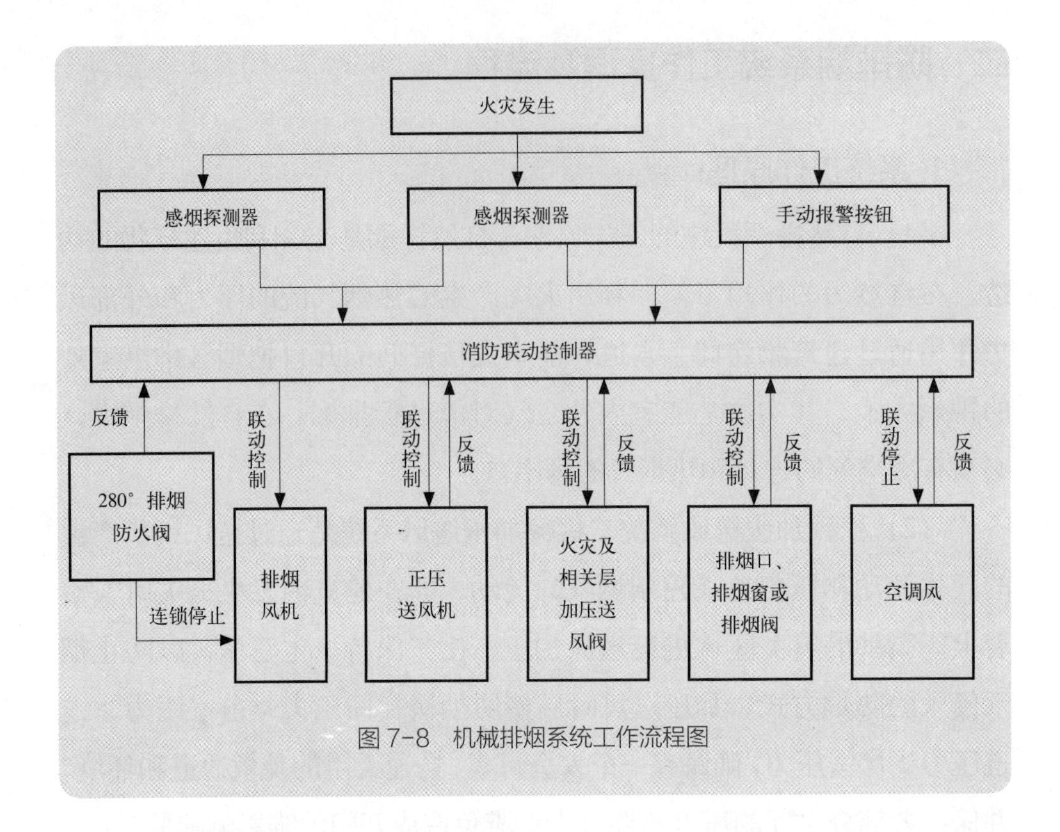

图 7-8 机械排烟系统工作流程图

2）同一防烟分区内且位于电动挡烟垂壁附近的两只独立的感烟火灾探测器报警，联动控制器联动控制电动挡烟垂壁降落。

3）同一防烟分区内的两只独立的火灾探测器报警，联动控制器联动控制排烟口、排烟窗或排烟阀开启，同时停止该防烟分区的空气调节系统。排烟口、排烟窗或排烟阀开启后，由联动控制器联动控制排烟风机启动。

4）加压送风口、排烟口、排烟窗或排烟阀开启和关闭的动作信号，加压送风机、排烟风机启动和停止及电动防火阀关闭的动作信号，均反馈至消防联动控制器。

5）排烟风机入口处的总管上设置的 280℃排烟防火阀在关闭后直接联动控制风机停止，排烟防火阀及风机的动作信号反馈至联动控制器。

（2）防排烟系统的手动控制。

1）消防控制室内的消防联动控制器能手动控制加压送风口、电动挡烟垂壁、排烟口、排烟窗、排烟阀的开启或关闭及加压送风机、排烟风机等设备的启动或停止。

2）防烟、排烟风机的启动、停止按钮采用专用线路直接连接至联动控制器的手动控制盘，直接手动控制防烟、排烟风机的启动、停止。

三、防排烟系统的适用范围

1. 防烟系统适用范围

（1）应设置防烟系统的场所或部位。

1）防烟楼梯间及其前室。

2）消防电梯间前室或合用前室。

3）避难走道的前室、避难层（间）。

（2）可不设置防烟系统的部位。

建筑高度不大于50m的公共建筑、厂房、仓库和建筑高度不大于100m的住宅建筑，当其防烟楼梯间的前室或合用前室符合下列条件之一时，楼梯间可不设置防烟系统：

1）前室或合用前室采用敞开的阳台、凹廊。

2）前室或合用前室具有不同朝向的可开启外窗，且可开启外窗的面积满足自然排烟口的面积要求。

2. 排烟系统适用范围

（1）厂房或仓库内应设置排烟系统的场所或部位。

1）人员或可燃物较多的丙类生产场所，丙类厂房内建筑面积大于300m^2且经常有人停留或可燃物较多的地上房间。

2）建筑面积大于5000m^2的丁类生产车间。

3）占地面积大于1000m^2的丙类仓库。

4）高度大于32m的高层厂房（仓库）内长度大于20m的疏散走道，

其他厂房（仓库）内长度大于40m的疏散走道。

5）总建筑面积大于200m^{2}或一个房间建筑面积大于50m^2，且经常有人停留或可燃物较多的地下或半地下建筑（室）、地上建筑内的无窗房间。

（2）民用建筑内应设置排烟系统的场所或部位。

1）设置在一、二、三层且房间建筑面积大于100m^{2}的歌舞娱乐放映游艺场所，设置在四层及以上楼层、地上或半地下的歌舞娱乐放映游艺场所。

2）中庭。

3）公共建筑内建筑面积大于100m^{2}且经常有人停留的地上房间。

4）公共建筑内建筑面积大于300m^{2}且可燃物较多的地上房间。

5）建筑内长度大于20m的疏散走道。

6）总建筑面积大于200m^{2}或一个房间建筑面积大于50m^2，且经常有人停留或可燃物较多的地下或半地下建筑（室）、地上建筑内的无窗房间。

7）有顶的步行街。

（3）人民防空工程应设置排烟系统的场所或部位。

1）总建筑面积大于200m^{2}的人防工程。

2）建筑面积大于50m^2，且经常有人停留或可燃物较多的房间。

3）丙、丁类生产车间。

4）长度大于20m的疏散走道。

5）歌舞娱乐放映游艺场所。

6）中庭。

（4）地铁应设置排烟系统的场所或部位。

1）地下车站的站厅和站台。

2）连续长度大于60m区间隧道和全封闭车道。

3）同一个防火分区内的地下车站设备及管理用房的总面积超过

200m²，或面积超过 50m² 且经常有人停留的单个房间。

4）最远点到地下车站公共区的直线距离超过 20m 的内走道；连续长度大于 60m 的地下通道和出入口通道。

5）地面和高架车站。

（5）其他特殊建筑应设置排烟系统的场所或部位。

1）除敞开式汽车库、建筑面积小于 1000m² 的地下一层汽车库和修车库外的汽车库、修车库。

2）体育建筑的比赛、训练大厅、地下训练室、贵宾室、裁判员室、重要库房、设备用房等。

3）医疗建筑洁净手术部。

4）电影院面积大于 100m² 的地上观众厅和面积大于 50m² 的地下观众厅。

5）剧场机械化舞台的台仓、观众厅闷顶或侧墙上部。

6）通行机动车的一、二、三类城市交通隧道，长度大于 1500m 且交通量较大的公路隧道。

四、防排烟系统的检查

1. 系统设置检查

（1）设置场所或部位检查。检查防排烟系统的设置场所或部位是否符合规范和设计要求，即是否符合本章第二节系统适用范围要求。

（2）系统设置方式检查。主要检查自然排烟、机械加压送风、机械排烟方式的选择是否符合规范要求。

1）建筑高度不高、受风压作用影响较小的建筑，防烟系统宜采用自然排烟方式。不具备自然排烟条件时，防烟系统应采用机械加压送风方式。

2）建筑高度大于 50m 的公共建筑、工业建筑和建筑高度大于

100m 的住宅建筑，防烟系统应采用机械加压送风方式。

3）多层建筑排烟系统宜采用自然排烟方式，规模较大的厂房和仓库可采用可熔性采光带（窗）排烟。高层建筑主要受自然条件（如室外风速、风压、风向等）的影响会较大，排烟系统采用机械排烟方式较多。

4）不具备自然排烟条件的场所或部位，排烟系统均应采用机械排烟方式。

5）同一个防烟分区内不应同时采用自然排烟方式和机械排烟方式。

（3）防烟分区划分检查。主要检查防烟分区的划分方式、划分面积等是否符合规范和设计要求。

1）防烟分区的划分宜与火灾自动报警探测区域面积相一致。建筑内采用隔墙等建筑结构形式形成封闭的分隔场所或部位（如房间、走廊、厅堂等），该空间宜单独划分为一个防烟分区，不宜将多个相邻的场所或部位叠加划分为一个防烟分区。有特殊用途的场所应单独划分防烟分区。

2）防烟分区不应跨越防火分区，一般不应跨越楼层。

3）一般情况下，每个防烟分区的建筑面积不宜超过 500m^2。汽车库、修车库，地铁站厅与站台公共区每个防烟分区的建筑面积不宜超过 2000m^2；地铁设备与管理用房每个防烟分区的建筑面积不宜超过 750m^2。

2. 系统组件检查

（1）风机和控制柜检查。

1）风机应设置在专用的机房内，并采用耐火极限不低于 2.00h 的防火隔墙、1.50h 与其他部位分隔，开向建筑内的门应采用甲级防火门；风机选型和风量应符合设计要求；加压送风机和补风机的室外进风口宜布置在排烟风机室外排烟口（出风口）的下方，且高差不宜小于 3.0m，水平布置时水平距离不宜小于 10m。

2）风机和控制柜应有注明系统名称和编号的标志，加压送风机、排烟风机的铭牌应清晰，风量、风压应符合设计要求。

3）控制柜的控制、指示功能应符合《消防联动控制系统》GB 16806—2006对电气控制装置的要求。在风机机房或风机安装处手动直接启动风机，启动后运转应正常，无异常振动与声响，仪表、指示灯显示应正常，开关及控制按钮应灵活可靠。消防控制室联动控制器远程手动启、停风机，其运行应正常，反馈信号应正常。

4）现场测试时应查看风口气流方向，检查风机是否正常。

5）检查风机最末一级配电箱，风机应采用消防电源，并在风机最末一级配电箱处做主、备电源切换试验，应符合规范要求。

（2）挡烟设施检查。

1）检查挡烟设施的设置是否符合规范要求。防烟分区宜采用隔墙、顶棚下凸出不小于500mm的结构梁以及顶棚或吊顶下凸出不小于500mm的不燃烧体（挡烟垂壁）等挡烟设施进行分隔。

2）挡烟垂壁应设置永久性标牌，其组装、拼接或连接等应牢固，不应有错位和松动现象。

3）检查挡烟垂壁材料：金属板材的厚度不应小于0.8mm，熔点不应低于750℃；不燃无机复合板的厚度不应小于10.0mm；玻璃材料应为防火玻璃。

4）检查活动式挡烟垂壁的运行情况：手动操作挡烟垂壁按钮进行开启、复位试验，从初始安装位置运行至挡烟工作位置时，运行速度不应小于0.07m/s，总运行时间不应大于60s；挡烟垂壁应设置限位装置，当运行至挡烟工作位置的上、下限位时，应能自动停止。切断系统供电，挡烟垂壁能自动运行至挡烟工作位置。

（3）加压送风口、排烟口（阀）、排烟防火阀、防火阀检查。

1）加压送风口、排烟口、排烟防火阀、防火阀设置部位应正确，安装应牢固，截面尺寸、数量、阀件的控制功能等应符合设计要求；

① 除直灌式送风方式外，楼梯间宜每隔 2 ～ 3 层设一个常开式或自垂百叶式送风口；合用一个井道的剪刀楼梯的两个楼梯间应每层设一个常开式或自垂百叶式送风口；分别设置井道的剪刀楼梯的两个楼梯间应分别每隔一层设一个常开式或自垂百叶式送风口。前室、合用前室应每层设一个常闭式加压送风口。避难走道的前室宜设置条缝送风口，并应靠近前室入口门，且通向避难走道的前室两侧宽度均应大于门洞宽度 0.1m。

② 加压送风口宜设置在前室的顶部或正对前室入口的墙面上，送风口不宜设置在被门挡住的部位。需要注意的是采用机械加压送风的场所不应设置百叶窗、不宜设置可开启外窗。

③ 排烟口（阀）应按防烟分区设置。排烟口（阀）应与排烟风机连锁，当任一排烟口（阀）开启时，排烟风机应能自行启动。排烟口（阀）平时为关闭时，应设置手动和自动开启装置。负担两个及以上防烟分区的排烟系统，应仅打开着火防烟分区的排烟口（阀），其他防烟分区的排烟口（阀）应呈关闭状态。

④ 排烟口应设置在顶棚或靠近顶棚的墙面上，且与附近安全出口沿走道方向相邻边缘之间的最小水平距离不应小于 1.5m；设在顶棚上的排烟口，距可燃构件或可燃物的距离不应小于 1.0m。

⑤ 防烟分区内的排烟口距最远点的水平距离不应超过 30.0m；排烟支管上应设置当烟气温度超过 280℃时能自行关闭的排烟防火阀；排风与排烟合用系统的排风支管上应设置防火阀，且防火阀应具备电信号关闭和 70℃自动关闭的功能。

2）常闭式加压送风口、排烟口（阀）以及阀件的手动开启装置应设在便于操作处。对常闭式加压送风口、排烟口（阀）以及阀件进行电动、手动开启与复位操作时，执行机构动作灵敏可靠，关闭时应严密，在消防控制室的反馈信号应正确。在实际工程中，风口（阀）启闭不灵，应予以重视。

（4）自然排烟窗检查。

1）自然排烟窗应设置在排烟区域的顶部或外墙，其设置应符合设计要求，并应具有方便操作的手动开启装置，手动操作灵活可靠。

2）自然排烟窗的有效排烟面积应符合规范和设计要求，其有效面积计算应符合有关技术要求：

① 防烟楼梯间前室、消防电梯间前室可开启外窗面积不应小于 $2.0m^2$，合用前室不应小于 $3.0m^2$。

② 靠外墙的防烟楼梯间每 5 层内可开启外窗总面积之和不应小于 $2.0m^2$。

③ 长度不超过 60m 的内走道可开启外窗面积不应小于走道面积的 2%。

④ 需要排烟的房间可开启外窗面积不应小于该房间面积的 2%。

⑤ 净空高度小于 12m 的中庭可开启的天窗或高侧窗的面积不应小于该中庭地面积的 5%。

⑥ 中庭、剧场舞台，不应小于该中庭、剧场舞台楼地面面积的 5%。

⑦ 其他场所，宜取该场所建筑面积的 2% ～ 5%。

3）自动排烟窗的电动、手动开启与电动复位操作应灵活可靠，关闭应严密，在消防控制室的反馈信号应正确。自动排烟窗具有失效保护功能时，其功能应符合设计要求。

（5）送风管道（井）和排烟管道（井）检查。

管道（井）的材质、耐火极限应符合规范和设计要求，管道的连接以及管道与设备或组件的连接应严密、牢固，无明显缺陷。

1）送风管道（井）和排烟管道（井）应采用不燃烧材料制作。当采用金属风道时，管道风速不应大于 20m/s；当采用非金属材料风道时，不应大于 15m/s；当采用土建墙内预留风道时，不应大于 10m/s。砖、混凝土风道的灰缝应饱满，内表面水泥砂浆面层应平整、无裂缝，不应漏风、渗水。

2）送风管道井和排烟管道井应采用耐火极限不小于 1.00h 的隔墙与相邻部位分隔。送风管道应独立设置在管道井内。当必须与排烟管道布置在同一管道井内时，排烟管道的耐火极限不应小于 2.00h。

3）未设置在管道井内的加压送风管道，其耐火极限不应小于 1.50h。排烟管道的耐火极限不应低于 0.50h，当水平穿越两个及两个以上防火分区或排烟管道在走道的吊顶内时，其管道的耐火极限不应小于 1.50h；排烟管道不应穿越前室或楼梯间，在特殊困难情况下必须穿越时，其耐火极限不应小于 2.00h。排烟管道的厚度应按现行国家标准《通风与空调工程施工质量验收规范》GB 50243—2002 的有关规定执行。

4）加压送风、排烟管道在穿越防火隔墙、楼板和防火墙处的孔隙应采用防火封堵材料封堵。风管穿过防火隔墙、楼板和防火墙时，穿越处风管上的防火阀、排烟防火阀两侧各 2.0m 范围内的风管应采用耐火风管或风管外壁应采取防火保护措施，且耐火极限不应低于该防火分隔体的耐火极限。

5）当吊顶内有可燃物时，吊顶内的排烟管道应采用不燃烧材料进行隔热，并应与可燃物保持不小于 150mm 的距离。当排烟系统竖向穿越防火分区时，垂直风管应设置在管道井内，且应在与垂直风管连接的水平风管近端设置 280℃的排烟防火阀。横向排烟管道应按防火分区设置，当横向管道水平穿越防火分区时，应在防火分区临界处设置防火阀。

3. 系统联动控制功能检查

自动控制方式下，模拟火灾报警，根据规范要求和设计模式，相应区域的加压送风口、加压送风机开启，相应区域的活动式挡烟垂壁降落，自动排烟窗、排烟口（阀）、排烟风机开启（设有补风系统的，应在启动排烟风机的同时启动送风机，补风量不宜小于排烟量的 50%），相应区域的空气调节系统停止，电动防火阀关闭，并向消防控制室内的联动控制器反馈信号。当通风与排烟合用双速风机时，应能自动切换到高速运行状态。

可采用微压计，在风机保护区域的顶层、中间层及最下层测量防烟楼梯间、前室、合用前室的余压：防烟楼梯间的余压值应为 40 ~ 50Pa，前室、合用前室的余压应为 25 ~ 30Pa。可采用风速仪，测量门洞处、送风口、排烟口、补风口的风速：门洞处的风速不应小于 0.7m/s，送风口风速不宜大于 7m/s，排烟口风速不宜大于 10m/s；机械补风口的风速不宜大于 10m/s，人员密集场所补风口的风速不宜大于 5m/s，自然补风口的风速不宜大于 3m/s。

五、防排烟系统常见的错误或问题

1. 设计常见的错误或问题

（1）建筑高度大于 50m 的一类公共建筑的楼梯间及前室采用自然排烟，未设置机械防烟设施。

（2）风机未设置在机房、专用空间、屋面处，而是敞设在楼梯间、吊顶内、汽车库等处。机房与相邻区域的防火分隔达不到要求，有的加压送风机与排烟风机合用一个机房。

（3）加压送风机和补风机的室外进风口和排烟风机的室外出风口布置不符合规定，竖向布置时，进风口在出风口上方，或进风口虽在出烟口的下方，但其高差小于 3m，水平布置时水平距离小于 10m。

（4）加压送风量通常只按规范中的列表取值，而未按照规范要求由计算确定，并在计算值和规定值间取较大值。有的在计算过程中，当前室有 2 个及以上门时未乘以风量系数。

（5）在计算合用前室送风量时，按照整个系统有 2 ~ 3 个楼层开门送风，并保证其门洞风速计算送风量，但由于合用前室的门，常常处于开启状态无法自行关闭，导致送风量不满足要求。

（6）加压送风机风压选用过高或过低，造成楼梯间及前室余压偏高或偏低。

（7）防烟楼梯间和合用前室共用同一加压送风系统，在通向合用前室的支风管上未设压差自动调节装置。

（8）风道设计长宽比太大或截面尺寸太小，竖井内实际风速过高，阻力过大，导致风量不足。

（9）将"担负2个及2个以上防烟分区的机械排烟系统的排烟量按系统中最大一个防烟分区面积，以120m^3/（h·m^2）单位排烟量计算"理解为一个系统同时在2个防烟分区内实施排烟，导致风量计算方法有误。

（10）排烟量的计算未考虑10%～20%的漏风量。

（11）采用机械加压送风系统的防烟楼梯间、前室及其合用前室，设置百叶窗或可开启外窗，机械加压送风系统与自然排烟窗同时开启时，难以形成正压，达不到防烟效果。

（12）前室不送风、只对防烟楼梯间送风的机械加压送风系统，当楼梯间设置直接对外的疏散门且未采取相应措施时，加压的空气大部分从楼梯间外门流失。

（13）自然排烟窗的设置不符合要求。如用于自然排烟的外窗不可开启，有的虽然能够开启，但未设置方便操作的手动开启装置；自然排烟窗的位置设置不当，未设置在排烟区域的顶部或外墙；自然排烟窗的有效排烟面积计算方法有误，排烟面积不够。

（14）排烟口设置不符合要求。如排烟竖井所在位置及吊顶内管道太多造成排烟口距离该防烟分区最远点的水平距离大于30m；设在顶棚上或靠近顶棚的墙面上的排烟口，与附近安全出口沿走道方向相邻边缘之间的最小水平距离小于1.5m。

（15）地下汽车库因层高有限，设置诱导风机辅助排烟。

（16）机械排烟与排风合用系统中，防火阀复位装置设置不合理，设置在吊顶或其他隐蔽空间的防火阀在联动关闭后手动复位工作较为烦琐，复位过程中往往会有遗漏，排烟风机启动时，由于不同防烟分区内排风口同时开启，导致排烟口风速下降，影响排烟效果。

(17) 一个机械排烟与排风合用系统负担2个及以上防烟分区时，采用排烟口与排风口分开设置方式时，由于排风支管上的防火阀(70℃)未采用电动阀不能在火灾时受控关闭，使排烟口无法正常排烟。

(18) 机械排烟系统不能实现“在火灾时只在着火的防烟分区实施排烟”的要求：如一个机械排烟系统负担2个及以上的防烟分区时，设置常开排烟口，且在排烟支管上未设置排烟防火阀（280℃），无法对排烟口进行控制；一个机械排烟与排风合用系统负担2个及以上防烟分区时，采用排烟口与排风口合并设置方式，且在排烟支管上未设置排烟防火阀（280℃），联动编程困难，难以实现；采用在火灾时按楼层启动全部排烟系统的方式进行设计，如“火灾时联动启动着火层及其上一层，下一层的全部排烟风机，实施排烟”等。

(19) 机械排烟系统不具备现场发现火灾的人通过打开排烟口(阀)联动启动排烟风机的功能，或在封闭空间的机械排烟系统不具备在排烟风机启动时同时联动补风机启动的功能。

(20) 防排烟系统的联动触发信号未按照规范要求采用“两只独立的火灾探测器或一只火灾探测器与一只手动火灾报警按钮报警的与逻辑关系”。

(21) 避难走道前室的加压送风口设置不正确，未采用条缝式送风口，或不设在前室入口门处。

2. 施工常见的错误或问题

(1) 采用砖、混凝土风道时，其内表面未抹水泥砂浆，或抹面不平整，有裂缝孔洞，导致漏风严重、风机压头损失过大，实际风量小于设计风量。

（2）管道井之间分隔未到位，管道的连接以及管道与设备或组件的连接不严密，形成较大泄漏。

（3）前室或合用前室的加压送风口为常闭型时，只有消防控制室联动开启功能，无现场手动开启功能。

（4）前室采用常开型加压送风口时，前室未采用带启闭信号的常闭防火门，或虽采用常闭防火门，但加压送风机的压出段未设电动调节阀或防回流装置。

（5）加压送风机的出风管和进风管上安装有单向风阀和电动风阀时，未采取保证火灾时阀门开启的措施。

（6）挡烟垂壁安装不符合要求。如挡烟垂壁安装不连续，无法形成完整的防烟分区；挡烟垂壁安装在格栅吊顶下，吊顶上部未分隔；挡烟垂壁边沿与建筑结构表面间隙较大，未进行封堵。

（7）排烟口安装不符合要求。如地下车库排烟口安装在挡烟梁下；排烟口安装在沉降缝上；排烟口未设手动开启装置，或虽设有手动开启装置，但不方便操作；排烟口与顶棚内可燃物或可燃构件的距离小于 1.0m。

（8）机械防排烟系统的风管密封垫料为可燃材料，或排烟风机的软管不能在 280℃时持续工作 30min。

（9）采用镀锌钢板及各类含有复合保护层的钢板制作风管时，采用影响其保护层防腐性能的连接工艺，如焊接连接，包括钢板和法兰的焊接。

（10）采用无机玻璃钢风管时，其风管板材和风管法兰盘厚度、玻璃布层数不符合规范要求。如当风管直径或矩形长边尺寸为 1000 至 1500mm 时其壁厚未达到 5.5 ~ 6.5mm，其玻璃布层数未达到 7 ~ 9 层（风管）和 10 ~ 14 层（法兰）。

（11）风管穿越防火隔墙、楼板和防火墙处的孔隙未采用防火封堵材料封堵。风管穿过防火隔墙、楼板和防火墙时，穿越处风管上的防火阀、排烟防火阀两侧各 2.0m 范围内的风管未采用耐火风管或风管外壁未采取防火保护措施，其耐火极限低于该防火分隔体的耐火极限。

（12）穿过防火分区的风管上的防火阀、排烟防火阀距墙面的距离大于 200mm，或其距离不满足检修需要。

（13）安装在吊顶内的排烟管道，与可燃物的距离小于 150mm。

（14）风机传动装置的外露部位以及直通大气的进、出口，未装设防护罩（网）或采取其他安全设施。

（15）直径或长边尺寸大于或等于 630mm 的防火阀、排烟防火阀未设置独立的支、吊架。

（16）加压送风系统，排烟系统安装完毕后未按《通风与空调工程施工质量验收规范》GB 50243—2002 的要求进行严密性检验，即在漏光法检测合格的基础上，按中压系统的规定，抽检 20%，且不少于 1 个系统进行漏风量测试。

（17）风机控制柜电源线路的相序连接错乱，造成风机反转，排烟变成送风，或送风变成排烟。

（18）同一楼层或同一防烟分区的多个加压送风口、排烟口（阀）的反馈信号采用并接而未串接。

3. 运行常见的错误或问题

（1）消防控制室内手动控制盘无法远程防排烟风机。如启动后输出端没有电压输出；线路断路；风机控制柜二次回路故障或置于手动状态；风机电源被关闭或供电不正常；风机故障等。

（2）常闭式加压送风口、排烟口（阀）无法打开，无法正常复位。如控制机械失灵、电磁铁不动作、机械锈蚀、阀体内沉积物较多等。

（3）轴流风机运行振动异常。如叶轮与风筒相摩擦并发生强烈的噪声及振动；支架强度不够或不牢固，出现较大的振动；叶轮因运输中受压变形，致使螺栓松动而产生振动；叶轮与轴套连接螺钉松动或主轴弯曲变形；支架与电机连接螺钉松动、叶轮不平衡、叶片腐蚀、平衡块掉落或轴承损坏而造成较大振动。

（4）风机运行温度异常。如电机轴承损坏，配合间隙过小不合要求；轴与轴承安装歪斜，两个轴承不同轴度；管网阻力过大，电机超负荷运行；电源电压过低；风机内部、叶轮积灰；润滑油不足或润滑油不干净等。

（5）联动测试，防烟分区内的加压送风口、排烟口（阀）无法全部打开。如阀体动作机构本身阀杆转动不灵活、阀杆锈蚀、接触不良等，导致阀门实际动作电流高于设计值或额定值。

（6）联动测试，加压送风场所余压值达不到规范的要求。如加压送风机选型错误，加压送风量不足；送风管道连接不密闭；送风井孔洞未封堵；送风井内表面不光滑；加压送风口开启过多；送风场所设置可开启外窗、直通室外的门，加压空气流失等。

（7）户外广告牌、室内固定家具等封闭、遮挡自然排烟窗。

第八章

防火分隔系统

第一节 防火分隔系统概述

一、防火分隔物的概念

防火分隔物是指在一定时间内阻止火势蔓延，且能把建筑内部空间分隔成若干较小防火空间的物体。

二、常见的防火分隔物

常见防火分隔物有防火墙、防火隔墙、防火门、防火窗、防火卷帘、防火分隔水幕、防火阀等。

除上述主要防火分隔物以外，防火水幕带、防火阀和排烟防火阀也属于防火分隔系统，只不过在本书其他相关章节里已经有所介绍。因此本章将重点介绍防火门及防火卷帘的相关内容。

第二节 防火门

一、防火门介绍

1. 概念

防火门是指在一定时间内，连同框架能满足耐火稳定性、耐火完整性和耐火隔热性要求的门。

它是设置在防火分区间、疏散楼梯间、垂直竖井等且具有一定耐火性的活动的防火分隔物。防火门除具有普通门的作用外，更重要的是还具有阻止火势蔓延和烟气扩散的特殊功能 。它能在一定时间内阻止或延缓火灾蔓延，确保人员安全疏散。

2. 分类

(1) 按其材质可分为：木质防火门，钢质防火门，钢木质防火门，其他材质防火门。

(2) 按其门扇数量可分为：单扇防火门、双扇防火门（或子母式防火门）、多扇防火门（含有两个以上门扇的防火门）。

(3) 按其结构形式可分为：门扇上带防火玻璃的防火门，带亮窗防火门，带玻璃带亮窗防火门，无玻璃防火门，见图 8-1。

(4) 按其开闭状态可分为：常闭防火门，常开防火门。常闭防火门平常在闭门器的作用下处于关闭的状态，因此火灾时能起到阻止火势及烟气蔓延的作用。常开防火门平时在防火门释放器作用下处于开启状态，火灾时，防火门释放器自动释放，防火门在闭门器和顺序器的作用下关闭。

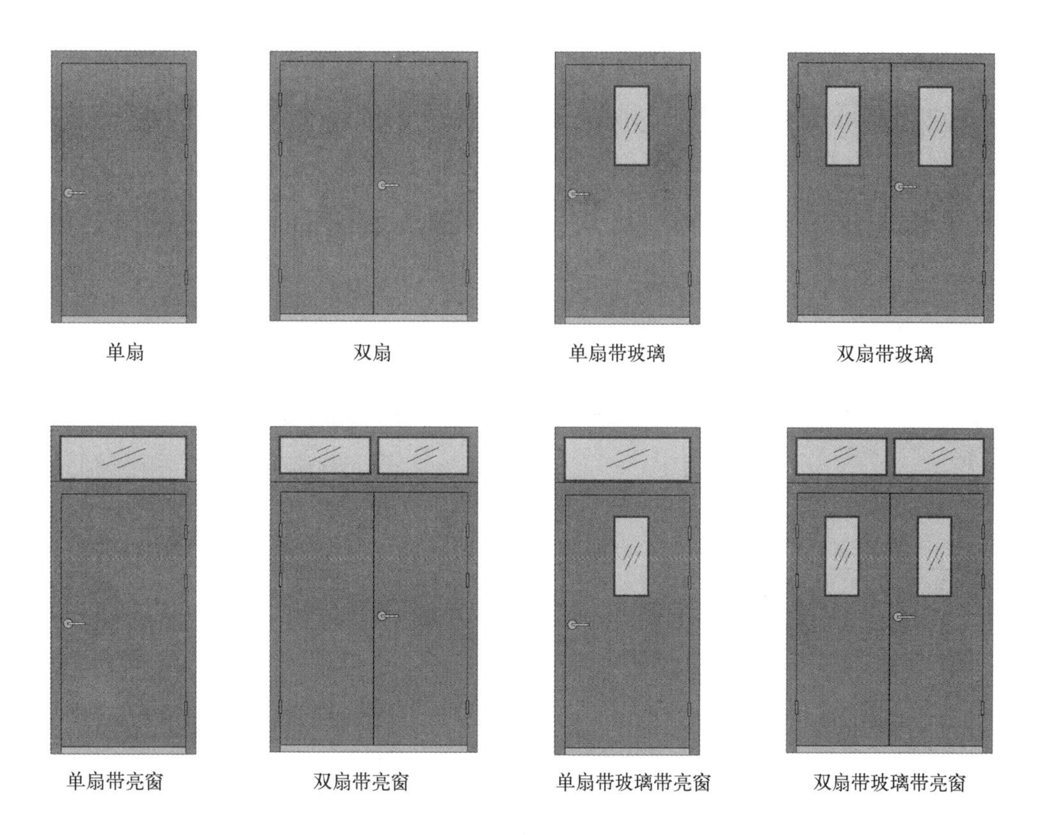

图 8-1　防火门分类示意图（按结构）

3. 适用范围

（1）甲级防火门：耐火极限（耐火完整性和耐火隔热性）不低于1.5h的门为甲级防火门。甲级防火门主要安装于防火分区间的防火墙上。建筑物内附设一些特殊房间的门也为甲级防火门，如燃油气锅炉房、变压器室、中间储油间等。

（2）乙级防火门：耐火极限（耐火完整性和耐火隔热性）不低于1.0h的门为乙级防火门。防烟楼梯间和通向前室的门，高层建筑封闭楼梯间的门以及消防电梯前室或合用前室的门均应采用乙级防火门。

（3）丙级防火门：耐火极限（耐火完整性和耐火隔热性）不低于0.5h的门为丙级防火门。建筑物中管道井、电缆井等竖向井道的检查门和高层民用建筑中垃圾道前室的门均应采用丙级防火门。

(4) 防火门监控系统。

1）防火门监控器简介。防火门监控器是显示并控制防火门打开、关闭状态的控制装置，同时也是中心控制室或火灾自动报警系统连接前端电动闭门器、电磁门吸、电磁释放器、逃生门锁等装置的桥梁和纽带，其系统流程见图 8-2。

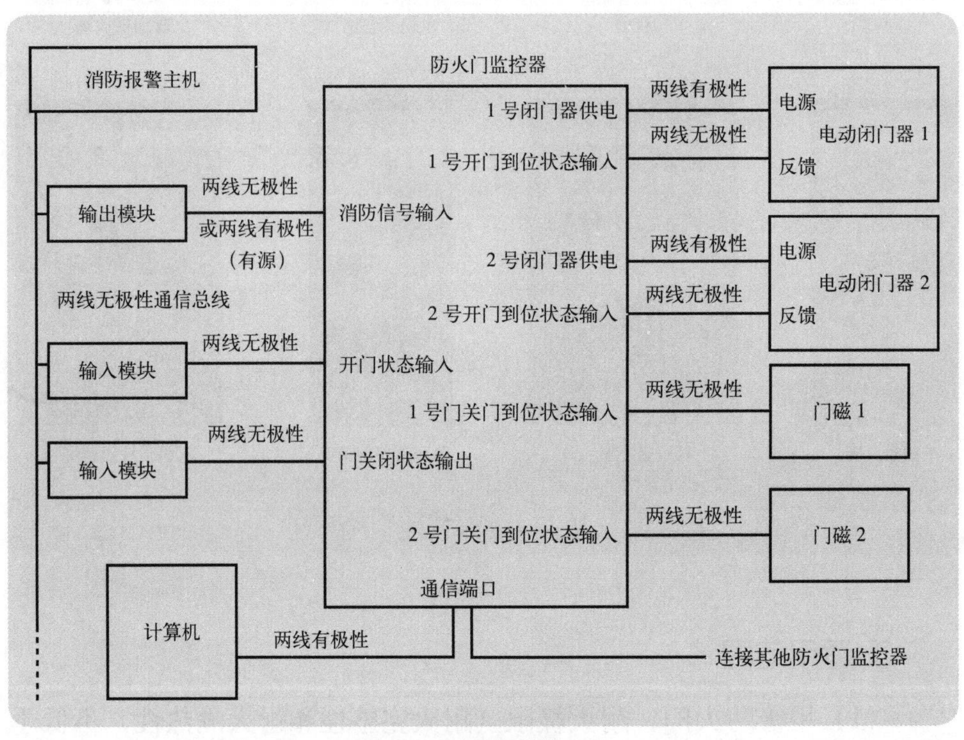

图 8-2 防火门监控系统

2）系统组成及主要功能。防火门监控系统是由防火门监控器、电磁释放器、电动闭门器、门磁开关、防火门监控系统软件等组成。

① 防火门监控器：用于显示并控制防火门打开、关闭状态的控制装置，见图 8-3。

② 防火门联动闭门器：能够在收到指令后将处于打开状态的防火门关闭，并将其状态信息反馈至防火门监控器的电动装置，见图 8-4。

③ 防火门电磁释放器：使常开防火门保持打开的状态，在接收到指令或释放防火门使其关闭，然后反馈自身的状态信息到监控器的电

动装置，见图 8-5。

④ 防火门门磁开关：用于监视防火门的开闭状态，并能将其状态信息反馈至防火门监控器的装置，见图 8-6。

⑤ 防火门监控系统软件：监控防火门的状态进行记录并传输到中控室或 FAS，同时，可以通过通信总线接收来自中控室的消防指令，也可以通过监控器的消防输入端口接受来自 FAS 的消防信号。

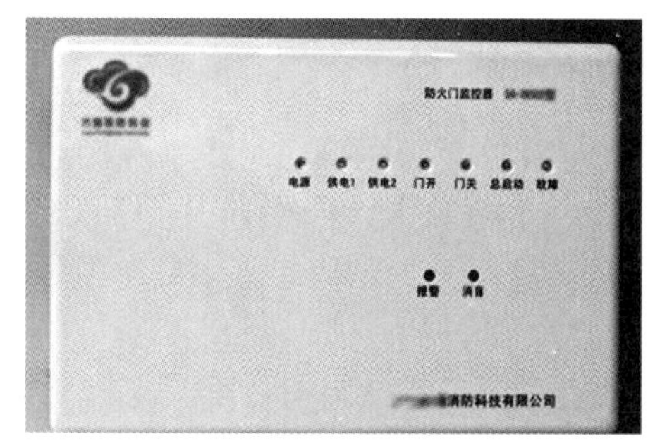

图 8-3　防火门监控器

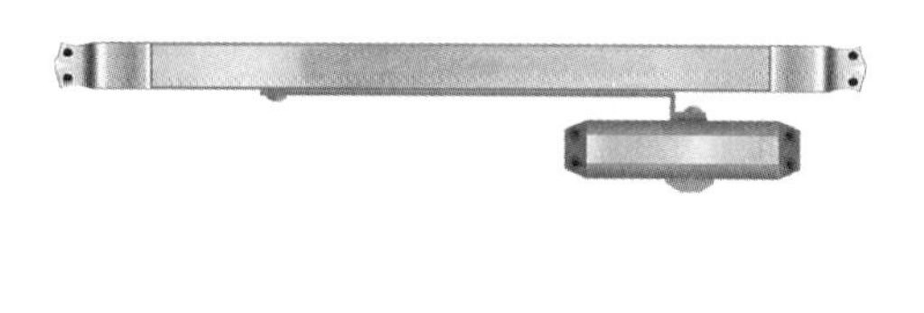

图 8-4　联动闭门器

图 8-5　电磁释放器（门吸）

图 8-6　门磁开关

二、防火门的检查

1. 防火门的设置要求

（1）设置在建筑内经常有人通行处的防火门宜采用常开防火门。常开防火门应能在火灾时自行关闭，并应具有信号反馈的功能。

（2）除允许设置常开防火门的位置外，其他位置的防火门均应采用常闭防火门。常闭防火门应在其明显位置设置“保持防火门关闭”等提示标识。

（3）除管井检修门和住宅的户门外，防火门应具有自行关闭功能。双扇防火门应具有按顺序自行关闭的功能。

（4）除规范另有规定外，防火门应能在其内外两侧手动开启。

（5）设置在建筑变形缝附近时，防火门应设置在楼层较多的一侧，并应保证防火门开启时门扇不跨越变形缝。

（6）防火门关闭后应具有防烟性能。

（7）甲、乙、丙级防火门应符合现行国家标准《防火门》GB 12955—2008 的规定。

2. 防火门的检查方法

（1）钢质防火门检查方法。

1）外观：用目测的方法检查外观是否焊接牢固，焊点分布是否均匀；外表面喷涂是否平整光滑；在规定的位置是否有产品身份标志、质量检验合格标志和 CCC 认证标志。

2）规格尺寸：用游标卡尺测量门扇厚度、门框侧壁宽度、玻璃厚度，用卷尺测量门外形尺寸、玻璃外形尺寸。

3）门扇结构及填充材料：破拆门扇后，用目测的方法检查门扇内部结构及门扇内部所填充的材料类型应与检测报告中的相关内容一致，用游标卡尺测量材料的相应参数。

4）耐火五金件：检查钢质防火门上所用五金件的检测报告是否是国家认可的检测机构出具的合格检测报告。

5）玻璃：检查钢质防火门上所用玻璃的耐火等级检测报告是否是国家认可的检测机构出具的合格检测报告。

6）密封条：检查钢质防火门上的防火密封条的检测报告是否是国

家认可的检测机构出具的合格检测报告。

（2）木质防火门检查方法。

1）外观：用目测的方法检查外观表面是否净光或砂磨，是否有刨痕、毛刺和锤痕；割角、拼缝是否严实平整。在规定位置是否有产品身份标志、质量检验合格标志和质量认证（认可）合格标志。

2）规格尺寸：用游标卡尺测量门扇厚度、门框侧壁宽度、玻璃厚度，用卷尺测量外形尺寸、玻璃外形尺寸。

3）门扇结构及填充材料：破拆门扇后，用目测的方法检查门扇内部结构及门扇内部所填充的材料类型应与检测报告中的相关内容一致，用游标卡尺测量材料的相应参数。

4）耐火五金件：检查木质防火门上所用五金件的检测报告是否是国家认可的检测机构出具的合格检测报告。

5）玻璃：检查木质防火门上所用玻璃的耐火等级检测报告是否是国家认可的检测机构出具的合格检测报告。

6）密封条：检查木质防火门上的防火密封条的检测报告是否是国家认可的检测机构出具的合格检测报告。

三、防火门常见问题及原因分析

（1）门扇、门框材质厚度不达标，测量方法见图 8-7。

（2）木质防火门木材未经过阻燃处理。个别厂家偷工减料，采用未经阻燃处理的普通木材制作防火门，这样会严重影响防火门的耐火性能。实际检查中我们可以取少量防火门木材用打火机烧，就会发现木材没有进行阻燃处理或木材阻燃处理没有达到相应的深度，见图 8-8。

（3）采用普通防盗门密封条代替防火密封条。个别厂家为节约成本违规使用普通防盗门密封条代替防火密封条，实际检查中可取下一小截密封条用打火机点燃密封条待其燃烧过后，通过观察，真正的防火密封条会自行熄灭火焰，并且像泡沫海绵一样膨胀，且不会灰化脱落，而假的防火密封条会持续燃烧，燃烧后无膨胀，燃烧的灰烬会脱落（见图 8-9）。

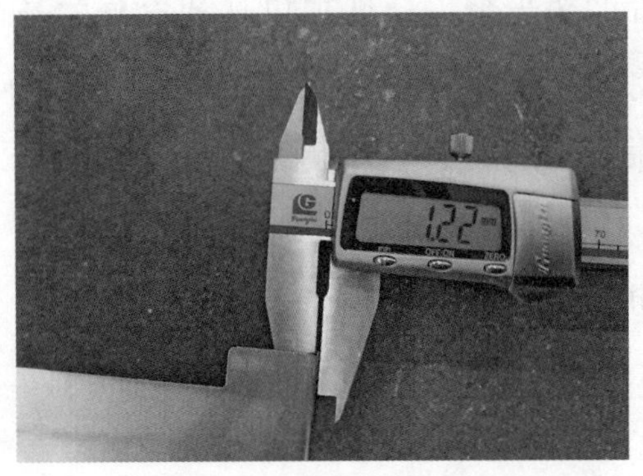

图 8-7　板材厚度测量

图 8-8　阻燃木材不会着火

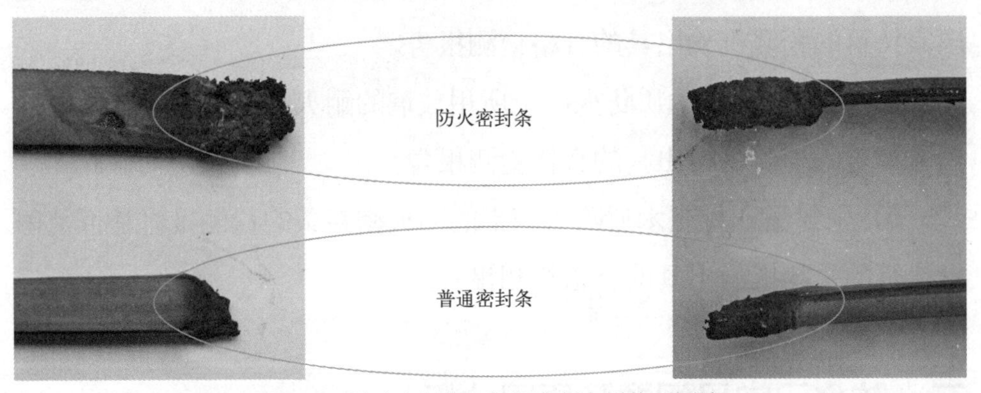

图 8-9　防火密封条和普通密封条燃烧后对比

（4）用普通锁具代替防火锁具。个别不法商家会用低成本的锁具代替防火锁，实际检查中首先要对比厂家提供的锁具检测报告核对锁具结构，其次从重量上也可以识别，防火锁普遍要比劣质锁重一些，且锁芯必须采用的是铜质或钢质材料，绝不能采用铝质甚至塑料材质，见图 8-10。

图 8-10　防火锁

（5）门扇内填充料作假或没有填充满。

个别不法厂家采用岩棉，保温棉以次充好，甚至会直接填充蜂窝纸代替防火门芯板。为了欺骗和逃避检查，他们会在猫眼、锁具等容易暴露或被发现的部位塞上符合规定的防火门芯材料，而内部其他地方则填充劣质的蜂窝纸等，如图 8-11（a）。

还有一种情况，虽然门扇内填充的是符合规定的防火门芯板材料，但加工工艺粗糙，很多地方并没有填充实，特别是在门扇边缘部位容易存在贯通孔，见图 8-11（b）。

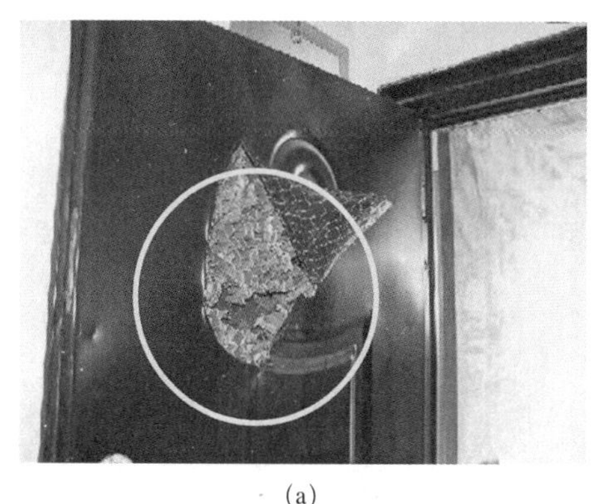

(a)

(b)

图 8-11　不合格门扇填充

（6）防火玻璃不达标。具有耐火隔热性能的防火玻璃一般为夹层玻璃，两层玻璃中间是防火胶。防火胶一般由丙烯酰胺水溶液在一定温度下添加引发剂聚合成一定分子量的丙烯酰胺黏稠液体，溶液中添加其他无机耐火材料。将此透明溶液灌入玻璃夹层中，一定时间后丙烯酰胺产生交联，形成网状结构成为透明状、热固性、胶冻状物质，该物质遇火后形成致密的耐火炭层，起到防火隔热的作用。因此，防火胶的质量直接影响到防火玻璃产品的耐火性能。

实际工程应用中，由于丙烯酰胺原材料价格较贵，一些厂家降低了丙烯酰胺的添加量，导致溶液浓度不够，形成的胶体在长时间的放置后沿缝隙出现流淌，交联剂的添加量不够也会影响胶体的交联度。这些现象会降低防火玻璃的耐火性能，火灾中烟气容易通过破损的玻璃缝隙传递，对人员逃生产生一定的影响。因此防火玻璃的质量控制也是消防监督检查的一个重点，一般来说甲级防火玻璃的厚度应该在30mm以上，乙级防火玻璃的厚度应该在25mm以上，丙级防火门玻璃厚度也应该在20mm以上，见图8-12。

（7）防火门没装闭门器。根据《防火门验收规范》GB 12955—2008的规定要求防火门必须安装闭门器，见图8-13，而个别不法厂家为节约成本往往以低档次规格型号的闭门器替换符合要求的闭门器，或者纯粹不安装闭门器。

图8-12　防火玻璃的设置

图8-13　防火门闭门器

（8）防火门加装侧锁点和天地锁。防火门属于消防疏散通道，只能向疏散方向开启（俗称外开），同时要求在火灾发生时应能够轻易地从里面打开，因此是绝对不允许防火门像普通防盗门那样安装侧锁点和天地锁，见图8-14。

（9）防火门没粘贴消防身份信息标签或标签信息与实物不符。按照公安部消防产品合格评定中心的消防产品身份信息管理规定，每一樘防火门出厂时必须粘贴对应的消防产品身份信息标签（俗称消防标签，如图8-15），且应与防火门产品信息一一对应并将信息上传至消防信息管理系统中。但有个别厂家标签管理混乱，不按规定随意粘贴，型号混淆，甚至将普通防盗门、钢质门粘贴上消防标签充当防火门销售。实际检查中可登录消防信息网站（www.cccf.com.cn）或消防产品合格评定中心网站(www.cccf.net.cn)输入标签下方白色区域中的明码，将消防标签和对应的防火门产品信息进行有效性查询。

图 8-14　防火门不应加装侧锁点

图 8-15　消防产品身份信息标签

（10）消防设计有防火门监控器要求的防火门未安装监控器或监控器未联网。如果在消防设计中要求防火门配备防火门监控器，但在工程现场一种常见的做法就是只安装闭门器和顺序器，没安装防火门监控器，或者安装了防火门监控器但没有按规范要求配备信号反馈功能，此时的防火门也是不完善的。正确的方法应该是防火门平常可正常启闭，一旦发生火灾时可通过消防中心控制室的火灾报警系统之反馈信号传送给释放器，使释放器开关动作，达到使防火门处于自动关闭的状态。现场检查的方法很简单，只要反复试验其联动动作反馈到消防控制中心即可。

（11）防火门的设置部位和数量不符合规范的要求。个别工程的施工人员为节约成本偷工减料，不按照设计图纸施工，用普通门冒充防火门；或在使用过程中擅自拆除防火门，致使建筑内防火门的设置不符合规范要求。

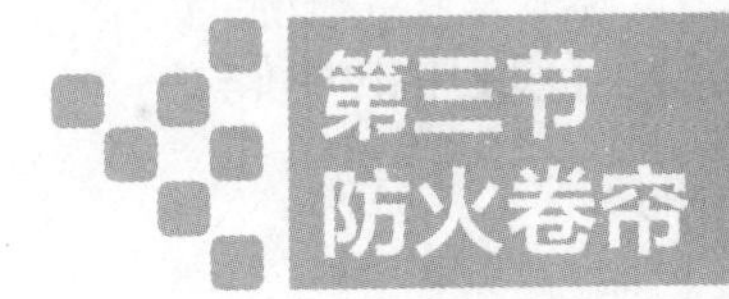

第三节 防火卷帘

一、防火卷帘的组成及分类

1. 组成

防火卷帘是指在一定时间内，连同框架能满足耐火稳定性和耐火完整性要求的卷帘。防火卷帘是一种活动的防火分隔物，平时卷起放在门窗上口的转轴箱中，起火时将其放下展开，用以阻止火势从门窗洞口蔓延。防火卷帘是由帘板，夹板、座板、导轨、门楣、箱体等组成。

2. 分类

(1) 按其材料结构可分为：钢质防火卷帘、无机纤维复合防火卷帘、特级防火卷帘。

(2) 按启闭方式可分为：垂直卷（C_Z）、侧向卷（C_X）、水平卷（S_P）。

(3) 按耐火极限可分为：普通型（2h）、复合型（3h）、特级型（4h）。

(4) 按耐风压强度可分为：50（490Pa）、80(784Pa）、120（1177Pa）。

(5) 按帘面数量分类：D（1个）、S（2个）。

防火卷帘的分类见图 8-16 ~图 8-20。

图 8-16　钢质防火卷帘（垂直帘）

图 8-17　无机纤维复合防火卷帘

图 8-18　特级防火卷帘

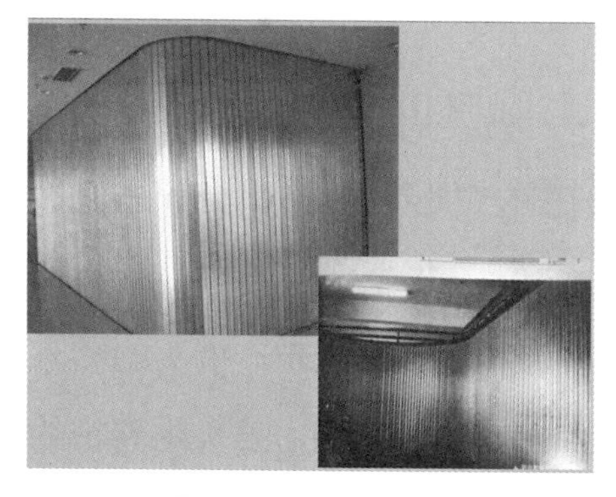

图 8-19　侧向防火卷帘

图 8-20　水平防火卷帘

二、防火卷帘的工作原理

（1）二步下降：对于疏散通道上的防火卷帘，其两侧设置火灾报警探测器组，且两侧应设置手动控制按钮，动作程序为二步下降，在一个火灾报警探测器报警后下降至距地面 1.8m 处停止；另一个火灾报警探测器报警后，卷帘应继续向下降至地面。

（2）一步下降：对非疏散通道上仅用于防火分隔的防火卷帘，其两侧设置的火灾报警探测器，动作程序为一步下降，即探测器报警后防火卷帘直接下降至地面。

三、防火卷帘的设置部位

消防电梯前室、自动扶梯周围、中庭与每层走道、过厅、房间相通的开口部位、代替防火墙需设置防火分隔设施的部位等。

四、防火卷帘的检查方法

1. 防火卷帘的检查方法

（1）门扇各接缝处、导轨、卷筒等缝隙，应有防火防烟密封措施，防止烟火窜入。

（2）用防火卷帘代替防火墙的场所，当采用以背火面温升做耐火极限判定条件的防火卷帘时，其耐火极限不应小于 3h；当采用不以背火面温升做耐火极限判定条件的防火卷帘时，其卷帘两侧应设独立的闭式自动喷水系统保护，系统喷水延续时间不应小于 3h，喷头的喷水强度不应小于 0.5L / (s · m)，喷头间距应为 2 ~ 2.5m，喷头距卷帘的垂直距离宜为 0.5m。

（3）设在疏散走道和消防电梯前室的防火卷帘，应具有在降落时有短时间停滞以及能从两侧手动控制的功能，以保障人员安全疏散；应具有自动、手动和机械控制的功能。

（4）用于划分防火分区的防火卷帘，设置在自动扶梯四周、中庭与房间、走道等开口部位的防火卷帘，均应与火灾探测器联动，当发生火灾时，应采用一步降落的控制方式。

（5）防火卷帘除应有上述控制功能外，还应有温度（易熔金属）控制功能，以确保在火灾探测器或联动装置或消防电源发生故障时，凭借易熔金属的温度响应功能仍能发挥防火卷帘的防火分隔作用。

（6）防火卷帘上部、周围的缝隙应采用相同耐火极限的不燃烧材料填充、封隔。

2. 防火卷帘控制器的检查方法

（1）确认防火卷帘控制器与卷门机或模拟卷门机负载连接并接通电源，处于正常监视状态。操作手动控制装置的上升、停止、下降按钮，或输入各种控制信号，观察动作和指示情况。

（2）切断防火卷帘控制器的主电源，使其由备用电源供电，再恢复主电源，检查主、备电源的转换、状态的指示情况。

（3）切断防火卷帘控制器的主电源和卷门机的电源，使控制器在备用电源供电的情况下，检查并记录控制速放控制装置动作情况。

五、防火卷帘常见故障原因及处理方法

常见故障原因及处理方法见表 8-1。

表 8-1 常见故障原因及处理方法

故障现象	故障原因	解决办法
防火卷帘门不能上升下降	1. 电源故障; 2. 电机故障; 3. 门本身卡住	1. 检查主电、控制电源及电机; 2. 检查门本身
防火卷帘门有上升无下降或有下降无上升	1. 下降或上升按钮问题; 2. 接触器触头及线圈问题; 3. 限位开关问题; 4. 接触器联锁常闭触点问题	1. 检查下降或上升按钮; 2. 下降或上升接触器触头开关及线圈; 3. 查限位开关; 4. 查下降或上升接触器联锁常闭接点
在控制中心无法联动防火卷帘门	1. 控制中心控制装置本身故; 2. 控制模块故障; 3. 联动传输线路故障	1. 检查控制中心控制装置本身; 2. 检查控制模块; 3. 检查传输线路
防火卷帘门门扇关闭时发生碰撞	1. 速度太快; 2. 电压异常; 3. 马达发电配件可能损坏	1. 调整下降速度; 2. 检查电压; 3. 更换马达发电配件
防火卷帘门门扇不能启动	1. 感应器故障，检查感应器之感应灯号是否正常; 2. 电线接头松胶（短路或断路）; 3. 皮带脱落; 4. 可能马达过热，待冷却后便能恢复正常; 5. 控制器烧坏; 6. 异物卡住; 7. 电压异常	1. 检查感应器和感应灯; 2. 检查电线接头; 3. 重新安装皮带; 4. 更换控制器; 5. 检查有无异物; 6. 检查电压是否符合要求
防火卷帘门自开自关	1. 传感器失灵; 2. 有活动物体处于感测范围; 3. 门片开关碰到障碍物	1. 检查传感器; 2. 检查门片开关是否有卡阻
防火卷帘门门扇抖动	1. 地下导轨或止摆器有障碍物或磨损; 2. 移动吊抡及轨道发生磨损或障碍	1. 检查地下导轨或止摆器有无卡阻，或更换部件; 2. 检查吊抡及轨道是否有卡阻，或更换部件

第九章

消防设施检测设备

公安部行业标准《消防技术服务机构设备配备》GA 1157—2014明确规定开展消防设施检测的技术服务机构必须配备的各类检查仪器设备。本章根据设备的分类，对所有的消防设施检测设备的用途性能及使用方法进行介绍。

第一节 消防监督检查验收设备

消防监督检查验收设备是指消防检查时，用于测量、检测消防设施性能数据所需的便携式仪器。通过这些仪器的测量，有助于检查人员对消防设施状况的判定。由于消防检查现场环境条件一般比较复杂，因此，检查仪器应该小巧、轻便、使用方便（如图 9-1 所示）。

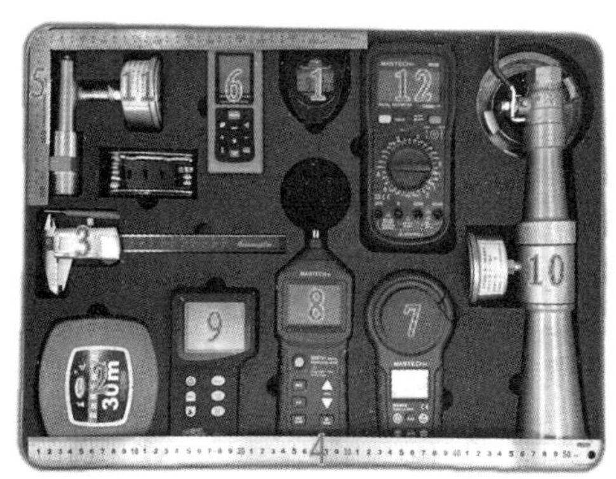

(a) 消防监督检查验收箱上层

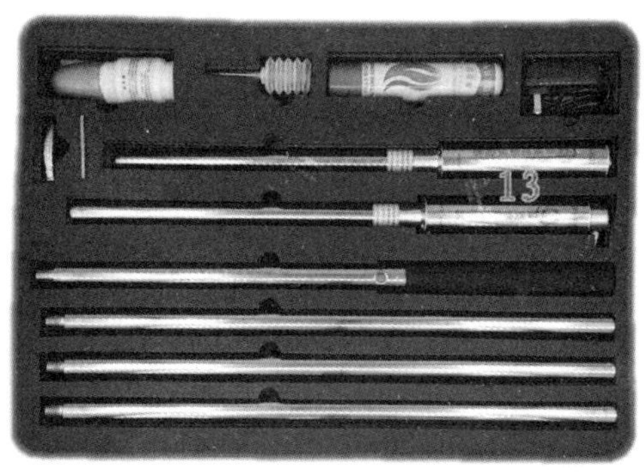

(b) 消防监督检查验收箱下层

图 9-1 消防监督检查验收箱

1—秒表；2—卷尺；3—游标卡尺；4—钢直尺；5—直角尺；6—激光测距仪；7—数字照度计；8—数字声级计；9—数字风速计；10—消火栓测压接头；11—喷水末端试水接头；12—数字万用表；13—感烟/感温探测器功能试验器

一、秒表

如图 9-2 所示。

1. 用途

用于测量消防设施的响应时间、延迟时间、运行时间、工作时间等，具体时间参见规范标准。

图 9-2 秒表

如消防电梯的行驶速度，应按从首层到顶层的运行时间不超过 60s 确定；消防水泵应保证在火警后 30s 内启动；排烟风机应能在 280℃的环境条件下连续工作不少于 30min；消防应急照明和疏散指示标志备用电源的连续供电时间不应少于 30min 等。

2. 使用方法

秒表计时：手动秒表上三个按键，在正常走时状态下，按 #3 键使秒表进入计时状态，如果秒表显示为零，按 #1 键开始 / 停止计时，按 #2 键复位到零。

电池更换：当显示变暗或无显示时，应更换电池。可用螺丝刀取下表后盖和表内的旧电池，然后换上相同规格的新电池，再将表后盖装好即可。

二、卷尺

如图 9-3 所示。

1. 用途

用于测量长度、宽度、高度，如：

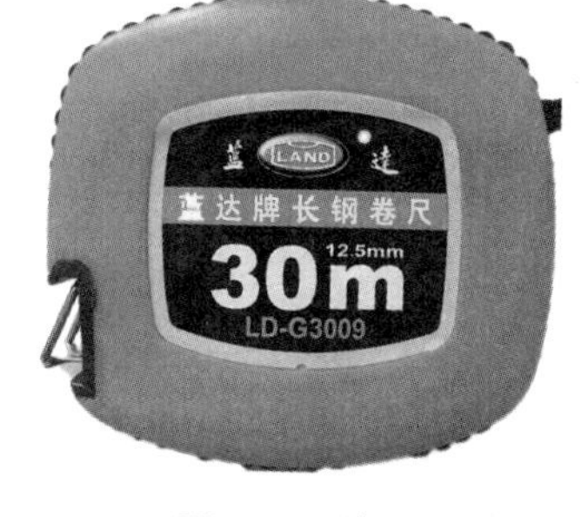

图 9-3 卷尺

（1）疏散楼梯、走道和门的净宽度指标。

（2）疏散长度，如厂房内任一点到最近安全出口的距离。

（3）防火堤的高度。

（4）高层建筑直通室外的安全出口上方应设置挑出宽度不小于 1.0m 的防护挑檐。

（5）消防车道的净宽度和净空高度均不应小于 4.0m。

（6）闷顶内的非金属烟囱周围 0.5m、金属烟囱 0.7m 范围内，应采用不燃材料作绝热层，闷顶内有可燃物的建筑，应在每个防火隔断范围内设置不小于 0.7m × 0.7m 的闷顶入口。

（7）高度大于 10.0m 的三级耐火等级建筑应设置通至屋顶的室外消防梯。室外消防梯不应面对老虎窗，宽度不应小于 0.6m，且宜从离地面 3.0m 高处设置。

（8）沿疏散走道设置的灯光疏散指示标志，应设置在疏散走道及其转角处距地面高度 1.0m 以下的墙面上，且灯光疏散指示标志间距不应大于 20.0m；对于袋形走道，不应大于 10.0m；在走道转角区，不应大于 1.0m。

2. 使用方法

卷尺能卷起来是因为卷尺里面装有弹簧，在拉出测量长度时，实际是拉长标尺及弹簧的长度，一旦测量完毕，卷尺里面的弹簧会自动收缩，标尺在弹簧力的作用下也跟着收缩，所以卷尺就会卷起来。

三、游标卡尺

如图 9-4 所示。

1. 用途

用于测量物件的大小、长度情况，如：

（1）测量防火门门扇厚度、裁口深度。

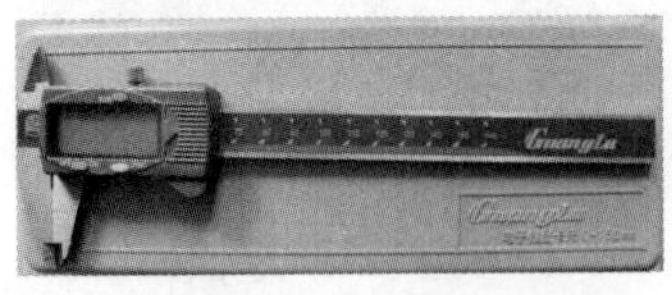
图 9-4　游标卡尺

（2）消火栓应采用同一型号规格。消火栓的栓口直径应为 65mm，水枪喷嘴口径不应小于 19mm。

（3）消防卷盘的栓口直径宜为 25mm；配备的胶管内径不小于 19mm；消防卷盘喷嘴口径不小于 6mm。

（4）测量电线的线径，核算电线的截面积是否符合要求。

2. 使用方法

游标卡尺的使用方法用于测量部件的外测量面、内测量面、深度尺。

将量爪并拢，查看游标和主尺身的零刻度线是否对齐。如果对齐就可以进行测量：如没有对齐则要记取零误差：游标的零刻度线在尺身零刻度线右侧的叫正零误差，在尺身零刻度线左侧的叫负零误差（这种规定方法与数轴的规定一致，原点以右为正，原点以左为负）。

测量时，首先读数归零，右手拿住尺身，大拇指移动游标，左手拿待测外径（或内径）的物体，使待测物位于外测量爪之间，当与量爪紧紧相贴时，即可读数。用完后，并拢量爪，将上部螺丝旋紧固定。

四、钢直尺

如图 9-5 所示。

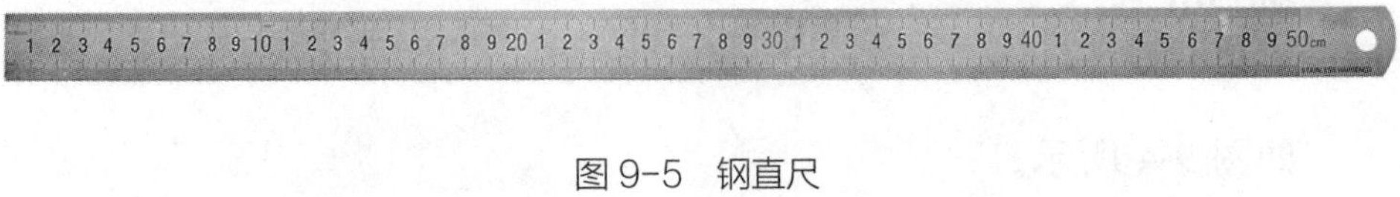

图 9-5　钢直尺

1. 用途

用于测量短小距离，如：

（1）用于测量推车式灭火器罐体最低位置与地面之间的间距，不小于 100mm。

（2）公共建筑的室内疏散楼梯两梯段扶手间的水平净距不宜小于 15cm。

（3）防烟与排烟系统中的管道、风口及阀门等必须采用不燃材料制作，排烟管道应采取隔热防火措施或与可燃物保持不小于 150mm 的距离。

（4）采暖管道与可燃物之间应保持一定距离，当温度大于 100℃时，不应小于 100mm 或采用不燃材料隔热；当温度小于或等于 100℃时，不应小于 50mm。

（5）排除和输送温度超过 80℃的空气或其他气体以及易燃碎屑的管道，与可燃或难燃物体之间应保持不小于 150mm 的间隙，或采用厚度不小于 50mm 的不燃材料隔热。当管道互为上下布置时，表面温度较高者应布置在上面。

（6）消防用电设备的配电线路暗敷时，应穿管并应敷设在不燃烧体结构内且保护层厚度不应小于 30mm。明敷时（包括敷设在吊顶内），应穿金属管或封闭式金属线槽，并应采取防火保护措施。

2. 使用方法

注意规范标准的尺寸精度，毫米与厘米有本质区别。

钢直尺用于测量零件的长度尺寸，它的测量结果不太准确。这是由于钢直尺的刻线间距为 1mm，而刻线本身的宽度就有 0.1 ~ 0.2mm，所以测量时读数误差比较大，只能读出毫米数，即它的最小读数值为 1mm，比 1mm 小的数值，只能估计而得。

如果用钢直尺直接去测量零件的直径尺寸（轴径或孔径），则测量精度更差。其原因是：除了钢直尺本身的读数误差比较大以外，还由于钢直尺无法正好放在零件直径的正确位置。所以，零件直径尺寸的测量，也可以利用钢直尺和内外卡钳配合起来进行。

如上图，直尺的测量长度时尽量不使用“0”刻度作为零点，这样更容易对准非断面位置。

直尺的读数分为两部分，一部分为测量值，另一部分为估计值。因为直尺的精确值为0.5mm，所以直尺的测量读数估计值只能是0.5或者是0。螺距读数为5.0mm。

五、直角尺

如图9-6所示。

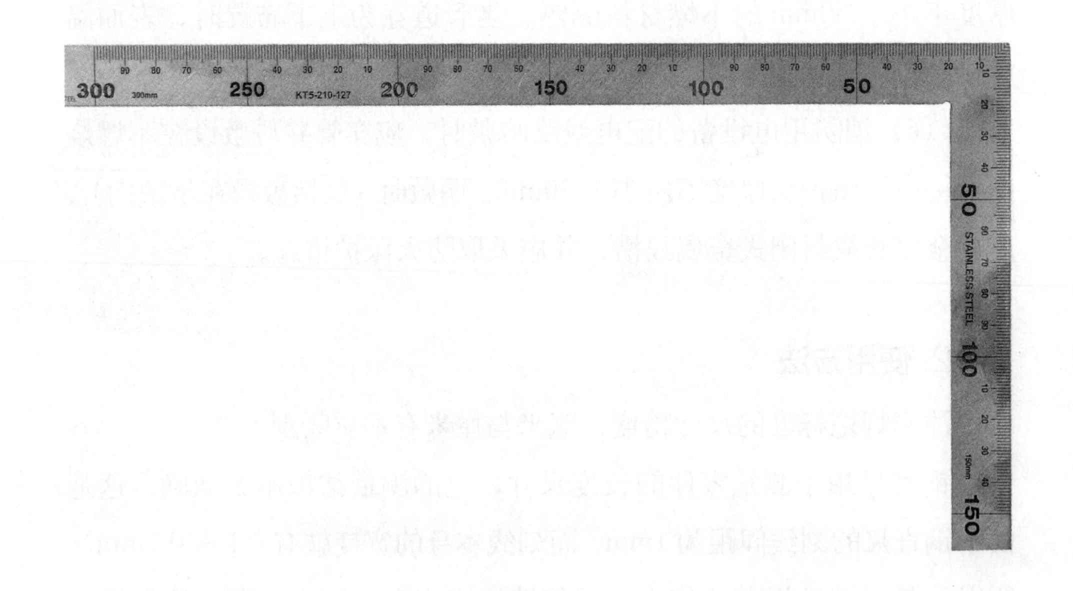

图9-6 直角尺

1. 用途

用于测量短小距离，如：

（1）测量火灾报警探测器与周围柱子、障碍物及其他的距离，确保报警功能有效。

（2）测量洒水喷头与周围柱子、障碍物及其他的距离，确保灭火功能有效。

2. 使用方法

测量面和基准面相互垂直，检验工件直角、垂直度和平行度误差，又称 90° 角尺，垂直平尺，铸铁垂直平尺，直角靠尺。主要用于测量消防设施的安装位置在狭小或复杂空间，直角尺小巧灵活，便于定位基准，可方便地测量出各类小间距。

六、激光测距仪

如图 9-7 所示。

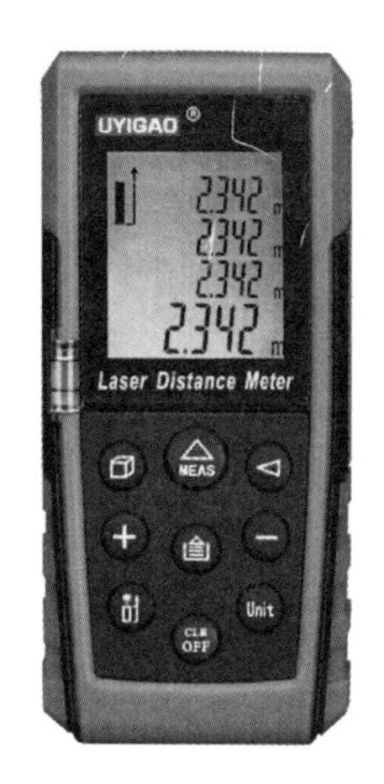

图 9-7 激光测距仪

1. 用途

用于测量长度、高度、面积、体积，如：

（1）长度的有：

1）防火间距。

2）疏散长度。

3）当建筑物沿街道部分的长度大于 150.0m 或总长度大于 220.0m 时，应设置穿过建筑物的消防车道。当确有困难时，应设置环形消防车道。环形消防车道至少应有两处与其他车道连通。尽头式消防车道应设置回车道或回车场，回车场的面积不应小于 12.0m × 12.0m。供重型消防车使用时，不宜小于 18.0m × 18.0m。

4）前室宜靠外墙设置，在首层应设置直通室外的安全出口或经过长度小于或等于 15.0m 的通道通向室外。

（2）高度的有：

1）建筑高度 24.0m、32.0m 的核准。

2）防火墙横截面中心线距天窗端面的水平距离小于 4.0m，且天窗端面为燃烧体时，应采取防止火势蔓延的措施。

3）排烟口应设置在顶棚或靠近顶棚的墙面上，且与附近安全出口沿走道方向相邻边缘之间的最小水平距离不应小于 1.50m。设在顶棚上的排烟口，距可燃构件或可燃物的距离不应小于 1.00m。

4）高层建筑窗间墙宽度、窗槛墙高度不小于 1.2m，且为不燃烧体墙。

（3）面积的有：

1）防火防烟分区面积，如防火分区的最大允许建筑面积 $2500m^2$。

2）前室的使用面积：公共建筑不应小于 $6.0m^2$，住宅建筑不应小于 $4.5m^2$；合用前室的使用面积：公共建筑、高层厂房以及高层仓库不应小于 $10.0m^2$，住宅建筑不应小于 $6.0m^2$。

3）设置自然排烟设施的场所，其自然排烟口的净面积应符合下列规定：烟楼梯间前室、消防电梯间前室，不应小于 $2.0m^2$；合用前室，不应小于 $3.0m^2$；靠外墙的防烟楼梯间，每 5 层内可开启排烟窗的总面积不应小于 $2.0m^2$；对于高层建筑，长度不超过 60m 的内走道可开启外窗面积不应小于走道面积的 2%。需要排烟的房间可开启外窗面积不应小于该房间面积的 2%。净空高度小于 12m 的中庭可开启的天窗或高侧窗的面积不应小于该中庭地面积的 5%。

（4）体积的有：

1）锅炉房内设置储油间时，其总储存量不应大于 $1m^3$。

2）消防电梯的井底应设置排水设施，排水井的容量不应小于 $2m^3$。

3）消防水箱应储存 10min 的消防用水量。一类高层公共建筑，不应小于 $36m^3$，但当建筑高度大于 100m 时，不应小于 $50m^3$，当建筑高度大于 150m 时，不应小于 $100m^3$；多层公共建筑、二类高层公共建筑和一类高层住宅，不应小于 $18m^3$，当一类高层住宅建筑高度超过 100m 时，不应小于 $36m^3$；二类高层住宅，不应小于 $12m^3$；建筑高度大于 21m 的多层住宅，不应小于 $6m^3$；工业建筑室内消防给水设计流量当小于或等于 25L/s 时，不应小于 $12m^3$，大于 25L/s 时，不应小于 $18m^3$；总建筑面积大于 $10000m^2$ 且小于 $30000m^2$ 的商店建筑，不应小于 $36m^3$，总建筑面积大于 $30000m^2$ 的商店，不应小于 $50m^3$。

4）消防水池的总蓄水有效容积大于 $500m^3$ 时，宜设两格能独立使用的消防水池；当大于 $1000m^3$ 时，应设置能独立使用的两座消防水池。

5）气体灭火系统保护区域的体积核准。

（5）其他的有：核准木结构建筑的层数、长度和面积。

激光束打开 20s 内没有进行任何操作，激光束会自动关闭。如测量操作时间超过 20s，请再次按“测量键”键将激光束打开。

2. 使用方法

测量基点选择：调节选择按钮，测量点选择从仪器的头或尾作为测量基点。

（1）单次距离测量。

1）开机后默认进入单次测量模式，按“测量”键打开激光，激光指示图标从下向上闪烁。

2）将激光束瞄向所要测量目标，一体化的水平器可以帮助您将仪器放水平。

3）再按一次“测量”键，进行测量。

4）测量结果显示在屏幕的最底行，以大字体显示，测量结束激光关闭。

5）进行第二次测量，再按“测量”键，打开激光，第一次测量数值向上移一行显示，以小字体显示。

6）瞄向一个新的目标。

7）再按一次“测量”键进行第二次测量。

8）第二测量数据在屏幕的最底行显示，测量结束激光关闭。

9）重复以上第 5 ~ 8 步序进行新的单次长度测量。

在其他测量模式下，按“单次测量”键可返回到单次测量模式，但之前模式下的累加值会被清除。

（2）面积测量。

1）按“面积”键进入面积测量模式，测量计算所得结果为：长 × 宽，图标上闪烁的线表示将要测量面积的第一条边。

2）按“测量”键，打开激光，激光指示图标从下向上闪烁。

3）按所需测量的长度摆放好仪器，并将激光束瞄向所有测量的目标，准备测量第一条边长度。

4）再次按“测量”键，测量正确完成后，第一边的长度同时显示在屏幕的上下两行。

5）第一条边测量完成后，体积图标上的第二条边闪烁，激光保持开启状态。

6）再次按所需测量的长度摆放好仪器，并将激光束瞄向所有测量的目标，准备测量第二条边长度。

7）按“测量”键，测量正确完成后，计算所得面积显示在屏幕的底下一行，同时第二条的长度显示在屏幕的上一行，激光关闭。

8）重复以上第 2 ~ 7 步序进行新的面积测量。

（3）体积测量。

1）按“体积”键进入体积测量模式。测量计算所得结果为：长 × 宽 × 高，图标上闪烁的线表示将要测量立方体的第一条边。

2）按“测量”键，打开激光，激光指示图标从下向上闪烁。

3）按所需测量的长度摆放好仪器，并将激光束瞄向所要测量的目标，准备测量第一条边长度。

4）再次按“测量”键，测量正确完成后，第一边的长度同时显示在屏幕的上下两行。

5）第一条边测量完成后，体积图标上的第二条边闪烁，激光保持开启状态。

6）再次按所需测量的长度摆放好仪器，并将激光束瞄向所要测量的目标，准备测量第二条边的长度。

7）按“测量”键，测量正确完成后，计算所得面积显示在屏幕的最底行，同时第二条的长度显示在屏幕的上一行。

8）第二条边测量完成后，体积图标上的第三条边闪烁，激光继续保持开启状态。

9）再次按所需测量的长度摆放好仪器，并将激光束瞄向所有测量的目标，准备测量第三条边的长度。

10）按“测量”键，测量正确完成后，计算所得体积显示在屏幕的最底行，同时第三条的长度显示在屏幕的上一行，激光关闭。

11）重复以上第 2 ~ 10 步序进行新的体积测量。

（4）勾股定律测量（高度测量）。

按“勾股定律测量”键进入勾股定律测量模式，测量计算所得结果为：$\sqrt{斜边^2-直角边^2}$当所需测量的两个点 A、B 之间有物体挡住无法直接测量时，可在空间构想一个直角三角形间接测量。在空间取一点 C 放置仪器，从 C 点 A 可同时测得 CA 和 CB 的距离，且 CA 间连线要与 AB 间连线垂直，A 点为“垂足”。测量 CA 间的距离为直角边长度 m，再测量 CB 的距离为斜边长度 n，根据勾股定律计算得到另一条直角边 AB 的长度 x。所选点与被测点连线间的垂直度将直接影响计算结果的准确度。图标上闪烁的线表示将要测量三角形的一条直角边。

1）按“测量”键，打开激光，激光指示图标从下向上闪烁。

2）按所需测量的长度摆放好仪器，并将激光束瞄向所要测量的目标，准备测量三角形的一条直角边长度。

3）再次按“测量”键，测量正确完成后，直角边的长度同时显示在屏幕的上下两行。

4）一条直角边测量完成后，三角形图标上的斜边闪烁，激光保持开启状态。

5）不要移动仪器，以基准面为轴，转动仪器将激光束瞄向所要测量的目标，准备测量斜边长度。

6）按“测量”键，测量正确完成后，计算所得另一条直角边长度显示在屏幕的最下行，同时斜边的长度显示在屏幕的上一行，激光关闭。

7）重复以上第 2 ~ 6 步序进行新的勾股定律测量。

在勾股模式下测量时，直角三角形的斜边长度一定要大于或等于直角边长度。当所测斜边长度小于直角边长度时，屏幕会显示“错误输入”提示您重新测量斜边长度。

（5）单次测量的加 / 减运算。

1）按单次测量模式下说明，进行第 1 ~ 4 步操作，完成第一次测量。

2）按“+”或“-”键，同时屏幕电池图标下方会显示对应加减符号的图标。

3）按“测量”键，激光打开，第一次测量数值向上移一行显示，准备第二次长度测量。

4）再次按“测量”键，测量正确完成后，根据加减运算所得结果显示在屏幕的最下行，同时第二次测量的数据显示在屏幕的上一行，激光关闭。

用同样的方式可以进行累加、累减操作。

七、数字照度计

如图 9-8 所示。

图 9-8　数字照度计

1. 用途

用于测量疏散照明、备用照明和疏散指示场所的光亮照度。如：

（1）疏散走道内的地面最低水平照度不应低于 1.0 lx。

（2）人员密集场所内的地面最低水平照度不应低于 3.0 lx。

（3）病房楼或手术部的避难间，不应低于 10.0 lx。

（4）楼梯间、前室或合用前室内避难走道的地面最低水平照度不应低于 5.0 lx。

（5）光报警在 1.2000 lx 环境光线下，10m 处应清晰可见。

消防控制室、水泵房、自备发电机房、配电房、防烟与排烟机房等，火灾时仍需正常工作的房内的消防应急照度，其作业面仍应保证正常照明的照度，符合《建筑照明设计标准》GB 50034—2004 第 5.3.1 条的规定。

2. 使用方法

打开电源，根据被测的光亮照度，选择合适的测量档位；打开光传感器盖，将光传感器放置在预测光源照射范围内最不利点位置的地面上进行测试，读取照度计上 LCD 的测量值；如果 LCD 左端只显示“1”，表示照度过量，需要重新选择大的量程；测量工作完成后，将光传感器盖盖回，电源开关切至 OFF。

注意事项：请勿在存在爆炸性气体物质、可燃蒸汽物质及充满粉尘的环境中，高温、高湿场所下以及强红外线或紫线环境中使用本仪表。电池电力不足时，LCD 上出现“BT”指示，表示需更换电池。

各部件名称及功能如图 9-9 所示。

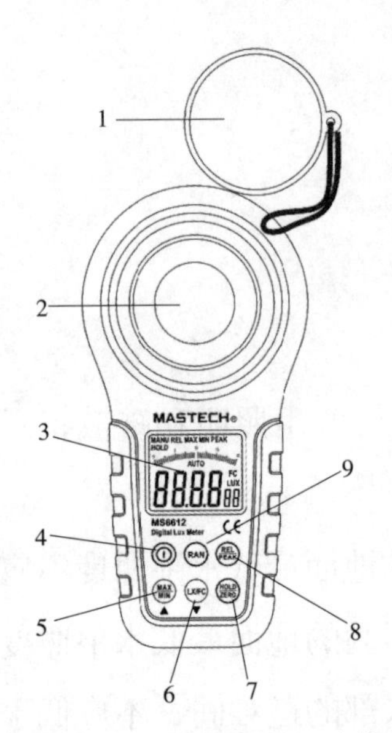

图 9-9　各部件名称及功能

1—光传感器保护盖；2—光传感器；3—LCD 显示屏；4—电源、按键音复合按钮：开 / 关电源：短按开机，长按 1s 关机；开启 / 关闭按键音：在工作模式下，短按开启 / 关闭按键音；5—最大最小值查询模式按钮；6—单位转换按钮：勒克司 / 尺烛光 (Lux/ Fc)；7—数据保持、零点校准复合按钮：数据保持：短按，进入 / 退出数据保持模式零点校准；长按 1s，执行零点校准功能；8—相对值测量、峰值测量复合按钮：相对值测量：短按，进入 / 退出相对值测量模式峰值测量；长按 1s，进入 / 退出峰值测量模式；9—手动切换量程按钮：短按，则按 20.00Lux → 200.0Lux → 2000Lux → 20000Lux → 200000Lux (或 20.00Fc → 200.0 Fc → 2000Fc → 20000Fc) 循环；长按 1s，退出手动切换量程

LCD 显示界面如图 9-10 所示。

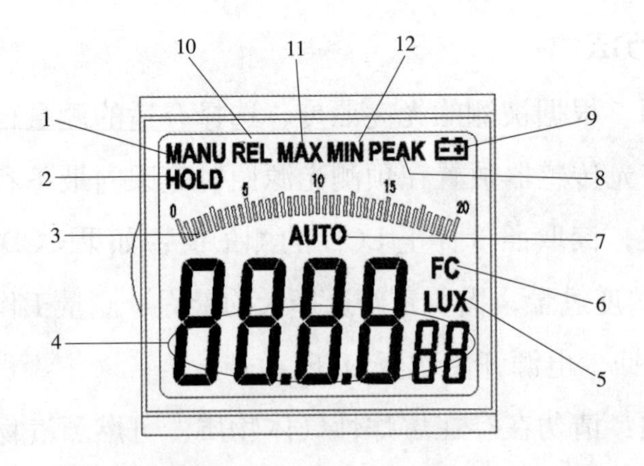

图 9-10　LCD 显示界面

1—手动切换量程模式提示符号；2—数据保持模式提示符号；3—模拟条显示当前测量值信息；4—数字显示当前测量值信息；5—Lux 单位符号；6—Fc 单位符号；7—自动测量模式提示符号；8—峰值测量模式提示符号；9—电池电压低电提示符号；10—相对值测量模式提示符号；11、12—最大最小值查询模式

八、数字声级计

如图 9-11 所示。

图 9-11　数字声级计

1. 用途

用于测量报警广播、水力警铃、电警铃、蜂鸣器等报警器件的声响效果。如：

（1）消防广播在其播放范围内最远点的声压级应高于背景噪声 15dB。

（2）水力警铃在工作压力不低于 0.04MPa 时，3m 远处的声强不低于 70dB。

（3）火灾报警系统的声音报警器，在 3m 远处的声强在 75 ～ 115dB 范围内。

（4）防火卷帘的起闭噪声不得大于 85dB。

2. 使用方法

按下电源开关，按下 LEVEL 选择合适的档位测量现在的噪声，以不出现“UNDER”或“OVER”符号为主。测量以人耳为感受的噪声请选用 dBA；读取及时的噪声量请选择 FAST，如果获得当时的平均噪声量请选 SLOW；如要取得噪声量的最大值，可按“MAX”功能键，即可读到噪声的最大值。声级计的测量范围在 30.13dB 之间，准确度为 ±1.5dB，取样率：2 次 /s。

背景噪声较大会产生测量误差。如果被测量噪声出现后其差值在 10dB 以上，则可忽略背景噪声的影响；如果被测量噪声出现后其差值在 10dB 以内时，则不可忽略背景噪声的影响，应进行修正；当测量时遇上了强风，会使测量生产误差，应避免强风。设计有背光照明，适用于夜间采集声音数据时使用。为了省电，设计为点亮背光照明 5s 后自动将其关闭。

注意事项：请勿置于高温、潮湿的地方使用。长时间不使用请取出电池，避免电解液漏出损伤本仪表。自动挡（30 ~ 130dB）不适合测量瞬间的冲击性噪音。在室外测量声级的场合，请在麦克风头装上防风球，可避免麦克风直接被风吹到而产生气流杂音。如果显示屏出现“”符号，表明电池电压过低，您必须立即更换电池，建议您使用碱性电池。

九、数字风速计

如图 9-12 所示。

1. 用途

用于测量送风口和排烟口及风道风速，并可测量计算排烟量和正压送风量。该仪表灵敏准确，方便简单，使用分离式风扇，可边测边读取数据。如：

（1）机械加压送风防烟系统的送风口风速不宜大于 7m/s。

（2）机械排烟系统的排烟口风速不宜大于 10m/s。

（3）金属材料制作的风道内风速不宜大于 20m/s。

（4）非金属材料制作的风道内风速不宜大于 15m/s。

（5）设机械加压送风系统的，开启门时，通过门的风速不应小于 0.7m/s。

图 9-12 数字风速计

防排烟系统中送风、排烟口，根据建筑情况，前室、防烟楼梯间、防烟分区、中庭，其最小送风量和最小排烟量分别不同，规范有详细规定，按 m^3/h 计算。

根据风口的大小，将风口平均分割成 n 个矩形（n 越多越准确，n 不得小于 9），用风速计测量每个矩形中心的风速。风口的平均风速 V_p 为各测点风速的平均值：

$$V_P=(V_1+V_2+\cdots+V_n)/n \quad (9\text{-}1)$$

式中：V_P——平均风速（m/s）；

V_n——测点风速（m/s）；

n ——测点数。

送风口或排风口风量的计算：平均风速确定后，可按下式计算风口处的风量 L：平均风速 × 平均面积 ×3600。

$$L=V_P\times F\times 3600 \quad (9\text{-}2)$$

式中：F——风口面积（m^2），等于风口长 × 宽；

L——风量（m^3/h）；

3600——1h 等于 3600s。

设置机械排烟设施的部位，其排烟风机的风量应符合下列规定：担负一个防烟分区排烟或净空高度大于 6.00m 的不划防烟分区的房间时，应按每平方米面积不小于 $60m^3/h$ 计算（单台风机最小排烟量不应小于 $7200m^3/h$）。担负两个或两个以上防烟分区排烟时，应按最大防烟分区面积每平方米不小于 $120m^3/h$ 计算。中庭体积小于或等于 $17000m^3$ 时，其排烟量按其体积的 6 次 /h 换气计算；中庭体积大于 $17000m^3$ 时，其排烟量按其体积的 4 次 /h 换气计算，但最小排烟量不应小于 $102000m^3/h$。防排烟系统如图 9-13 所示。

2. 使用方法

打开电源开关，由单位键选择风速单位（m/s）；手持风扇或固定于脚架上，让风由风扇上的箭头吹过；等待约 4s 后以获得比较稳定正确的读值，按下读值锁定。测量范围：0 ~ 45.0m/s，最小风速：

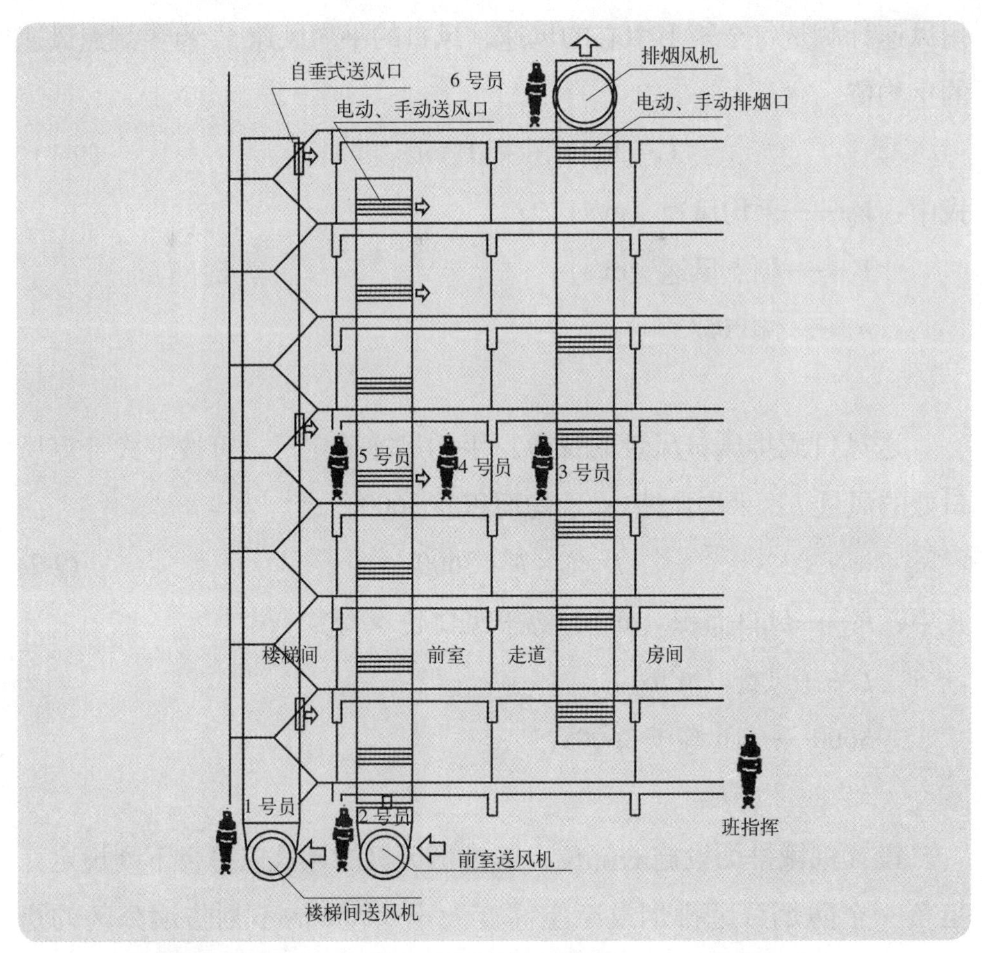

图 9-13　防排烟系统图

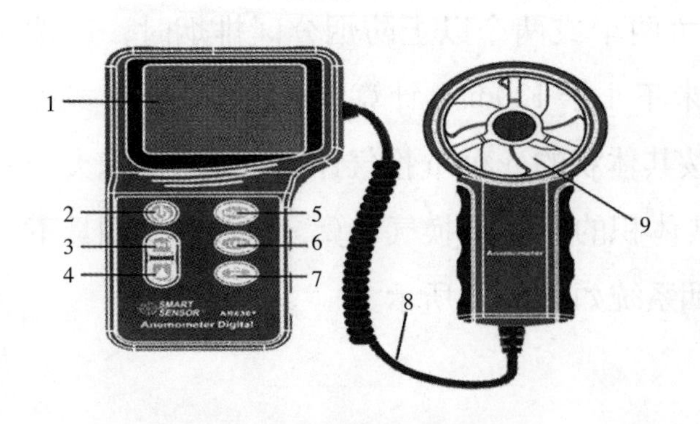

图 9-14　各部件名称及功能

1—液晶显示器；2—开关键；3—风速测量单位转换键；4—风速测量单位选择键；5—数据保持键；6—℃/°F 转换及背光开关键；7—最大/最小/平均风速显示/当前风速测量转换键；8—主机与风轮连接线；9—风轮

0.3m/s，采样时间 4s，准确度 ±3%。

测量时，应在风速稳定后再进行测量；风扇与风的方向的夹角尽量保持在 90°。如果缺电符号出现，表明应该更换电池。

各部件名称及功能如图 9-14 所示。

3. 测量排烟风口的风速的方法

（1）小截面风口（风口面积小于0.3m^2），可采用5个测点，如图9-15所示。

（2）当风口面积大于0.3m^{2}时，对于矩形风口，如图9-16所示，按风口断面的大小划分成若干个面积相等的矩形，测点布置在图每个小矩形的中心，小矩形每边的长度为200mm左右。

（3）对于条形风口如图9-17所示，在高度方向上，至少安排两个测点，沿其长度方向上，可取4～6个测点；对于圆形风罩，如图9-18所示，并至少取5个测点，测点间距≤200mm。

（4）若风口气流偏斜时，可临时安装一截长度为0.5～1m，断面尺寸与风口相同的短管进行测定。

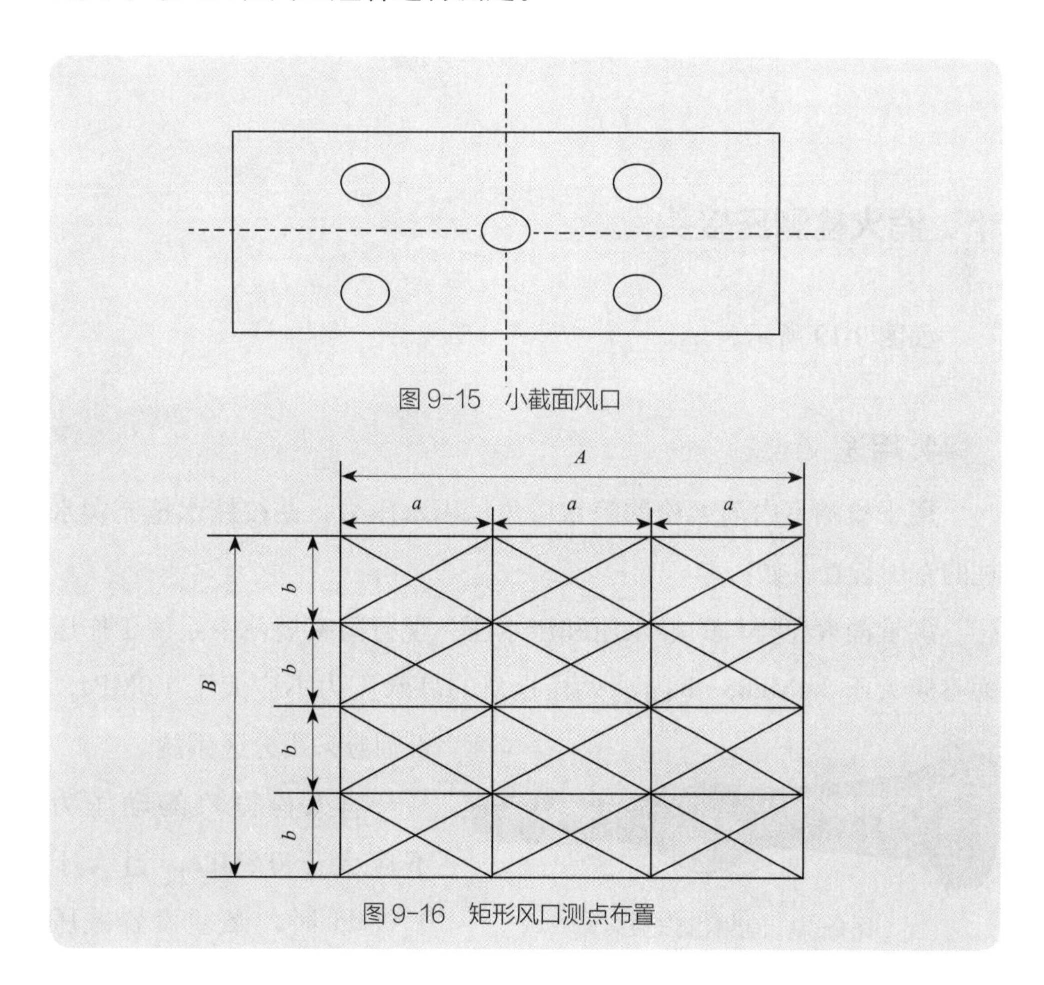

图9-15　小截面风口

图9-16　矩形风口测点布置

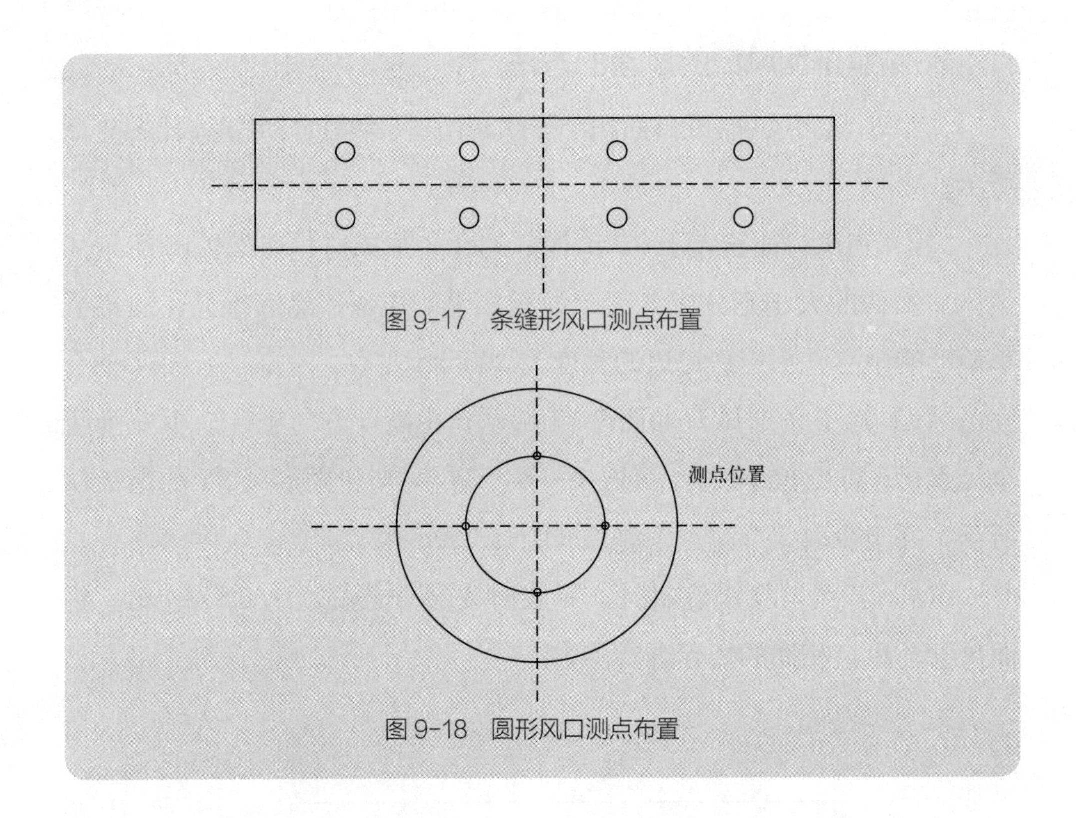

图 9-17 条缝形风口测点布置

图 9-18 圆形风口测点布置

十、消火栓测压接头

如图 9-19 所示。

1. 用途

用于检测室内消火栓的静水压力、出水压力，并校核水枪充实水柱的专用装置。如：

测量消火栓栓口的静水压和出水压。现行国家规范中系统工作压力不应大于 2.4MPa，室内消火栓栓口的静水压力不应大于 1.0MPa，否则应采用分区系统。

图 9-19 消火栓测压接头

消火栓栓口的动压力不应大于 0.5MPa，当大于 0.70MPa 时，必须设置减压设施。

如为平屋时，宜在平屋顶上设置试验和检查用的消火栓，校核水枪充实水柱。

对于建筑物内的消火栓水枪的充实水柱，高层建筑、厂房、库房和室内净空高度超过 8m 的民用建筑等场所，其充实水柱不应小于 13m；其他场所充实水柱不应小于 10m。

针对高位消防水箱的设置高度：一类高层公共建筑，不应低于 0.10MPa，但当建筑高度超过 100m 时，不应低于 0.15MPa；高层住宅、二类高层公共建筑、多层公共建筑，不应低于 0.07MPa，多层住宅不宜低于 0.07MPa；工业建筑不应低于 0.10MPa，当建筑体积小于 20000m^3 时，不宜低于 0.07MPa；否则应设置增压设施。室内消火栓给水系统组成如图 9-20 所示。

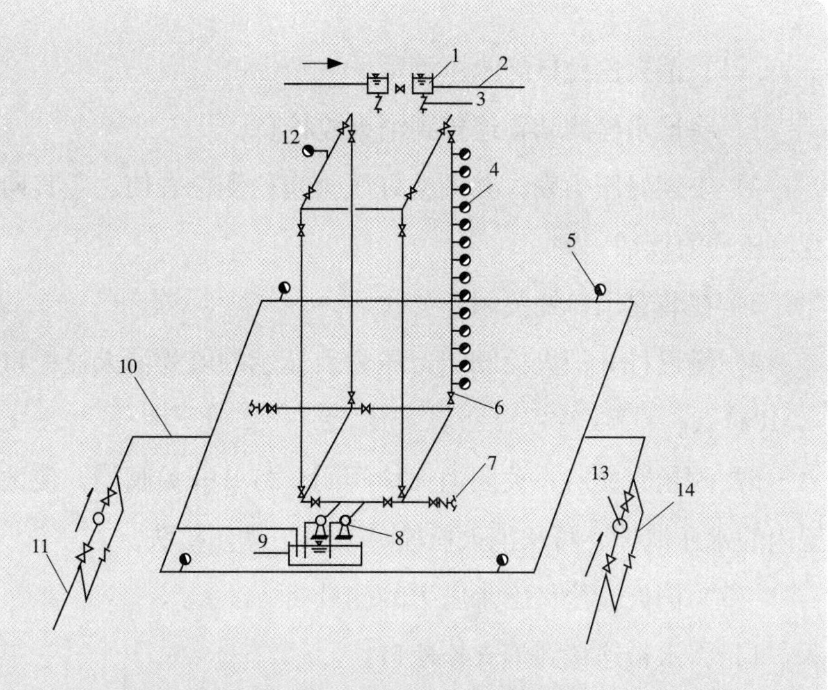

图 9-20　室内消火栓给水系统组成示意图

1—消防水箱；2—接生活用水；3—单向阀；4—室内消火栓；5—室外消火栓；6—阀门；7—水泵接合器；8—消防水泵；9—消防水池；10—进户管；11—市政管网；12—屋顶消火栓；13—水表；14—旁通管

2. 使用方法

消火栓测压接头连接如图 9-21 所示。

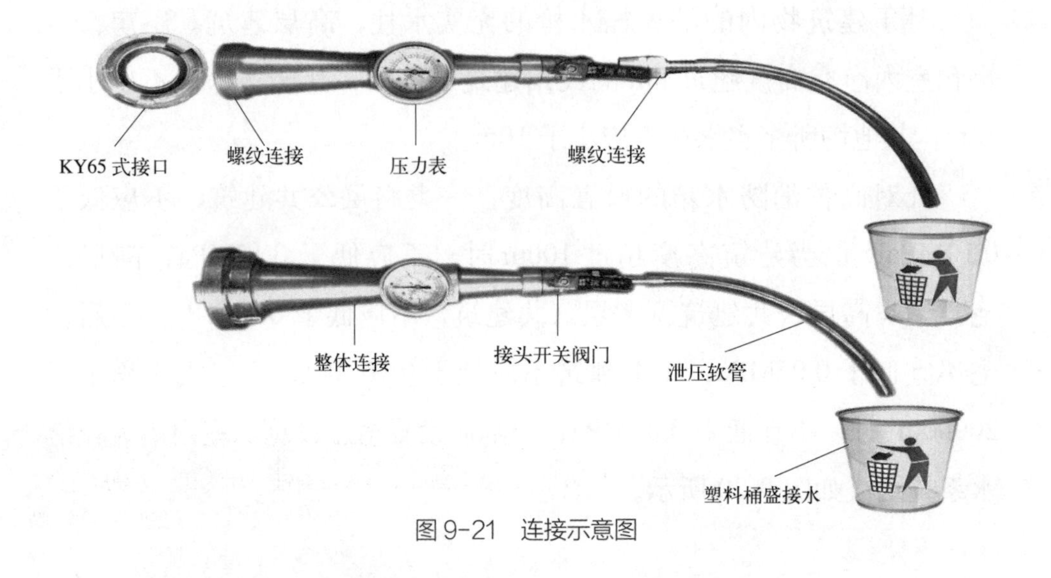

图 9-21　连接示意图

（1）消火栓栓口静水压测量。

1）将试水检测装置连接到消火栓栓口。

2）安装好压力表，并调整好压力表检测位置使之竖直向上，便于观察压力表读数。

3）在装置出口处关闭开关阀门。

4）缓慢打开消火栓阀门，压力表显示的值为消火栓栓口的静水压（MPa）。

5）测量完成后，关闭消火栓阀门，打开开关阀门，使试水检测装置内的水压泄掉，再从消火栓栓口上取下测压接头。

（2）消火栓栓口出水压力的测量。

1）将水带连接到消火栓栓口。

2）将水带接到试水检测装置的进口。

3）打开消火栓阀门放水，此时不应压拆水带，压力表显示的水压即为消火栓栓口的出水压力。

4）测量完成后，关闭消火栓阀门，待水流尽后，再从消火栓栓口上取下测压接头。

（3）试水检测装置校核水枪的充实水柱。

规范要求：由水枪喷嘴起到射流 90% 的水柱水量穿过直径 38cm 圆孔处的一段射流长度。

实际操作：可以用卷尺直接进行测量，也可以通过水力计算确定，此时水枪充实水柱与试水检测装置上的压力表的显示的栓口出水压力对应关系见表 9-1，该方法可作辅助和参考。

表 9-1 消火栓口出水压力和流量、充实水柱关系

序号	充实水柱（m）	流量 (L/s)	栓口出水压力 (MPa)
1	10	4.6	0.135
2	13	5.4	0.186

注意事项：测量时，特别是测量栓口静压时，开启阀门应缓慢，避免压力冲击造成检测装置损坏；静压测量完成后，缓慢打开测压接头的开关，使试水水压泄掉后，才可以从消火栓栓口上取下测压接头，防止不泄压硬拆损坏接头；测量出水压力和充实水柱时，应注意水带不应有弯折；消火栓试水检测装置使用后，应将水擦净晾干，再放回检测箱；消火栓测压接头应轻拿轻放，不能乱摔，防止损坏压力表。

十一、喷水末端试水接头

喷水末端试水接头如图 9-22 所示。

图 9-22 喷水末端试水接头

1. 用途

用于检测自动喷水灭火系统正常压力、静水压力和出水压力。

2. 使用方法

一般在自动喷水灭火系统末端或最不利点有一 25cm 端口，接上喷水末端测压接头装置，缓慢打开放水阀门，放水 1min 后，压力表显示不得小于 0.05MPa。

注意事项：此装置应轻拿轻放，不能乱摔，防止损坏压力表。

十二、数字万用表

如图 9-23 所示。

1. 用途

图 9-23　数字万用表

数字万用表是一种多用途的电工电气测量仪器，可用于测量直流和交流电压、直流电流、电阻、温度、二极管正向压降、晶体管 hFE 参数及电路通断等，在消防监督检查工作中涉及这些参数的测量时均可使用数字万用表。消防检查时可用于确定出故障线路的走向，即电线安装中的“校线”作用，还可以测量电气设备外壳被熔融的开关所处的原始状态，以判断线路是否火前通电。

2. 使用方法

（1）直流电压测量。

1）将黑表笔插入 COM 插孔，红表笔插入 V/Ω 插孔。

2）将功能开关置于 V. 量程范围，并将测试表笔连接到待测电源或负载上，红表笔所接端的极性将同时显示于显示器上。

（2）交流电压测量。

1）将黑表笔插入 COM 插孔，红表笔插入 V/Ω 插孔。

2）将功能开关置于 V ~量程范围，并将测试表笔连接到待测电源或负载上。

（3）直流电流测量。

1）将黑表笔插入 COM 插孔，当测量最大值为 200mA（MY60 为 2A）的电流时，红表笔插入 mA（2A）插孔。当测量最大值为 20A（MY60 为 10A）的电流时，红表笔插入 10A 插孔。

2）将功能开关置于 A. 量程，并将测试表笔串联接入到待测负载上，电流值显示的同时，将显示红表笔的极性。

（4）交流电流的测量。

1）将黑表笔插入 COM 插孔，当测量最大值为 200mA（MY60 为 2A）的电流时，红表笔插入 mA（2A）插孔。当测量最大值为 20A（MY60 为 10A）的电流时，红表笔插入 10A 插孔。

2）将功能开关置于 A ~量程，并将测试表笔串联接入到待测负载上。

（5）电阻测量。

1）将黑表笔插入 COM 插孔，红表笔插入 V/Ω 插孔。

2）将功能开关置于 Ω 量程，将测试表笔连接到待测电阻上。

注意事项：在测量强电时，应具备相应技能并应做好防护措施，防止发生触电事故。

十三、感烟 / 感温探测器功能试验器

如图 9-24 所示。

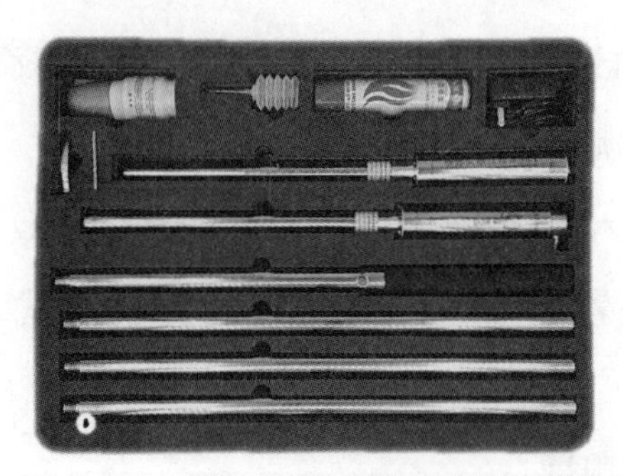

图 9-24 感烟 / 感温探测器功能试验器

1. 用途

用于感烟火灾探测器、感温火灾探测器的功能性测试。

2. 加烟器使用方法

使用前：

（1）充电：将专用电源充电器插入充电口中，充电器指示灯充满后由红色变为绿色。

（2）注入雾香液（发烟液）：

1）拆卸枪头和连接杆：将枪头和连接杆按逆时针方向旋转，使枪头与连接杆分离。

2）拆卸注入液口密封螺丝：用配备的六角扳手插入密封螺丝内，按逆时针方向旋转，取出密封螺丝。

3）吸取雾香液：将弹簧瓶压扁插入雾香液瓶内，然后松开手，用弹簧瓶的自然弹力吸取液体（5mL 即可）。

4）注入雾香液：将弹簧瓶针头插入枪头底部内的注液口内，慢慢按压弹簧瓶，直至灌满为止。

5）密封注入口：用六角扳手将密封螺丝按顺时针方向旋转拧紧密封。

（3）连接：根据高度适当选取连接杆数量，然后将枪头、连接杆、电池杆按顺时针的方向转连接。拆卸按相反的方向操作。

（4）启动开关：接通电源，实现功能试验。

操作：

将枪头、连接杆、电池杆相应顺次连接，调整好加烟方向，按动启动开关，指示灯亮，枪内风机工作，烟雾从喷头出口喷入被试验的火灾探测器感烟迷宫，进行加烟试验。

3. 加温器使用方法

使用前：

（1）充电：将专用电源充电器插入充电口中，充电器指示灯充满后由红色变为绿色。

（2）充气：将丁烷气体瓶气嘴垂直向下用力插入试验器进气阀约数秒钟。

（3）安装拆卸：

1）安装喷头：将枪头顶部的快接头锁环压下后，插入喷头，锁环自锁后喷头固定在枪头上。

2）拆卸喷头：拆卸时压下锁环，喷头与枪头分离。

3）连接：根据高度适当选取连接杆数量，然后将枪头、连接杆、电池杆按顺时针的方向转连接。拆卸按相反的方向操作。

（4）温度大小调节：“大”“小”调节孔内有一铜调节开关，根据被试验火灾探测器对温度的门限调节大小。

（5）启动开关：接通电源，实现功能试验。

操作：

按“启动开关”，启动加温系统，枪体内温度随即升高，热源从喷头排出，进行感温试验。

注意事项：

① 加温时严禁枪头向下或水平使用。

② 加温工作后，由于枪体余温较高，不要用手直接接触，以免烫伤。

③ 按技术性能要求及时充电。

④ 该产品内存可燃气体，应将其保存在35℃以下阴暗处。

⑤ 严禁在易燃易爆场合使用，以免引起火灾。

⑥ 加温试验一段时间后，由于燃气内含有水分，影响气体挥发和占用储存空间，同时也减少点火时间，需要及时将残留水分通过按压进气阀排出（枪头向下）。

⑦ 遇到打不着火时，需要充装丁烷气，各地丁烷气需有一段时间的适应期，设备摆放一段时间后再使用。

⑧ 充完气摆放一段时间后，再打火，若还是不着，不可以连续打火，防止可燃气体聚集引起爆燃，应停止一段时间，等待气体消散，再调节气门大小来调整直至打出稳定的火源。

⑨ 使用人员确保经过技能培训，熟悉设备操作，防止蛮干发生意外事故！

丁烷气体（如图9-25所示）乃危险品，同打火机气源。为确保安全，建议使用丁烷气体对设备加充完后，放置室内阴凉处，不必随机携带。

图9-25　丁烷气体

第二节 消防专业测量仪器设备

消防专业测量仪器设备如图 9-26 所示。

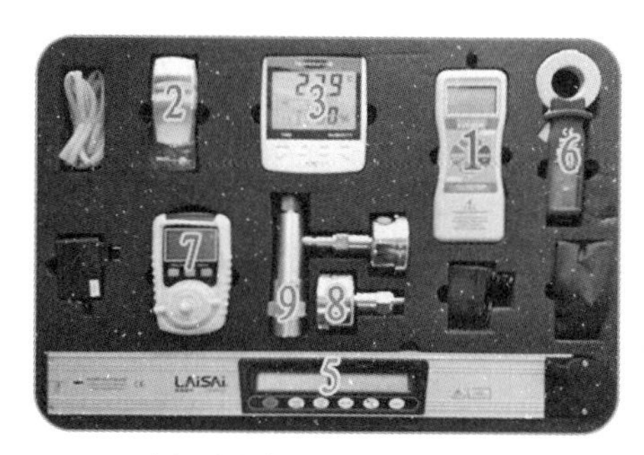

（a）消防专业测量仪器箱上层

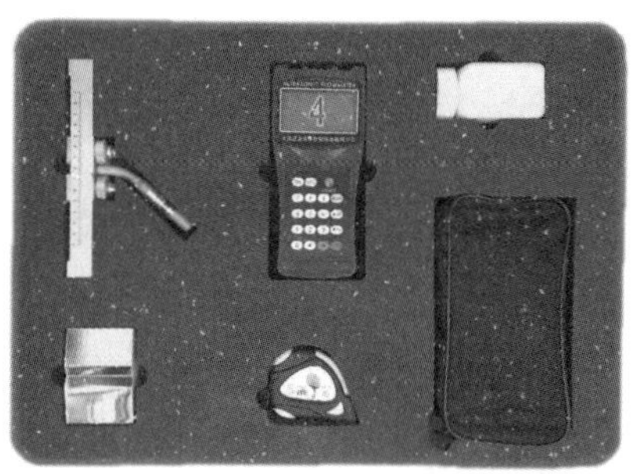

（b）消防专业测量仪器箱下层

图 9-26　消防专业测量仪器设备

1—测力计；2—数字微压计；3—数字温湿度计；4—超声波流量计；5—垂直度测定仪；6—漏电电流检测仪；7—便携式可燃气体检测器；8—数字压力表；9—细水雾末端试水装置

一、测力计

如图 9-27 所示。

1. 用途

用于检测重力计量及拉力、推力测量，如防火门门扇开启力不应大于 80N（推力）；软管卷盘转动的启动力矩应不大于 20N·m（拉力）；检查消防水带的单位长度质量；测量排烟防火阀手动开启的最大操作力；测量开启排烟阀的拉力；检漏装置测试；闭门器开启 / 关闭力矩的测试。

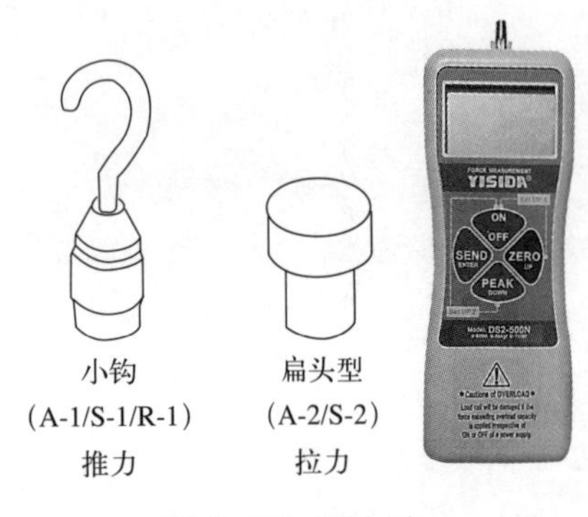

图 9-27 测力计

2. 使用方法

(1) 使用之前首先检测电池电压是否正常，如果欠压请及时充电，否则测量会出现偏差。

(2) 估计测量大小，选择合适量程的测力计，测量超出量程，会造成测力计传感器损坏。

(3) 测量值低于测力计量程的 3% 以下时，精度会发生偏差。

(4) 长期不使用时，应定期给测力计充电。

(5) 在夏季天气潮湿时，应注意仪器保存环境，避免仪器锈蚀。

二、数字微压计

如图 9-28 所示。

1. 用途

用于测量高层建筑机械加压送风部位的余压值的一种理想仪器，规范中规定了机械加压送风的余值应符合下列要求：

(1) 前室、合用前室、消防电梯前室为 25.30Pa。

(2) 防烟楼梯间为 40.50Pa。

(3) 封闭避难层（间）25.30Pa。

(4) 隧道火灾避难设施内设置独立加压送风系统，其送风的余压值应为 30.50Pa。

(5) 使用数字微压计，可以对上述部位的机械加压送风余压值予以测量并判定是否达到规定要求。

图 9-28 数字微压计

2. 使用方法

（1）接通电源，将单位调节到 Pa。

（2）手按微零开关，使显示屏于零（传感器两端导压）。

（3）用胶管连接正负接嘴，将正压接嘴用胶管置于机械加压送风部位，负压接嘴胶管置于常压部位。

（4）观察微压计 LCD 显示值，稳定后记录测量结果。

注意事项：不能过载；环境温度需稳定；远离震动及强电磁场；开机后出现数字不稳定或乱跳，则需换新电池；测量时应避免胶管被挤压，而使胶管内气压变化传至微压计中传感器，影响测量结果。

三、数字温湿度计

如图 9-29 所示。

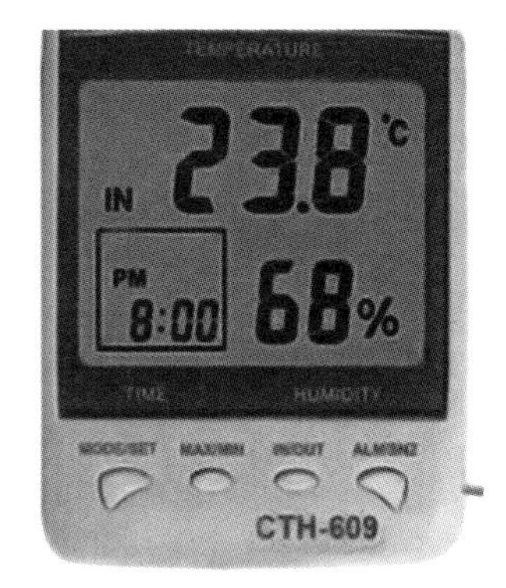

图 9-29　数字温湿度计

1. 用途

用于测量环境温度，例如湿式水喷淋系统设计使用温度为 4.70℃。用于测量环境湿度，判定湿度环境对消防设施、设备、仪器仪表的腐蚀损坏。

2. 使用方法

（1）使用前准备：打开温湿度计背面的电池盖，装上 9V 电池，电池电压低于 5V 时，LCD 显示“LOBAT”，应该更换新电池。

（2）关机：按“ON/OFF 键”打开电源。

（3）TEMP（温度）灯不亮，显示湿度；按下“TEMP/%RH”键，TEMP 灯亮，显示湿度。

（4）手持温湿度计或将其固定在三脚架上检测。

（5）检测完毕按下“ON/OFF 键”关闭电源。

四、超声波流量计

如图 9-30 所示。

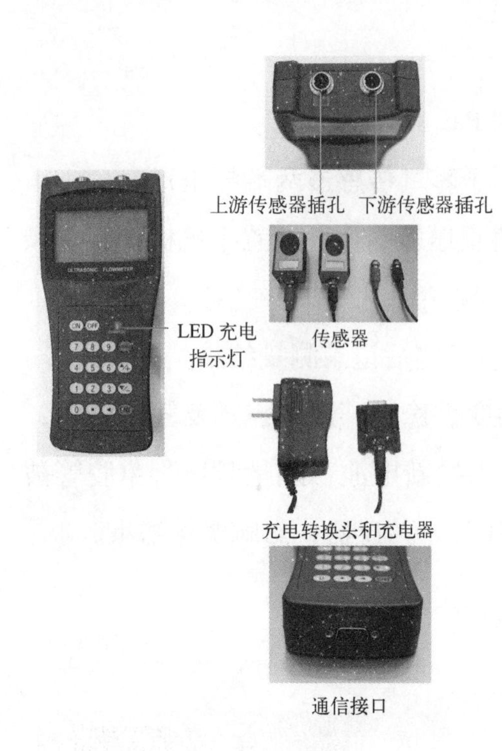

图 9-30　超声波流量计

1. 用途

用于核准消防用水量，对水泵供水能力进行测试。

超声波流量计是通过检测流体流动对超声束（或超声脉冲）的作用以测量流量的仪表。用于消防用水量测量时，必须启动消防泵，并启用消防供水的试验用管网。自动喷水灭火系统流量测试如图 9-31 所示。

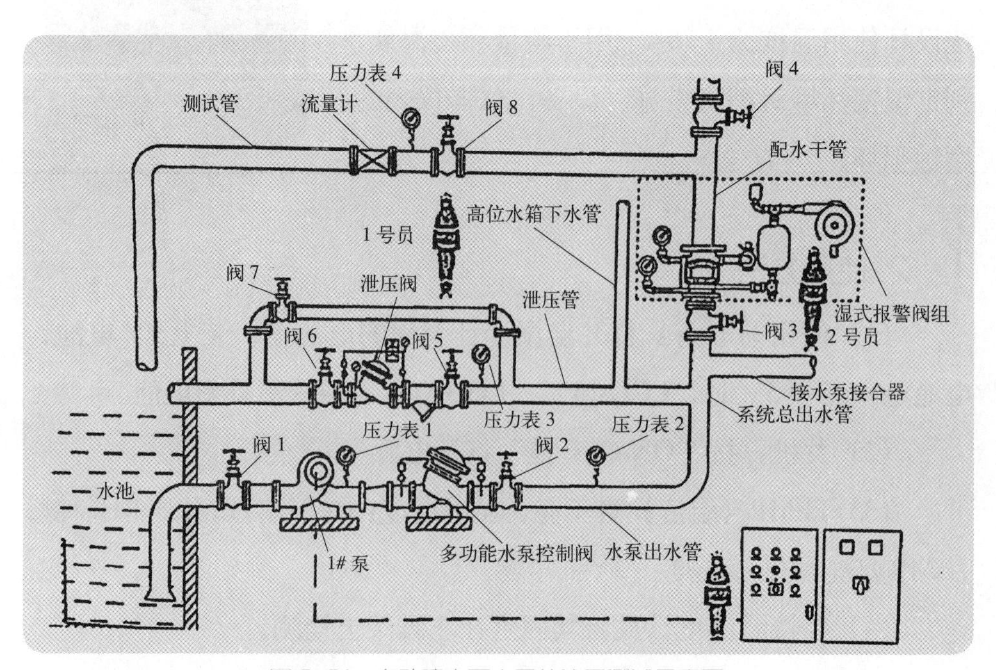

图 9-31　自动喷水灭火系统流量测试示意图

2. 使用方法

先将传感器与主机相接，红色传感器接于上游端子，蓝色传感器放于下游端子。然后将两个磁性传感器与所测流量的管道连接，若不能相吸引，则采用支架将传感器固定。固定好后打开主机输入管道材质、直径、传感器距离，流体性质等相应的参数，即可开始测量。

超声波流量计的传感器一般采用 V 方式和 Z 方式安装，通常情况下，管径小于 300mm 时，采用 V 方式安装，管径大于 200mm 时，采用 Z 方式安装。对于即可以用 V 方式安装又可以 Z 方式安装的传感器，尽量选用 Z 方式。实践表明，Z 方式安装的传感器超声波信号强度高，测量的稳定性也好，如图 9-32 所示。

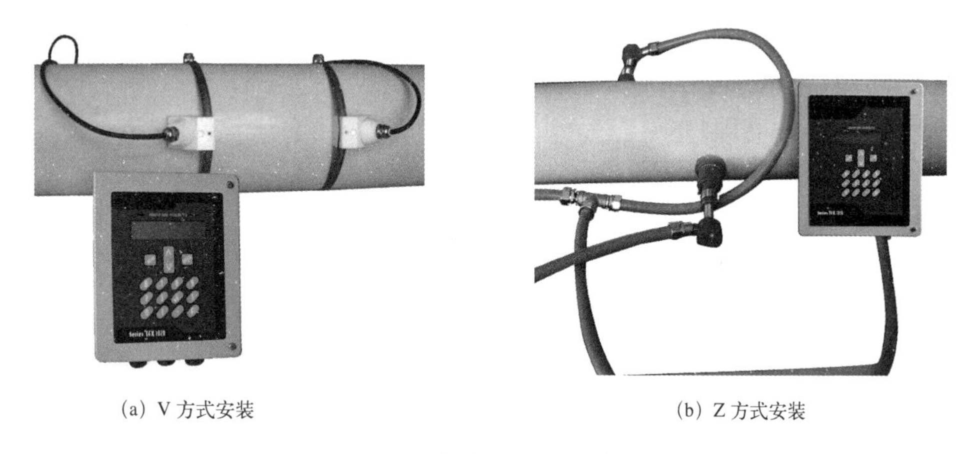

(a) V 方式安装　　(b) Z 方式安装

图 9-32　超声波流量计安装方式

五、垂直度测定仪

如图 9-33 所示。

1. 用途

用于测量相对于水平位置的倾斜角，即设备安装的水平位置和垂直位置等。垂直度一般用倾斜角度、倾斜百分比、倾斜高度等三种方式表达，消防规范中全部用倾斜角和倾斜百分比表示。如：

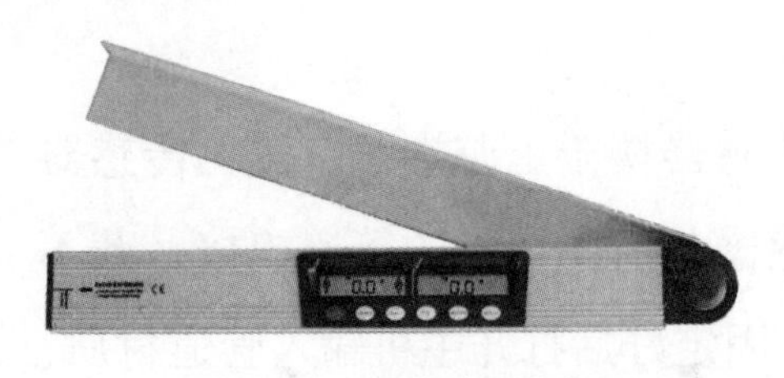

图 9-33 垂直度测定仪

火灾探测器宜水平安装，当必须倾斜安装时，倾斜角不应大于 45°。

室外楼梯符合下列规定时可作为疏散楼梯：倾斜角度不应大于 45°；丁、戊类厂房内第二安全出口的楼梯可采用金属梯，但其倾斜角度不应大于 45°。

疏散用楼梯和疏散通道上的阶梯不宜采用螺旋楼梯和扇形踏步，当必须采用时，踏步上下两级所形成的平面角度不应大于 10°，且每级离扶手 25cm 处的踏步深度不应小于 22cm。

室内消火栓栓口出水方向宜向下或与设置消火栓的墙面成 90°。

测量屋顶坡度，用以计算点型火灾探测器的保护面积和保护半径，坡度以 15°、30° 为分界点。

2. 使用方法

（1）正式使用前，做好在水平状态下的零度校验。

（2）校验完成后，即可用于垂直角度、倾斜角度的测量。

注意事项：

测量前，应认真清洗测量面并擦干，检查测量表面是否有划伤、锈蚀、毛刺等缺陷。

检查零位是否正确。如不准，对可调式水平仪应进行调整，调整方法如下：将水平仪放在平板上，读出气泡管的刻度，这时在平板的平面同一位置上，再将水平仪左右反转 180°，然后读出气泡管的刻度。若读数相同，则水平仪的底面和气泡管平行，若读数不一致，则使用备用的调整针，插入调整孔后，进行上下调整。

测量时，应尽量避免温度的影响，水准器内液体对温度影响变化较大，因此，应注意手热、阳光直射、哈气等因素对水平仪的影响。

使用中，应在垂直水准器的位置上进行读数，以减少视差对测量结果的影响。

六、漏电电流检测仪

如图 9-34 所示。

1. 用途

用于电气线路、电气设备的泄漏电流测量。

2. 使用方法

各部件组成如图 9-34 所示。

各部件功能说明如下：

电源开关：按下“POWER”键并保持 2s 后开机或关机。该按键在手动量程时短促按 1 次，可递减量程。

手动自动量程转换开关 RANGE：按一下该键可将自动测量模式转换成手动模式。在手动模式下，还可以递增量程。在手动模式下，

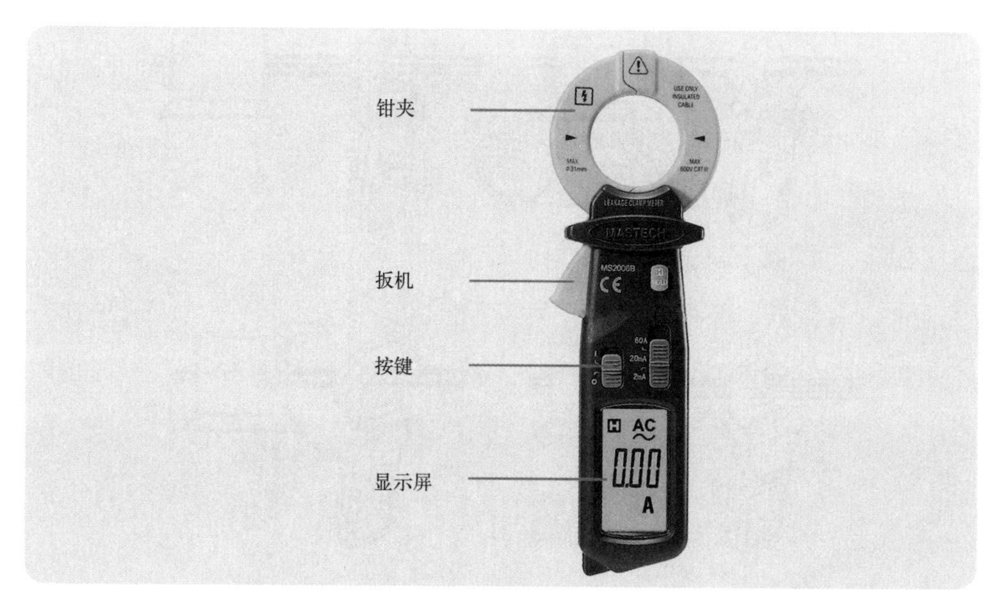

图 9-34　漏电电流检测仪各部件组成

按该键并保持2s可转换为自动模式。在自动测量时，各量程挡自动转换，无需手动换挡。

数据保持："DH"键为数据保持键。在您测量电流时，短促按动1次此按键，可将当前测量数据保持在屏幕上。再按1次该键可释放之前所保持的数据。

（1）交流漏电电流测量。

1）检测接地线上的漏电流：打开扳机，将钳夹钳住地线，然后查看LCD上所显示的读数，即为该地线上的漏电电流值，（如图9-35（a）所示）。

2）检测不平衡工作电源线的漏电流：打开扳机，将钳夹钳住电源线。单相交流电‘两根’（如图9-35（a）所示）；三相三线制‘三根’（如图9-35（b）所示）；三相四线制‘四根’（如图9-35（c）所示）。如果有接地线，不能将地线一起钳入钳夹。

注意：现在许多安装采用三相五线制，除了三根相线外，还有一

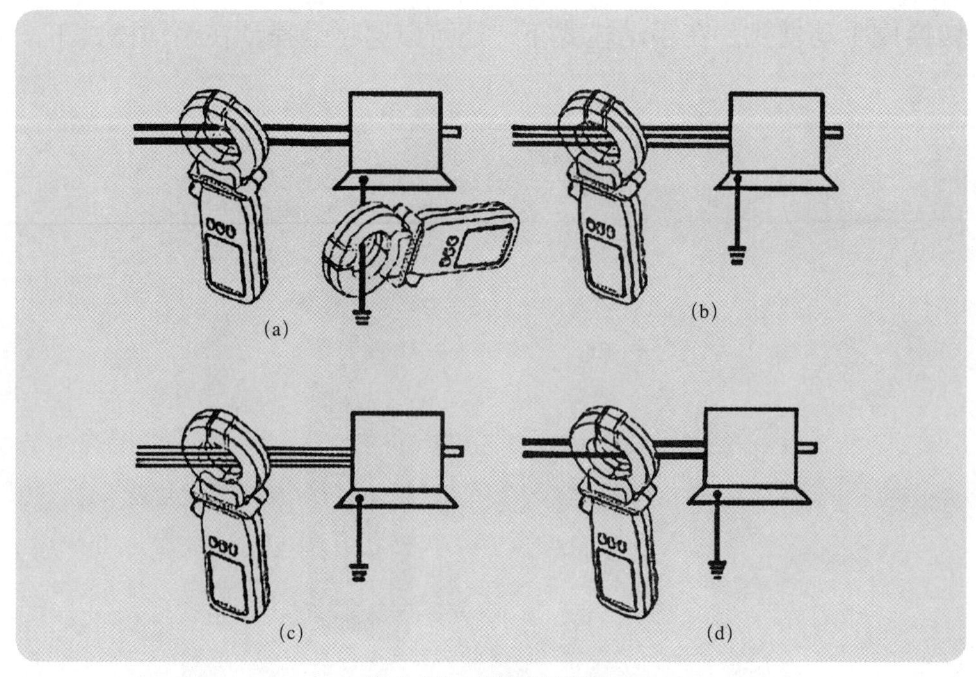

图9-35 交流电流测量

根工作零线和一根保护零线（接地线），在检测漏电电流时，接地线要单独检测，不能与四根工作电源线同时钳在钳夹内。

（2）交流电流测量。

在进行交流电流测量时，打开扳机，将钳夹钳住其中一根火线（相线），并将导线保持在钳夹中心位置，然后从屏幕上读取数据。（如图 9-36（d）所示）

注意：测量电流时，两钳夹应紧密碰合，不能有间隙，否则测量值将不准。

注意事项：没有电工知识的人员不可操作本设备，防止在操作过程中发生意外事故。

为了安全，请使用于 600V 以下的交流电压的电路，而且欲测量导线的外部绝缘层必须绝缘良好，以防点击。

仪表钳头部分为精密的机械结构，请勿受到外力冲击，受到外力冲击变形后将无法正常测量。

在清洁仪表外观时，应采用软棉布湿润水后擦拭外观，切不可使仪表渗水，造成内部短路而导致仪表损坏或造成人身安全隐患。

七、便携式可燃气体检测仪

如图 9-36 所示。

1. 用途

用于危险场所的甲烷、氢气、液化石油气等可燃气体的测试，单位 LEL。用于危险场所 CO 的测试，单位 ppm。用于危险场所 NH_3 的测试，单位 ppm。

可燃气体探测仪可以用来测量现场中是否存在可燃性气体，如天然气、液化石油气等。仪器显示的数值往往是所测气体爆炸下限的百

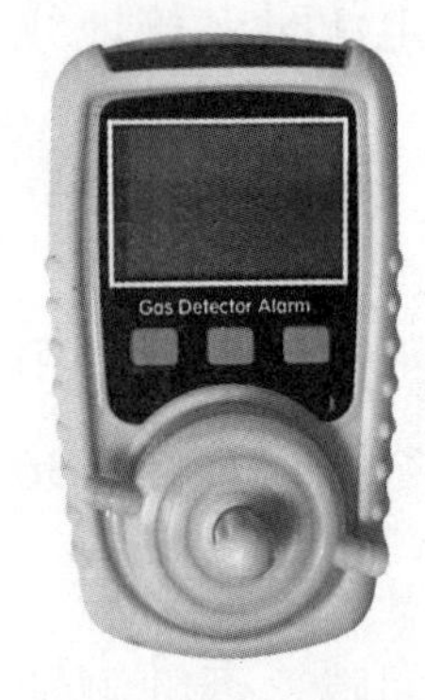

图 9-36 便携式可燃气体检测仪

分数，而不是实际的浓度值，还需要经过换算。

2. 使用方法

仪器可以应用“扩散”或“吸气”测量方式，在正常的操作过程中，仪器可以固定在腰带或手持使用。一旦开机，检测仪将连续测量，周围的空气可以通过扩散方式进入传感器，通常空气的流动可以测量目标气体直接送入传感器，传感器就会对气体的浓度有反应并会给出测量结果。扩散式检测原理就是利用以上方式直接检测仪器周围的气体浓度，扩散式的优点是响应的时间迅速。如果需要对采样位置的气体进行远程检测，就需要使用吸气方式进行测量，这时仪器需要使用标定罩和可选的手动泵，在使用标定罩时，应确保采气的方向按照箭头指示的方向。

气体的类型和浓度值为同一显示屏的独立显示。

注意事项：

（1）请注意防止仪器从高处跌落，或受到剧烈振动。

（2）仪器显示不正常，并发出间断声响，是电池电压过低所致，充电后即可恢复正常。

（3）严禁将仪器暴露在高浓度腐蚀性气体环境下长时间工作，以防降低传感器灵敏度，严重时损坏传感器。

气体检测范围见表 9-2。

表 9-2 气体检测范围

气体种类	量程	低报警点	高报警点	分辨率
可燃气体	(0 ~ 100)%LEL	20%LEL	50%LEL	1%LEL
氨气	(0 ~ 100)ppm	10ppm	15ppm	1ppm
一氧化碳	(0 ~ 1000)ppm	35ppm	200ppm	1ppm

八、数字压力表

如图 9-37 所示。

图 9-37　数字压力表

1. 用途

用于消防给水系统的压力测量。

2. 使用方法

该仪表与被测机构使用螺纹直接连接的方式，对仪表的摆放角度不做任何要求。使用时正确选用仪表量程，被测压力不能超过仪表的测量上下限范围，应留有充分的超压安全余量。

操作说明：

开、关机：短按“ON/OFF”键；

单位切换：长按“ON/OFF”键；

值清零：短按“ZERO”键；

显示清零：长按“ZERO”键；（注：此功能只有在无压力状态下使用）

自动关机时间设定：同事按下“ZERO”“ON/OFF”，付屏幕显示“LOCK”时，输入 1000（短按“ZERO”修改当前闪烁数值，长按移位），按压“ON/OFF”键确认，付屏幕显示 off，将当前数值修改为需要的自动关机时间后，按“ON/OFF”键确认退出即可。

00. 连续工作。01.15 为自动关机时间。

九、细水雾末端试水装置

如图 9-38 所示。

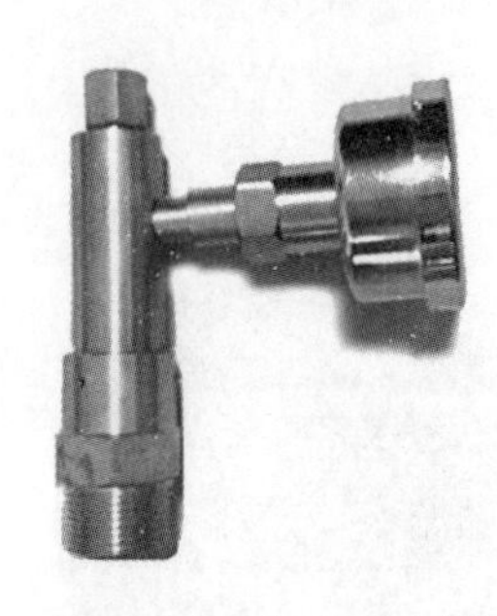

图 9-38　细水雾末端试水装置

1. 用途

用于检测细水雾灭火系统的工作压力，显示管路最不利处的静水压力和喷洒压力。

2. 使用方法

在细水雾灭火系统的最不利点（或称末端）一般设有接水端口，接上细水雾末端试水装置，缓慢打开阀门放水，待压力稳定后，读取细水雾末端试水装置上数字压力表的读数，与规范要求相比较，此数值不得小于该细水雾灭火系统的最不利点的压力最小值。泵组式闭式系统如图 9-39 所示。

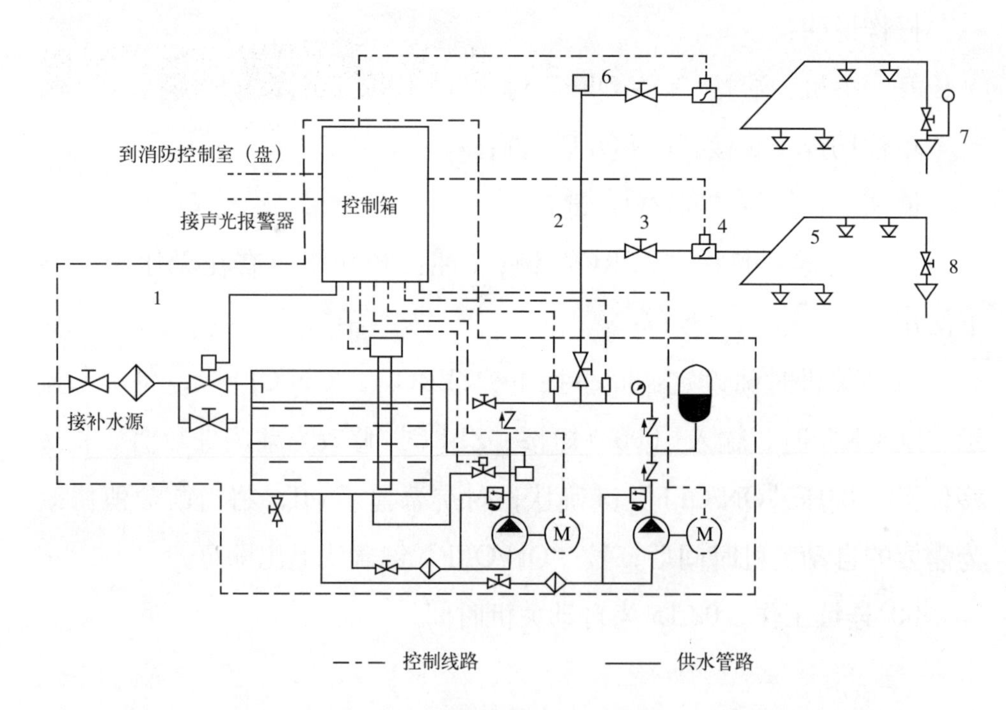

图 9-39　泵组式闭式系统组成示意图

1—泵组；2—管网；3—区域维修阀；4—水流指示器；5—闭式细水雾喷头；6—排气阀；7—末端试水装置；8—试水阀

第三节 消防电气性能检查设备

消防电气性能检查设备如图 9-40 所示。

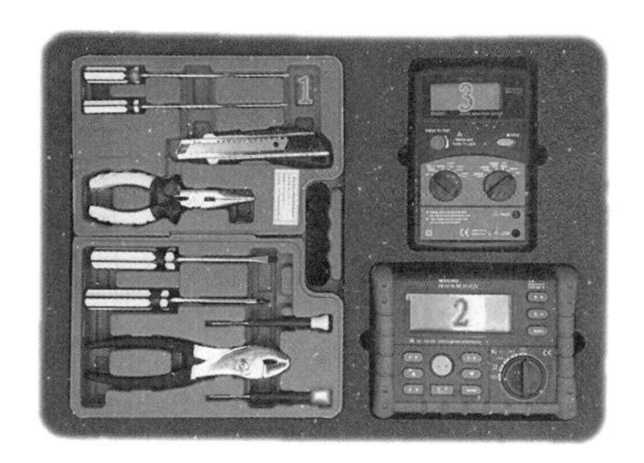

（a）消防电气性能检查箱上层

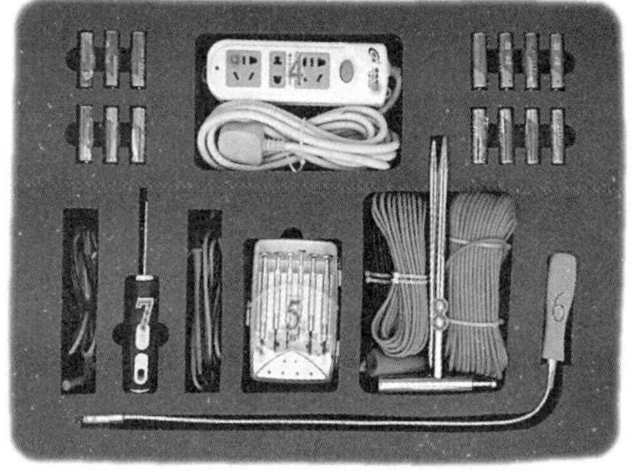

（b）消防电气性能检查箱下层

图 9-40　消防电气性能检查设备

1—五金工具；2—接地电阻测量仪；3—绝缘电阻测量仪；4—电源线盘；5—电工工具；6—金属材质分辨器；7—绝缘电阻测量仪配件；8—接地电阻测量仪配件

一、接地电阻测量仪

如图 9-41 所示。

1. 用途

用于测量多点、共同构成回路的接地体。如：

（1）火灾自动报警系统接地装置的接地电阻值应符合下列要求：

1）采用专门接地装置时，接地电阻值不应大于 4Ω。

2）采用共用接地装置时，接地电阻值不应大于 1Ω。

3）检测建筑的防雷击接地电阻，接地电阻不宜大于 10 ～ 30Ω。

图 9-41 接地电阻测量仪

（2）接地电阻测量仪器主要分为指针式和数字式两种，由于指针式电阻表的使用比较烦琐，目前比较常用的是数字式。

2. 使用方法

本仪表采用电位下降法测量接地电阻值。电位下降法是指在被测对象 E（接地极）和 C（电流电极）之间流动交流额定电流 I，测量 E 和 P（电压电极）的电位差 V，然后求出接地电阻值 RX 的方法。

（1）使用测试线按如图 9-42 所示进行接线。

从被测物开始，每个 5.10mP 端口，C 端口用辅助接地棒呈一直线深埋入大地，将测试线（黑，红，绿）分别从仪表的 E，P，C 端口按被测物，辅助接地棒 P，辅助接地棒 C 的顺序连接。

注意：请尽可能将辅助接地棒插入潮湿泥土中，若不得不插入干燥泥土，石子地或沙地中时，请将辅助接地棒插入部分用水淋湿，使泥土保持潮湿。若在混凝土上进行测量时，请将辅助接地棒放平淋水或将湿毛巾等放在辅助接地棒子上。

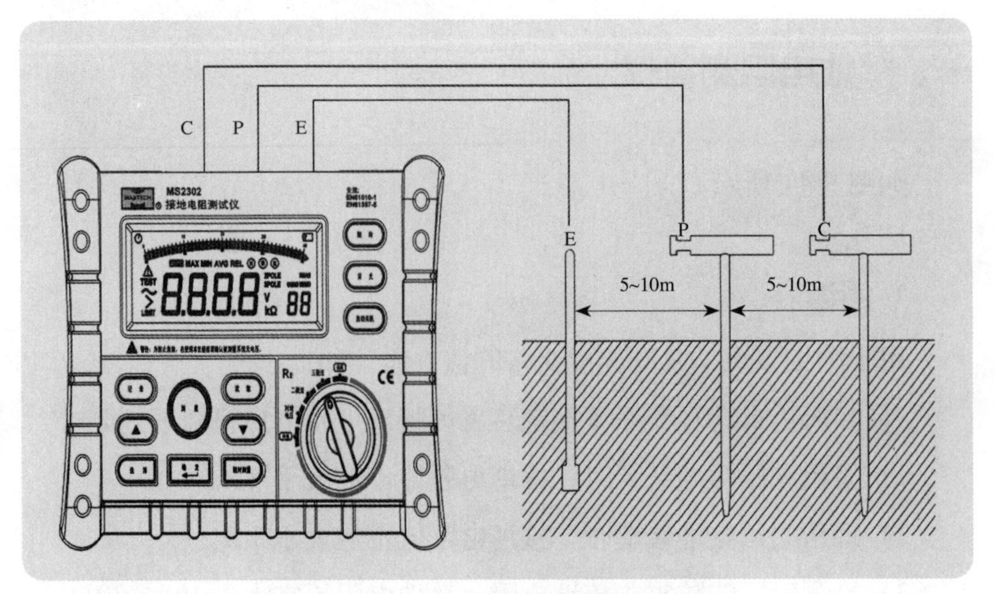

图 9-42 测试接线示意图

（2）地电压的测量。

在接地电阻测量前先测量对地电压，确认是否有地电压存在。若存在请确认电压是否超过 10V，如果超过，会导致接地电阻的测量产生比较大的误差。请切断所使用被测物的机器电压，待地电压降下后再测量。

（3）接地电阻的测量。

将旋盘开关旋至“三极法”位置，按下“测量”键，进入测量，键灯点亮并闪烁，测量自动停止后，蜂鸣器响一声，键灯熄灭，测量值被自动保持。

二、绝缘电阻测量仪

如图 9-43 所示。

1. 用途

绝缘电阻测量仪又称兆欧表，是测量绝缘电阻的仪表。根据显示方式不同分为指针式和数字式两种。通过测量导线绝缘性，可以判断火灾危险性。如：

火灾自动报警系统导线敷设后，应对每个回路的导线用 500V 的兆欧表测量绝缘电阻，其对地绝缘电阻值不应小于 20MΩ。

图 9-43　绝缘电阻测量仪

2. 使用方法

（1）开关错位报警。

使用时，欲测量交流电压、直流电压、电阻和线路通断测试，必须将功能开关旋至“200Ω •))、1000V ⎓、700V~”位置；量程开关旋至“200Ω •))、1000V ⎓、700V~”位置。欲测量绝缘电阻，须将功能开关旋至“MAUN.、LOCK 1min.、LOCK 2min.、LOCK 4min.”位置；量程开关旋至“200MΩ/250V、200MΩ/500V、2000MΩ/1000V”位置。否则仪表内藏报警系统会发出哔哔的报警声（约每两秒一声）、显示的读数为随机数字。

（2）声光报警。

在绝缘电阻量程，当测试按钮按下时，仪表内藏报警系统会发出哔哔声（约每秒两声），同时LCD显示器右边的红色高电压输出指示灯闪亮。

（3）读数保持。

在测量的过程中，如需要读数保持，可将读数保持开关拨到HOLD位置，显示器的显示值将被锁住。再把读数保持开关拨离HOLD位置，可解除读数保持状态。

（4）手动及定时测量功能。

在绝缘电阻量程，功能开关旋至“MAUN.”位置时，仪表为手动测量，需按住绿色的测试按钮进行测量，若需长时间测量，可将测试按钮按住并逆时针旋转至锁定位置；功能开关旋至“LOCK 1min.、LOCK 2min.、LOCK 4min.”位置时，按动绿色的测试按钮后，将分别定时测量1分钟、2分钟、4分钟。

定时测量中，若想退出定时测量测量状态，请将功能开关旋至“MAUN.”位置。

（5）测量准备。

1）输入插孔旁的“⚠”符号，表示输入电压不应超过指示值，这是为了保护内部线路免受损坏。

2）如果电池电压不足（≤ 7V），显示器将显示“🔋”符号，这时则应更换电池。

（6）测量绝缘电阻。

如图9-44所示。

1）将功能开关选至所要的测试模式（MANU.、LOCK 1min.、LOCK 2min.、LOCK 4min.）。

2）把量程开关选至所要的绝缘电阻挡（200MΩ/250V、200MΩ/500V、2000MΩ/1000V）。

3）将黑色测试夹插入 LOW 插孔，红色测试夹插入 HIGH 插孔。

4）将测试夹连接到被测线路上。

5）按下测试按钮，在手动（MANU.）模式，可将测试按钮按下后逆时针旋转锁定。

6）在 LCD 显示器读数。

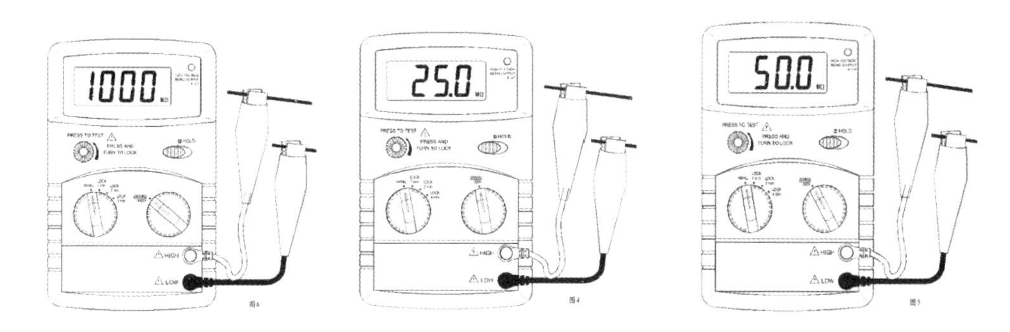

图 9-44　测量绝缘电阻示意图

注意事项：

必须用测试夹将仪表及被测线路连接好后才能按下测试按钮进行测量。测试绝缘的线路必须关掉电源，并在测量前确认线路不带电。绝缘测量时不可触摸电路。测试按钮按下后，不可旋转量程开关，以免损坏仪表。测试完成后，将测试按钮放松，稍后才可解开测试夹。因为内部的系统放电须先完成，才能避免触电。切忌对良导体进行绝缘电阻测量，防止短路烧毁仪器，并且因不当操作引发人身伤害！

三、电源插座测试仪

如图 9-45 所示。

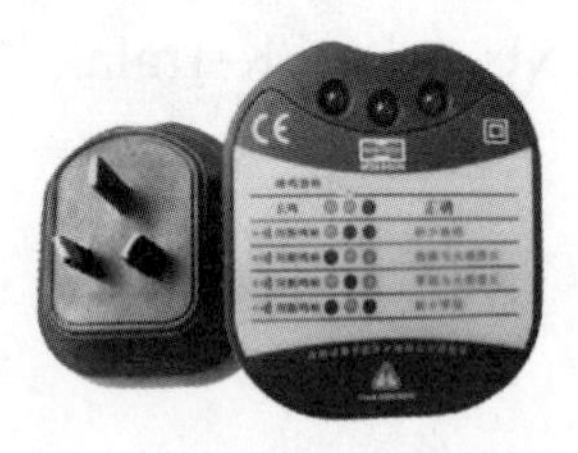

图 9-45　电源插座测试仪

1. 用途

用于测试插座是否安全，三相线连接是否规范。

2. 使用方法

此插座测试器的设计适应 220V 电源插座使用。直接插入插座，该测试仪表面的灯光显示，即可指示插座三相线路的连接状态，如连接错误，便于整改。当此测试器 LED 灯亮起绿灯，绿灯，红灯不亮并且蜂鸣器发生连续不读那的鸣叫时就证明插座极性正确。其余任意一种组合的 LED 显示都是证明插座极性错误。

四、其他设备

1. 五金工具

如图 9-46 所示。

五金工具盒内置：手锯、螺丝批、羊角锤、活扳手、剪切钳、尖嘴钳、美工刀、卷尺、虎口钳、钟表批等。

2. 电源线盘

如图 9-47 所示。

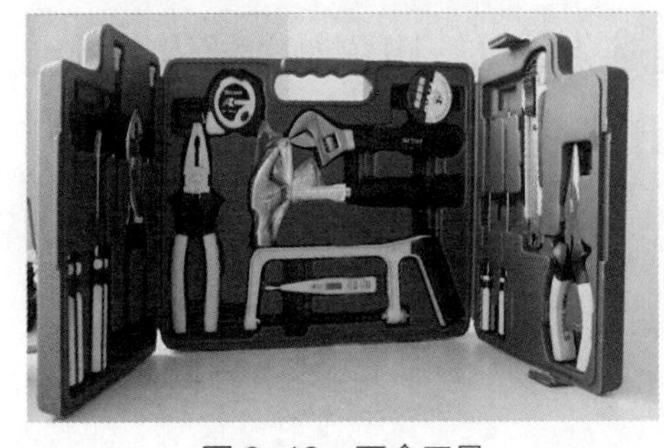

图 9-46　五金工具

图 9-47　电源线盘

3. 电工工具

如图 9-48 所示。

适用于迷你螺丝的拧紧和拆卸。

4. 金属材质分辨器

如图 9-49 所示。

具有磁性，可分辨金属材质是铜质或铁质，主要用于室内外消火栓栓口内阀杆材质的检测，无磁性是铜质材料，符合要求，有磁性证明是铁质材料，不符合长期使用的要求。

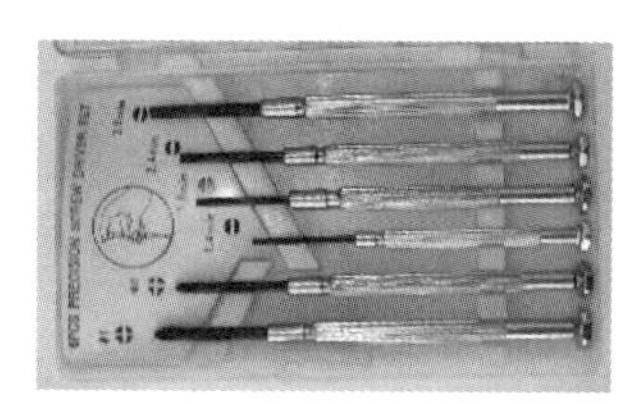

图 9-48 电工工具

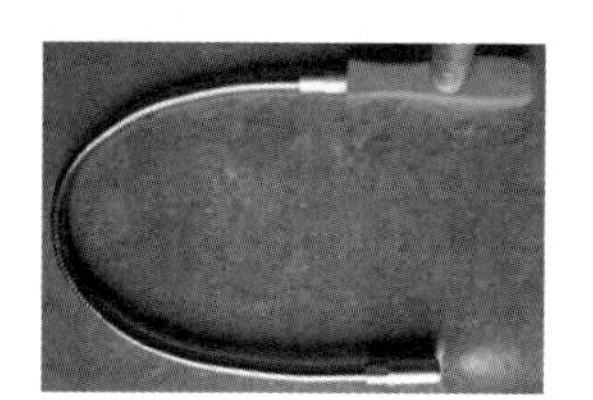

图 9-49 金属材质分辨器

第四节 消防检查辅助器材设备

消防检查辅助器材设备如图 9-50 所示。

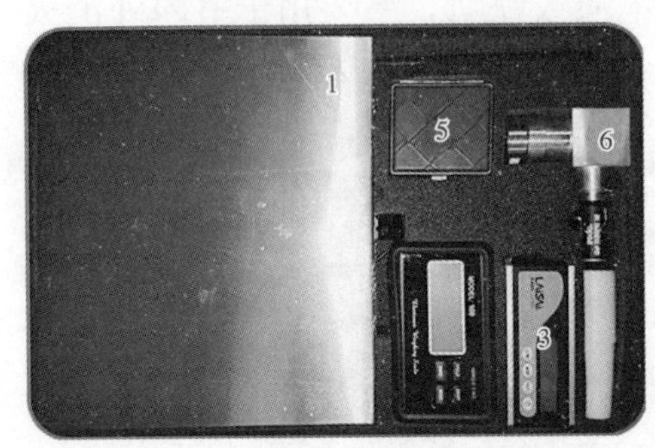

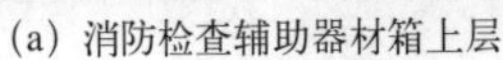
(a) 消防检查辅助器材箱上层

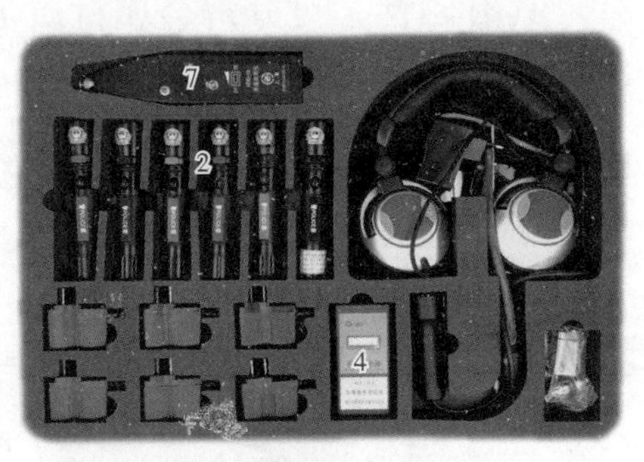

(b) 消防检查辅助器材箱下层

图 9-50 消防检查辅助器材设备

1—电子秤；2—强光手电筒；3—数字坡度仪；4—防爆静电电压表；
5—线型光束感烟探测器滤光片；6—火焰探测器功能试验器；7—超声波泄露检测仪

一、电子秤

如图 9-51 所示。

1. 用途

用于称重，如：

（1）消防水带小于或等于 480g/m；洒水喷头偏差不应超过检测报告描述的 5%；消防梯子重量不能超出标准要求。

（2）作为泄压设施的轻质屋面板和轻质墙体的单位质量不宜超过 60kg/m^2。

（3）消防电梯的载重量不应小于 800kg。

（4）定期清灰的除尘器和过滤器，集尘斗的储尘量小于 60kg。

（5）地下室内存放可燃物平均重量超过 30kg/m² 的房间隔墙，其耐火极限不应低于 2.00h，房间的门应采用甲级防火门。

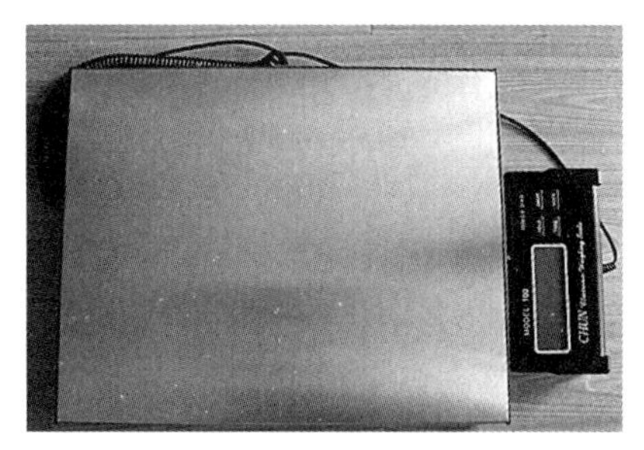

图 9-51　电子秤

2. 使用方法

按键功能：

“ON/OFF”：做开机或关机之用；“MODE”：作选择重量单位或进行校准功能之用；

“HOLD”：保持称重量显示；“TARE”：进行显示清零或作称重除皮重之用。

称重方法：

（1）使用前先开机预热 20s 关机再开机。

（2）开机后 2.3s 后显示“0.00”或“0.0”即可使用。

（3）按“MODE”键可进行重量单位转换，有公斤—盎司—磅（kg—oz—lb）。

（4）避免称重物体重量超过该型号秤的最大称重量，否则显示将出现“H”符号，若严重超重而造成损坏则不在保修范围内。

（5）每次称重时放置称重物体持续时间最好不要超过 10s，这样可保持第二次称重之准确性。

（6）除皮重。

1）开机后显示“0.00”或“0.0”后，放上称重托盘，然后按“TAKE”键即可再显示“0.00”或“0.0”。另一种方法则是先放上称重托盘再开机，这时同样自动显示“0.00”或“0.0”。

2）用后一种方法开机后再拿走称重托盘，这时将会显示出相当于该秤盘重量的负数值，按“TARE”键即可回复显示“0.00”或“0.0”。

（7）开机后或每次称重后若非显示“0.00”或“0.0”，可按“TARE”键即可回复显示“0.00”或“0.0”。

（8）该秤有自动关机功能，若连续五分钟内无称重工作，将会自动关机（使用电池时），而使用外接电源适配器则不会自动关机。

（9）使用后若要关机则可按“ON/OFF”键。

二、强光手电筒

如图 9-52 所示。

1. 用途

用于隐蔽场所地检查照明；用于安全行走及疏散照明；用于发出求救信号。

2. 使用方法

（1）电池安装：拧开尾盖，注意电池的正负极，将电池放入，拧上尾盖。

（2）打开：电筒处于关闭状态时，按动中部橡皮帽，听见“咔吧”声，表示电筒打开，重复上述步骤即关闭。

图 9-52　强光手电筒

（3）点射：使用时按下开关灯亮为弱光。需要切换光亮只要轻点开关就可以达到战术点射。功能依次为，弱光、强光、爆闪、在按下开关灯灭。

（4）充电：取出充电器将插孔端插入手电筒的充电插口即可。充电时充电器上面的灯显红色，当指示灯从红色变为绿色，表示充电完成，这时即可取出电池进行使用（注：电池充电时间为 7 ~ 8h）。

三、数字坡度仪

如图 9-53 所示。

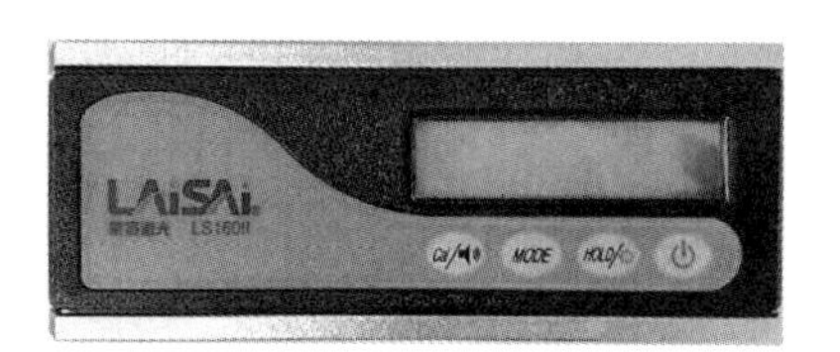

图 9-53　数字坡度仪

1. 用途

用于测量坡度、倾斜度，如：

（1）供消防车停留的空地，其坡度不宜大于 3%。

（2）报警探测器的安装斜面的角度测量。

（3）消防车道的坡度不宜大于 8%。

图 9-54　使用示意图

2. 使用方法

如图 9-54 所示。

开机，选择单位（度、%），直接放置在待测平面上，读数。

四、防爆静电电压表

如图 9-55 所示。

1. 用途

用于测量物体的静电电压，核准防静电措施的可靠性。

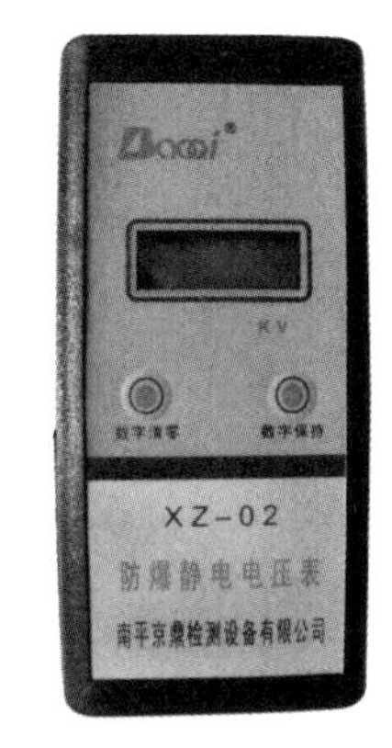

图 9-55　防爆静电电压表

2. 使用方法

（1）打开电源开关，接通电源。

（2）距离带电体 30cm 以上处按调零开关调零，消除感应屏上的静电。

（3）迅速地将电压表探头由 30cm 处靠近被测物体规定的距离处，读取电压值（为液晶显示值 ×10）；

（4）不要用手去触摸感应屏，以免损坏输入器件。

（5）液晶显示器数字暗淡，显示不稳定或测试数据不准确，应检查 9V 积层电池，当电压低于 8.8V 或使用半年以上时应更换电池。仪器长期不用时，应将电池拆下，防止漏液。

五、线型光束感烟探测器滤光片

如图 9-56 所示。

1. 用途

图 9-56 线型光束感烟探测器滤光片

用于线性光束感烟探测器的功能性测试。其工作原理如图 9-57 所示。

2. 使用方法

（1）选用两片不同隔离度的滤光片：0.4dB 滤光片和 10.0dB 滤光片。

（2）将透光度为 0.4dB 的滤光片置

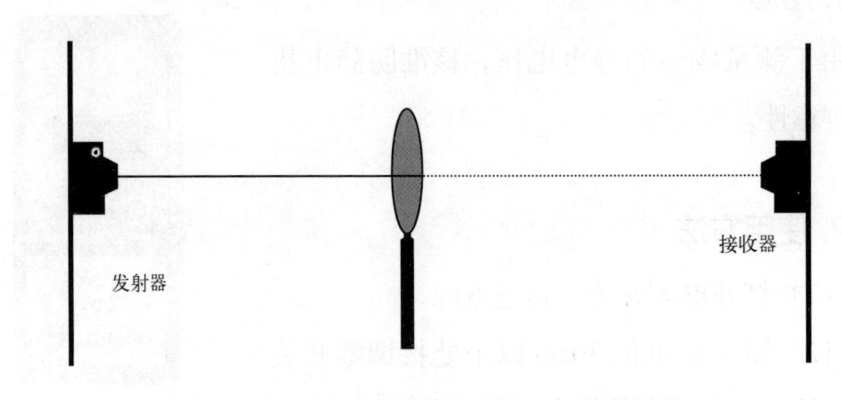

图 9-57 线性光束感烟探测器滤光片工作原理

于探测器的光路中并尽可能靠近接收器，观察火灾报警控制器的显示状态和火灾探测器的报警确认灯状态。如果30s内未发出火灾警报信号，则说明该探测器正常。

（3）将透光度为10.0dB的滤光片置于探测器的光路中并尽可能靠近接收器，观察火灾报警控制器的显示状态和火灾探测器的报警确认灯状态。如果30s内未发出火灾报警信号，则说明该探测器正常。

注意事项：因为线型光束感烟火灾探测器的响应阀值应不小于0.5dB且不大于10.0dB，所以0.4dB和10.0dB的滤光片都是探测器不响应的极限值。当把这两片滤光片放置在探测器光路中时，如果探测器不响应，则认为探测器正常；如果探测器报警，则认为探测器不正常。必须两次测试都合格，才能认为探测器正常。

六、火焰探测器功能试验器

如图9-58所示。

图9-58　火焰探测器功能试验器

1. 用途

用于火焰探测器的功能性测试。光谱分布图如图9-59所示。

2. 使用方法

该装置结构由燃烧笔、燃烧嘴、燃烧室、镜筒、滤光片组成。当打开加热笔上的开关点燃喷出的丁烷气，燃烧嘴处火焰通过镜筒滤光

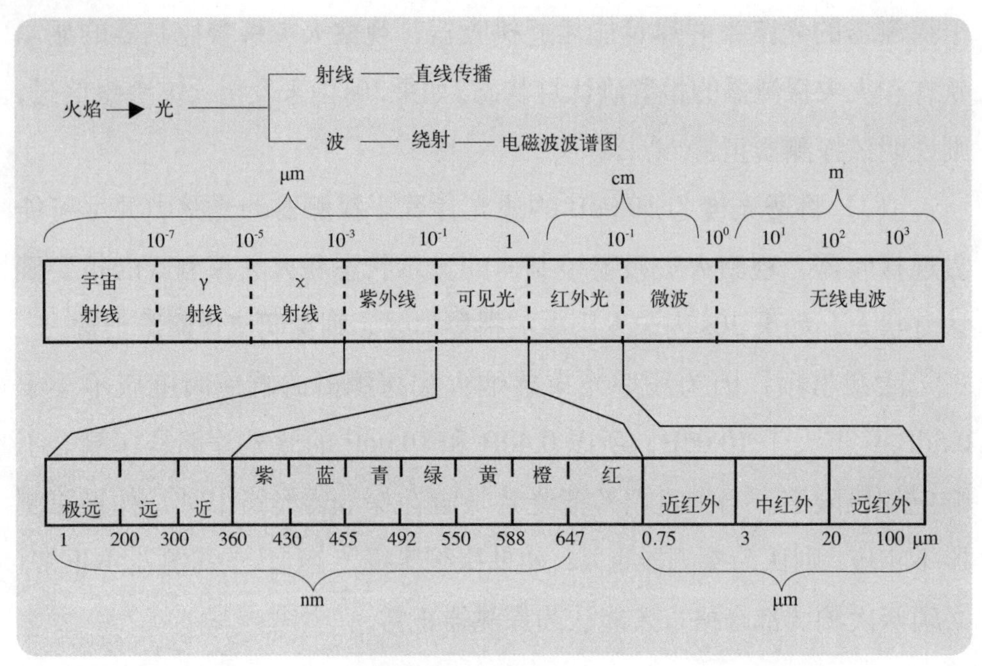

图 9-59 光谱分布图

片产生能使红外、紫外火焰探测器响应的红外光和紫外光线。

（1）点型红外火焰探测器（见表 9-3）。

表 9-3 点型红外火焰探测器功能检查

检查项目	技术要求	不合格情况描述
功能检查	当被监视区域发生火灾并产生火焰，达到报警条件时，点型红外火焰探测器应在 30s 内输出火灾报警信号，红色报警确认灯应点亮，并保持至被复位	未输出火灾报警信号
		响应时间超过 30s
		红色报警确认灯未点亮
		报警确认灯不能保持至被复位

检查方法：确认点型红外火焰探测器与火灾报警控制器连接并接通电源，处于正常监视状态。将火焰试验装置光源置于距离探测器正前方 0.2 ~ 1m 处，静止或抖动，观察火灾报警控制器的显示状态和点

型红外火焰探测器的报警确认灯状态。复位火灾报警控制器，观察点型红外火焰探测器的报警确认灯状态。

检验器具：火焰试验装置：秒表。

（2）点型紫外火焰探测器（见表 9-4）。

表 9-4 点型紫外火焰探测器功能检查

检查项目	技术要求	不合格情况描述
功能检查	当被监视区域发生火灾并产生火焰，达到报警条件时，点型紫外火焰探测器应输出火灾报警信号，红色报警确认灯应点亮，并保持至被复位	未输出火灾报警信号
		红色报警确认灯未点亮
		报警确认灯不能保持至被复位

检查方法：确认点型紫外火焰探测器与火灾报警控制器连接并接通电源，处于正常监视状态。将火焰实验装置光源置于距离探测器正前方 0.2 ~ 1m 处，观察火灾报警控制器的显示状态和点型紫外火焰探测器的报警确认灯状态。复位火灾报警控制器，观察点型紫外火焰探测器的报警确认灯状态。

注意事项：

1）不得将燃烧笔置于阳光下直晒或环境温度高于 50℃的地方。

2）不得再有爆炸危险场所使用本装置。

3）燃烧笔点燃后燃烧室的上部温度较高，应注意燃烧室的上部距顶棚、探测器等可燃物的距离，以免引起火灾。

4）使用完毕后将开关推下，使其处于关闭位置，待其冷却后放于箱内。

5）燃烧笔使用丁烷气，丁烷气不可随身携带，应置阴凉处。

6）燃烧笔点火时应有间隙，防止不着时，丁烷气聚集引发爆燃。

七、超声波泄漏检测仪

如图 9-60 所示。

1. 用途

用于气体泄漏、液体泄漏、电气泄漏检查，如：

（1）管道的泄漏检查。

（2）加热系统的泄漏检查。

（3）蒸气的内部泄漏的检查。

（4）压缩机的空气泄漏的检查。

图 9-60 超声波泄漏检测仪

空调系统等的泄漏检查。R.0501 检测仪适合于真空泄漏与压力泄漏的检测。一旦冷媒发生泄漏，即会产生超声波。使用R.0501 可准确地检测出泄漏的位置。

发动机的密封的泄漏检查。

电弧的检知。电弧会产生多种频率的超声波，在这种情况下，建议采用 PVC 超声波收音管。

变压器等的局部放电源的定位测量。

开关装置、变压器、绝缘装置、断路器、继电器、母线排等的电气放电的检测。

2. 使用方法

各部件组成如图 9-61 所示。

（1）开机后，顺时针调节旋钮，使灵敏度提高。

（2）在疑点附近粗略查探，以确定是否有泄漏。

（3）泄漏情况及泄漏点的判别是用闪灯及音调来显示，越是接近超声波源，发光管亮得越多，从耳机听到的声音音调便越高。

（4）调低灵敏度，如上述指示继续查探，直至发出最高的显示，

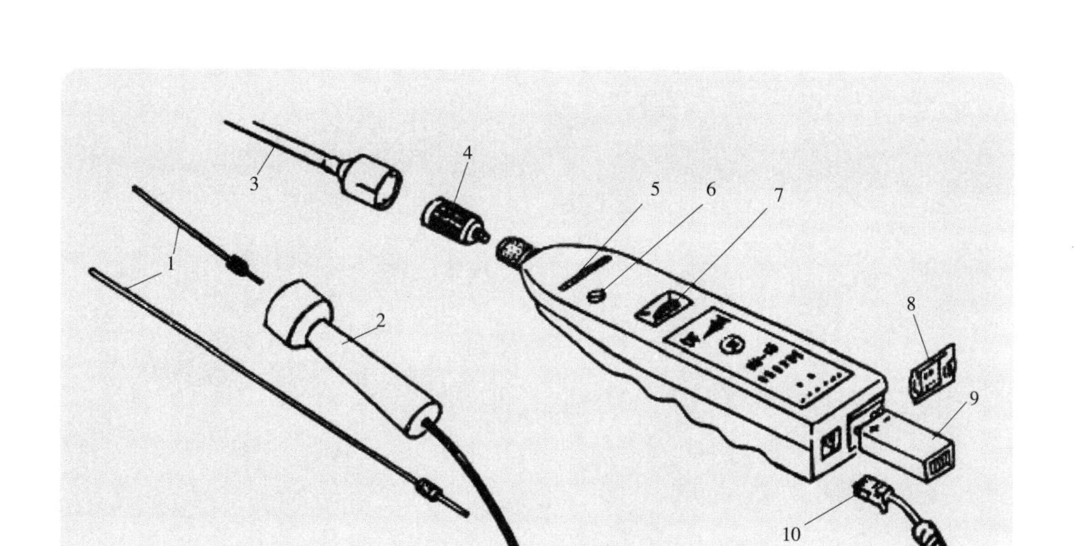

图 9-61 各部件组成图

1—探针；2—超声波探头；3—伸展管；4—超声波收集器；5—显示灯；6—音量调节；7—开关及灵敏度调节；8—电池盖板；9—电池；10—耳机插头

即为泄漏处。

注意事项：

1）本仪器探针及各种探头不应直接测量带电物体。

2）仪器如长期搁置不用，应取出电池。

3）电池连续使用 30h 后，应更换电池。

4）使用时应合理使用配套件，按所需探测的对象使用各种附件。

5）电气检查时，防止发生触电事故。